Geowissenschaften + Umwelt

Reihenherausgeber: Gesellschaft für UmweltGeowissenschaften

Springer
Berlin
Heidelberg
New York
Barcelona
Hongkong
London
Mailand
Paris
Singapur
Tokio

Gesellschaft für UmweltGeowissenschaften (GUG)

Ressourcen-Umwelt-Management

Wasser • Boden • Sedimente

Mit 66 Abbildungen und 36 Tabellen

Springer

Herausgeber:
Gesellschaft für UmweltGeowissenschaften (GUG)
in der Deutschen Geologischen Gesellschaft (DGG)
GUG im Internet:
http://www.gug.org

Schriftleitung:
Monika Huch
Lindenring 6
D-29352 Adelheidsdorf

Dr. Heide Geldmacher
Entengasse 7
D-52223 Stolberg

Umschlagabbildung:
Integrierte Baggergutentsorgung Bremen-Seehausen (Ausschnitt).
Informationsbroschüre des Hafenamtes Bremen.
Urheber: Hafenamt Bremen; Foto: Studio B/Detmar Schmoll, Bremen

ISBN 3-540-64523-3 Springer-Verlag Berlin Heidelberg New York

Die Deutsche Bibliothek - CIP-Einheitsaufnahme
Ressourcen-Umwelt-Management: Wasser, Boden, Sedimente / Hrsg.: Gesellschaft für UmweltGeowissenschaften (GUG) in der Deutschen Geologischen Gesellschaft (DGG). Schriftl.: Monika Huch; Heide Geldmacher. -
Berlin; Heidelberg; New York; Barcelona; Hong Kong; London; Mailand;Paris; Singapur; Tokio: Springer 1999
(Geowissenschaften und Umwelt)
ISBN 3-540-64523-3

Umschlaggestaltung: E. Kirchner, Heidelberg
Satz: Reproduktionsfertige Vorlage von der Schriftleitung
SPIN: 10680357 30/3136 - 5 4 3 2 1 0 - Gedruckt auf säurefreiem Papier

GUG-Schriftenreihe „Geowissenschaften + Umwelt"

Mit der Schriftenreihe „Geowissenschaften + Umwelt" schafft die GUG ein Diskussionsforum für Umweltfragestellungen mit geowissenschaftlichem Bezug, um zukunftsfähige Lösungen für bestehende und zukünftige Umweltprobleme aufzuzeigen.

Bisher erschienen:

Umweltqualitätsziele. Schritte zur Umsetzung.
Bandherausgeberin: GUG. Schriftleitung: Monika Huch und Heide Geldmacher. 161 S., 19 Abb., broschiert. ISBN 3-540-61212-2
Dieser Band enthält die wegweisende Arbeit von P. Lehnes und J.W. Härtling zum logischen Aufbau von Umweltzielsystemen sowie die Rio-Deklaration im Wortlaut.

GIS in Geowissenschaften und Umwelt
Bandherausgeberin: Kristine Asch.
173 S., 69 Abb., davon 41 in Farbe, 11 Tab., broschiert. ISBN 3-540-61211-4.
Dieser Band enthält Arbeiten zur Anwendung von Geographischen und Fach-Informationssystemen aus allen Praxisbereichen.

In Vorbereitung:

Rekultivierung in Bergbaufolgelandschaften.
Bodenorganismen, bodenökologische Prozesse und Standortentwicklung
Bandherausgeber/innen: Gabriele Broll, Wolfram Dunger, Beate Keplin, Werner Topp. ca. 300 S., 75 Abb., davon 2 in Farbe, 4 Tafeln, broschiert. ISBN 3-540-65727-4
Dieser Band enthält Beiträge aus der Praxis zur land- und forstwirtschaftlichen Rekultivierung von Bergbaufolgelandschaften sowie zu angewandten bodenbiologischen Methoden.

Danksagung

Geduld kann geologische Ausmaße annehmen. Die Autoren dieses Bandes der GUG-Schriftenreihe haben außerordentliche Geduld bewiesen, für die wir uns einfach nur bedanken können. Aber auch der Springer-Verlag hat große Geduld gehabt und den Druck, der auf der Schriftleitung lag, nicht unnötig erhöht. Auch dafür sagen wir ganz einfach „Danke".

Zahlreiche Gutachter aus den verschiedensten Bereichen der Umwelt-Geowissenschaften – der Hydrogeologie, der Umwelt(geo)chemie, den GIS-Anwendungen, der Sedimentologie und der Umweltökonomie – haben dazu beigetragen, daß in diesem Band der GUG-Schriftenreihe Arbeiten vorgestellt werden können, die auf der Basis von erprobten geologischen Methoden z.T. völlig neuartige Wege der Anwendung aufzeigen. Die Mehrzahl der hier vorliegenden Beiträge stammt aus der Tagung „Geologische Stoffkreisläufe und ihre Veränderung durch den Menschen", die im Oktober 1996 in Bonn von der Deutschen Geologischen Gesellschaft und ihren Fachsektionen Hydrogeologie, Ingenieurgeologie und Geoinformatik sowie der Gesellschaft für UmweltGeowissenschaften veranstaltet worden war.

Die Beiträge dieses Bandes decken das erst vor kurzem ins öffentliche Bewußtsein getretene Feld „Ressourcen-Umwelt-Management" nur rudimentär ab. Als Initialzündung verstanden wollen sie zu weiteren Bänden innerhalb der GUG-Schriftenreihe „Geowissenschaften + Umwelt" anregen, die die GUG-Umwelt-Bibliothek langfristig bereichern. In diesem Sinne danken wir den Autorinnen und Autoren dieses Bandes dafür, sich dieser Thematik angenommen zu haben, und wünschen uns viele (geduldige) Autoren für weitere Bände.

Adelheidsdorf/Breinig, im Dezember 1998

Monika Huch
Heide Geldmacher

Geowissenschaften + Umwelt

Vorwort

Die Geowissenschaften befassen sich mit dem System Erde. Dazu gehören neben den Vorgängen im Erdinnern vor allem auch jene Vorgänge, die an der Erdoberfläche, der Schnittstelle von Atmo-, Hydro-, Pedo-, Litho- und Biosphäre auftreten. Alle Sphären sind nur sehr vordergründig betrachtet singuläre und damit klar voneinander abgrenzbare Einheiten. Sowohl die chemische Zusammensetzung in einem Systemkompartiment als auch die Transport- und Reaktionsvorgänge darin sind abhängig von den jeweiligen Wechselwirkungen mit den benachbarten Kompartimenten und deren Strukturen. Zusätzlich sind wir mit sehr hoch variablen zeitlichen Dimensionen konfrontiert. Von gebirgsbildenden Prozessen im Maßstab von Jahrmillionen über die Genese von Böden innerhalb von Jahrhunderten und Jahrtausenden bis hin zu Wechelwirkungen zwischen Sickerwasser und Bodenkrume oder Molekülen in der Troposphäre innerhalb von Nanosekunden treffen nahezu beliebige Raum-Zeit-Dimensionen aufeinander. Für Wissensdurstige erwächst daraus zwangsläufig die Notwendigkeit, sich dieser gegebenen Vieldimensionalität anzupassen – kein einfacher Anspruch.

Nicht weniger anspruchsvoll ist es, die Wechselwirkungen zwischen dieses Sphären und dem Wirken des Menschen zu erfassen und qualitativ wie quantitativ zu bewerten. Parallel zur Abkehr vom mechanistischen Weltbild in den Biowissenschaften wird auch in den Erdwissenschaften zunehmend erkannt, daß es hierzu der eingehenden Systembetrachtung bedarf. Dazu gehören neben den Naturwissenschaften oft auch Erkenntnisse der Ökonomie, der Soziologie und anderer Geisteswissenschaften. Obwohl sich diese Erkenntnis zumindest verbal durchgesetzt hat, sind wir von einer Umsetzung und einem Systemverständnis in den meisten Fällen noch weit entfernt. Es ist nicht einmal trivial, eine sinnvolle Verknüpfung zu finden zwischen den klassischen Herangehens- und Betrachtungsweisen der Geowissenschaften und den Fragen, die aus der Umweltproblematik resultieren.

Dabei haben die Geowissenschaften einen potentiellen Erkenntnisvorsprung, den es für die Umweltforschung und -diskussion zu nutzen gilt: ihr spezifisches Raum- und Zeitverständnis. Aufgaben und Ziele der Umweltgeowissenschaften ergeben sich daraus zwanglos. Die diversen Belastungen der Sphären durch anthropogene Eingriffe sind aufzuzeigen und Ansätze zur Problemlösung zur Diskussion zu stellen oder bereitzuhalten. Sowohl die direkten Auswirkungen als auch längerfristige Folgewirkungen menschlicher Eingriffe müssen qualitativ und quantitativ erfaßt werden, um negative – oder gar katastrophale – Entwicklungen zu verhindern, bereits eingetretene Schäden zu beseitigen und künftige Störungen zu vermeiden. Die von den unterschiedlichen Teildisziplinen erarbeiteten Erkenntnisse sollten durch die Umweltgeowissenschaften zu einer Synthese gebracht werden.

Vor diesem Hintergrund wurde die Gesellschaft für UmweltGeowissenschaften (GUG) in der Deutschen Geologischen Gesellschaft gegründet. Als Diskussionsforum für die genannten Zielsetzungen gibt die GUG die Schriftenreihe „Geowissenschaften + Umwelt" heraus. Dieses Forum wird von der Gesellschaft selbst zur Aufarbeitung eigens durchgeführter Fachveranstaltungen bzw. zur Herausgabe eigener Ausarbeitungen in Arbeitskreisen genutzt. Darüber hinaus ist die Reihe offen für Arbeiten, die sich den Leitgedanken der Umweltgeowissenschaften verbunden fühlen. Unter der Herausgeberschaft der GUG und jeweiligen Verantwortlichen des Einzelbandes können nach einer fachlichen Begutachtung in sich geschlossene umweltrelevante Fragestellungen als Reihenband veröffentlicht werden. Dabei sollten eine möglichst umfassende Darstellung von Umweltfragestellungen und die Darbietung von Lösungsmöglichkeiten durch umweltwissenschaftlich arbeitende Fachdisziplinen im Vordergrund stehen. Ziel ist es, möglichst viele umweltrelevant arbeitende Fachdisziplinen in diese Diskussion einzubinden. Die GUG sieht es als vordringliches Ziel an, möglichst alles Fachwissen aus den unterschiedlichsten Teildisziplinen zusammenzutragen und gemeinsam mit diesen Fachdisziplinen für die Lösung von Umweltproblemen beizutragen.

Wir freuen uns über die gute Akzeptanz dieser Schriftenreihe und wünschen Ihnen gute Anregungen und hilfreiche Informationen aus diesem und den folgenden Bänden.

Jörg Matschullat
Vorsitzender der GUG

Joachim Härtling
Stellv. Vorsitzender der GUG

Ressourcen-Umwelt-Management
Wasser. Boden. Sedimente

Vorwort

Ressourcenmanagement, Umweltmanagement – das sind Begriffe, die je nach Standort des Lesers unterschiedliche Assoziationen wecken. Es wird da der „Macher" gesehen, der Manager, der mit Rohstoffen oder ganzen Umweltsystemen planend umgeht. Wenn wir versuchen, die Wirklichkeit hinter diesen Begriffen zu sehen, stellen wir fest, daß es gar nicht mehr darum geht, ob wir ein entsprechendes Management brauchen – es existiert längst. Es geht nur noch darum, wie wir mit dem Instrumentarium umzugehen haben.

So besteht kein Zweifel, daß die Nutzung des Rohstoffs Wasser einer sehr aufwendigen und intelligenten Planung bedarf. Weltweit stellen wir eine Übernutzung des Wassers fest. Auch in Deutschland müssen wir anerkennen, daß der Schutz des Grundwassers im Sinne vorsorgenden Umweltschutzes und nachhaltiger Wasserversorgung eine dringende Notwendigkeit ist. Hierzu gehören auch die Planung von Flutungsvorhaben von Altbergbauen oder Gefährdungsabschätzungen bei Deponien. Die vier Beiträge im ersten Teil des Bandes sind diesem Komplex gewidmet.

Während wir in der Vergangenheit – und global betrachtet überwiegend noch heute – von der Mentalität früherer Ackerbauern geprägt waren (Brandrodung, Anbauen, Weiterziehen), setzt sich langsam das Bewußtsein durch, daß die Nutzung von Böden und Flußtalbereichen einschließlich der Sedimente einer längerfristigen Planung bedarf. Unerläßliche Voraussetzung dafür sind digitale Kartenwerke. Neben dem Beitrag dazu, der den zweiten Teil des Bandes einleitet, verweisen wir an dieser Stelle auf den Band der GUG-Schriftenreihe zu „GIS in Geowissenschaften und Umwelt" (herausgegeben von K. Asch).

Die folgenden drei Beiträge behandeln die natürliche und anthropogene Belastung von Flußsedimenten. Wir können es uns weder materiell noch räumlich leisten, belastete Sedimente um jeden Preis zu sanieren oder zu deponieren, noch könnten wir auf die entsprechenden Flächen verzichten. Eine intelligente Erfassung der Sedimentqualität und der quantitativen Beschreibung der Dynamik des Ablagerungsraumes dagegen erlaubt es uns, mittel- und längerfristige Prognosen zum Verhalten der Ablagerungen zu machen. So läßt sich konstruktiv mit den Problemen umgehen und eine Nutzungsplanung entwickeln, die einer nachhaltigen Entwicklung am nächsten kommt.

In vielen Fällen bleibt es jedoch unerläßlich, belastete Medien zu reinigen bzw. einer geregelten Entsorgung zuzuführen. Doch ist es nicht allein der begrenzte Deponieraum, der dazu motivieren sollte, vernünftigere Lösungen zu suchen. Die letzten vier Beiträge des Bandes machen an verschiedenen Beispielen deutlich, welche Möglichkeiten der Verwertung, durch die allein nicht nur wertvoller Deponieraum eingespart werden kann, sondern das Material sogar sinnvoll weitergenutzt wird, schon heute bestehen. Eine wesentliche Voraussetzung dafür ist selbstverständlich die Ermittlung des geochemischen Langzeitverhaltens und der fraglichen Mobilität von Schadstoffen in den anfallenden Sedimenten, die über eine weitere Nutzung entscheiden. Die Brisanz dieser Problematik wird der Öffentlichkeit immer dann gegenwärtig, wenn belastete Sedimente aus Baggerungen in den Häfen der Küstenstädte – insbesondere Bremen, Bremerhaven und Hamburg – anfallen. Die vorgestellten Beispiele zeigen, daß es neben der Verklappung in Weser, Elbe und Nordsee eine Vielzahl von Lösungsmöglichkeiten gibt. Sie machen deutlich, daß aus den Geowissenschaften ein erhebliches Innovationspotential geschöpft werden kann, das in Kombination mit Verfahrenstechnik und anderen Fachbereichen langfristig sichere und vernünftige Lösungen schafft.

Jörg Matschullat
Vorsitzender der GUG

Monika Huch
Schriftleitung

Die Autoren des Buches

Andreas Arnold

ist wissenschaftlicher Mitarbeiter in der Arbeitsgruppe Umweltforschung der Sächsischen Akademie der Wissenschaften zu Leipzig und beschäftigt sich dort mit Fragen der Schadstoffdynamik aquatischer Systeme.

Anschrift: Dipl.-Ing. Andreas Arnold, Sächsische Akademie der Wissenschaften zu Leipzig, Karl-Tauchnitz-Str. 1, 04107 Leipzig

Wolfmar Bertsch

ist Leiter des Referats „Grundwasser, Geologie, Gewässermorphologie" in der Bundesanstalt für Gewässerkunde in Koblenz/Berlin.

Anschrift: Dr. Wolfmar Bertsch, Bundesanstalt für Gewässerkunde, Kaiserin-Augusta-Anlagen 15-17, 56068 Koblenz

Winfried Entenmann

ist seit 1984 Mitarbeiter des IGB Ingenieurbüro für Grundbau, Bodenmechanik und Umwelttechnik, Hamburg. Mehrjährige Tätigkeit als Baustellengeologe im In- und Ausland mit den Schwerpunkten Talsperren- und Verkehrswegebau. In der Folgezeit verantwortlicher Projektleiter im Bereich der Ingenieur- und Hydrogeologie mit den Tätigkeitsfeldern Deponien, Altlastenerkundungen und -sanierungen, insbesondere Rüstungsaltlasten.

Anschrift: Dr. Winfried Entenmann, IGB Ingenieurbüro für Grundbau, Bodenmechanik und Umweltschutz, Heinrich-Hertz-Str. 116, 22083 Hamburg

Joachim W. Härtling

ist Wissenschaftlicher Assistent am Institut für Physische Geographie (IPG) der Universität Freiburg. Seine Forschungsschwerpunkte liegen in der Geomorphologie, Sedimentologie und Geochemie terrestrischer Ökosysteme sowie in Fragestellungen zur Grünen Philosophie und der Umweltbewertung. Seit Oktober 1996 ge-

hört er dem Vorstand der GUG Gesellschaft für UmweltGeowissenschaften als stellvertretender Vorsitzender an.
Anschrift: Dr. Joachim W. Härtling, Institut für Physische Geographie, Universität Freiburg, Werderring 4, 79085 Freiburg

Kay Hamer

studierte Geologie-Paläontologie an der Christian-Albrecht-Universität Kiel. Anschließend war er wissenschaftlicher Mitarbeiter am Fachbereich Geowissenschaften an der Universität Bremen zum Schwermetalltransport im Grundwasser mit Promotion in diesem Themenbereich. 1993 war er freier Mitarbeiter in einem Ingenieurbüro in Kiel. Seit 1994 ist er wissenschaftlicher Mitarbeiter im Fachgebiet Geochemie und Hydrogeologie am Fachbereich Geowissenschaften der Universität Bremen.
Anschrift: Dr. Kay Hamer, Fachgebiet Geochemie und Hydrogeologie, Universität Bremen, 28334 Bremen

Christiane Hanisch

arbeitet seit 1988 als Laborleiterin der Arbeitsgruppe Umweltforschung an der Sächsischen Akademie der Wissenschaften zu Leipzig. Sie beschäftigt sich mit Spurenelementanalytik.
Anschrift: Dipl.-Chem. Christiane Hanisch, Sächsische Akademie der Wissenschaften zu Leipzig, Postfach 100440, 04004 Leipzig

Kathrin Heidbrink

ist Dezernentin im Bodenschutz-Dezernat des Landesumweltamtes Nordrhein-Westfalen. Studium der Geographie/Landschaftsökologie in Münster. Seit 1996 in der Umweltverwaltung des Landes Nordrhein-Westfalen tätig.
Anschrift: Kathrin Heidbrink, Landesumweltamt Nordrhein-Westfalen, Wallneyer Str. 6, 45133 Essen

Gudrun Heyn

leitet das Projekt „Qualitative Aspekte des Grundwassermanagements Planungshilfen, erstellt unter Anwendung der Multimedia-Technologie" an der Freien Universität Berlin, gefördert durch die Zentraleinrichtung zur Förderung von Frauenstudien und Frauenforschung der FU Berlin. Aufgabengebiet: knowledge engineering von Planungsaufgaben, Projektentwicklung.
Anschrift: Dr. Gudrun Heyn, Institut für Geologie, Geophysik und Geoinformatik der FU Berlin, Fachrichtung Geoinformatik, Malteserstr. 74-100, 12249 Berlin

Philipp Hoelzmann

ist wissenschaftlicher Mitarbeiter am Max-Planck-Institut für Biogeochemie in Jena in der Arbeitsgruppe Paläoklimatologie und dort für die Aufarbeitung von Paläoklimadaten im kontinentalen bis globalen Maßstab zuständig. Er promovierte im Sonderforschungsbereich „Geowissenschaftliche Probleme arider und semiarider Gebiete, AG Quartärgeologie" an der Freien Universität Berlin über holozäne Seesedimente in der Ostsahara. Von 1993 bis 1998 war er am Verbundprojekt „Elbe 2000" beteiligt und erarbeitete am Institut für Geographische Wissenschaften der Freien Universität Berlin eine Bestandsaufnahme der Schwermetallsituation der Sedimente von Havel und Spree.
Anschrift: Dr. Philipp Hoelzmann, Max-Planck-Institut für Biogeochemie, Postfach 100164, 07701 Jena

Michael Hofmann

studierte in Clausthal-Zellerfeld, Gießen, München und Würzburg. Von 1991 bis 1994 übte er eine Lehrtätigkeit an der UANL, Mexiko aus. Seit 1995 arbeitet er als selbständiger Hydrogeologe. Themenfelder: Hydrogeochemie, Modellierung, Wasserwirtschaft, seit 1995 auch „Nachhaltige Wasserversorgung".
Anschrift: Dr. Dipl.-Geol. Michael Hofmann, HYDRO-Oeko-TEC , Dr. Seidl & Partner Consulting Gruppe, Niederlassung Dresden, Bodenbacher Str. 18, 01277 Dresden

Monika Huch

ist Freie Wissenschaftsjournalistin für geowissenschaftliche und Umweltthemen. Seit 1994 gehört sie dem Vorstand der GUG an. Von 1994 bis 1998 war sie Referentin für Öffentlichtlichkeitsarbeit, seit Oktober 1998 hat sie die Schriftführung übernommen. Sie leitet den Arbeitskreis Informationen und ist darüber hinaus für die Schriftleitung der GUG-Schriftenreihe „Geowissenschaften + Umwelt" zuständig.
Anschrift: Dipl.-Geol. Monika Huch, Lindenring 6, 29352 Adelheidsdorf

Margot Isenbeck-Schröter

vertritt seit April 1997 die Fachrichtung Hydrogeochemie und Hydrogeologie am Institut für Umwelt-Geochemie der Universität Heidelberg. Forschungsschwerpunkt ist das Transportverhalten anorganischer Schadstoffe im Grundwasser unter variierenden geochemischen Bedingungen. Seit Anfang 1999 ist sie Chefeditorin für den wissenschaftlichen Teil der Fachzeitschrift Grundwasser.
Anschrift: Prof. Dr. Margot Isenbeck-Schröter, Institut für Umwelt-Geochemie, Universität Heidelberg, Im Neuenheimer Feld 236, 69120 Heidelberg

Harald Köthe

studierte in Bonn Geologie/Paläontologie mit den Nebenfächern Mineralogie und Bodenkunde. Er ist Regierungsrat bei der Bundesanstalt für Gewässerkunde und beschäftigt sich seit ca. zehn Jahren mit geologischen und hydrogeologischen Aufgaben an Bundeswasserstraßen. In den vergangenen sieben Jahren ist er schwerpunktmäßig gutachterlich und konzeptionell intensiv mit den Umweltproblemen bei der Baggergutunterbringung im Rahmen der Unterhaltung und des Ausbaus der Bundeswasserstraßen befaßt. Seine Erfahrungen zum Umgang mit Baggergut bringt er seit ca. fünf Jahren in nationale und internationale Handlungsempfehlungen ein.
Anschrift: RR Dipl.-Geol. Harald Köthe, Bundesanstalt für Gewässerkunde, Kaiserin-Augusta-Anlagen 15-17, 56068 Koblenz

Maritta Lohse

promovierte am Institut für Analytische Chemie der Universität Leipzig. Sie arbeitet als Postdoktorandin an der Sektion Gewässerforschung des UFZ-Umweltforschungszentrums Leipzig-Halle und beschäftigt sich mit Elbauenforschung. Der Schwerpunkt ihrer Arbeit liegt auf dem Gbiet methodisch-analytischer Untersuchungen am ICP-MS (Massenspektrometrie mit induktiv gekoppeltem Plasma).
Anschrift: Dr. Maritta Lohse, UFZ-Umweltforschungszentrum Leipzig-Halle GmbH, Sektion Gewässerforschung, Brückstr. 3a, 39114 Magdeburg

Rebecca von Lührte

bearbeitete an der Universität Bremen nach dem Studium der Geologie/Paläontologie im Rahmen ihrer Doktorarbeit geochemische Fragen der Baggergut-Problematik. Es folgten gutachterliche Tätigkeiten im Hydrogeologie- und Altlastenbereich.
Anschrift: Dr. Rebecca von Lührte, Im Deichkamp 11, 28359 Bremen

Jörg Matschullat

ist Dozent am Institut für Umwelt-Geochemie an der Universität Heidelberg. Seit der Gründung der GUG Gesellschaft für UmweltGeowissenschaften gehört er dem Vorstand an. Von 1994 bis 1996 war er stellvertretender Vorsitzender, seit Oktober 1996 ist er Vorsitzender der GUG.
Anschrift: PD Dr. Jörg Matschullat, Institut für Umwelt-Geochemie, Im Neuenheimer Feld 236, 69121 Heidelberg.

Broder Merkel

ist seit 1993 Professor für Hydrogeologie am Institut für Geologie der Technischen Universität Bergakademie Freiberg. Er ist geschäftsführender Direktor dieses Instituts und Studiendekan für den Studiengang „Geoökologie". Schwerpunkte der

Forschungsarbeiten sind: Entwicklung von GIS-Applikationen in der Umwelt- und Hydrogeologie, Modellierung des reaktiven Stofftransports, Bergbaufolgelasten und Festgesteinshydrogeologie.
Anschrift: Prof. Dr. Broder Merkel, Technische Universität Bergakademie Freiberg, Fakultät für Geowissenschaften, Geotechnikund Bergbau, Institut für Geologie, Lehrstuhl für Hydrogeologie, Gustav-Zeuner-Str. 12, 09599 Freiberg/Sa.

Ansgar Müller

arbeitete von 1960 bis 1984 als Quartärgeologe im sächsisch-thüringischen Raum. Von 1984 bis 1987 war er auf dem Gebiet der Geochemie tätig. Seit 1987 leitet er die Arbeitsgruppe Umweltforschung an der Sächsischen Akademie der Wissenschaften zu Leipzig. Er beschäftigt sich seit 1991 mit Fragen der Qualität von Gewässersedimenten und der Geochemie fluviatiler und limnischer Sedimente.
Anschrift: Dr. Ansgar Müller, Sächsische Akademie der Wissenschaften zu Leipzig, Postfach 100440, 04004 Leipzig

Almut Nagel

Anschrift: Dipl.-Geogr. Almut Nagel, Universität Trier, FB IV – Abt. Hydrologie, 54286 Trier

Heinz Neite

ist Referent für Bodenschutz im Ministerium für Umwelt, Raumordnung und Landwirtschaft des Landes Nordrhein-Westfalen. Studium der Biologie an den Universitäten Münster und Düsseldorf. Seit 1991 in der Umweltverwaltung des Landes Nordrhein-Westfalen tätig.
Anschrift: Dr. Heinz Neite, Umweltministerium von Nordrhein-Westfalen, Schwannstraße 3, 40476 Düsseldorf

Gerhard Reik

studierte Geologie in Stuttgart und promovierte in Toronto mit einer felsmechanisch-strukturgeologischen Arbeit. Er war als wissenschaftlicher Assistent und Organisationsleiter des Sonderforschungsbereichs Felsmechanik an der TU Karlsruhe und als Abteilungsleiter bzw. Geschäftsführer in geotechnisch ausgerichteten Ingenieurbüros tätig. Derzeit ist er Universitätsprofessor für Ingenieurgeologie an der TU Clausthal.
Anschrift: Univ.-Prof. Gerhard Reik, Ph.D., Institut für Geologie und Paläontologie, Abt. Ingenieurgeologie, Technische Universität Clausthal, Leibnizstr. 10, 39678 Clausthal

Brigitte Richter

ist im Projekt „Qualitative Aspekte des Grundwassermanagements Planungshilfen, erstellt unter Anwendung der Multimedia-Technologie" verantwortlich für die Datenorganisation, Algorithmierung und Implementierung.
Anschrift: Dr. Brigitte Richter, Institut für Geologie, Geophysik und Geoinformatik der FU Berlin, Fachrichtung Geoinformatik, Malteserstr. 74-100, 12249 Berlin

Michael Sauer

ist in einem Ingenieurbüro Projektcontroller und Gutachter für Altlastenerkundungen und Sanierungen. Von 1988 bis 1996 führte er am Niedersächsischen Landesamt für Bodenforschung, Außenstelle Bremen, hydrogeologische, hydrochemische und umweltgeowissenschaftliche Projekte durch. Diese galten u.a. der Erkundung der natürlichen Hintergrundwerte in Boden und Grundwasser sowie der Bewertung ihrer Umweltrelevanz.
Anschrift: Dr. rer. nat., Dipl.-Geol. Michael Sauer, Roggenkamp 26, 28259 Bremen

Marcell Schorer,

ist wissenschaftlicher Mitarbeiter am Lehrstuhl für Hydrologie an der Universität Trier. Schwerpunkte seiner Forschung sind die Schadstoffverlagerung in Fließgewässern und die damit verbundene Gewässergüte, die Bioakkumulation von Schadstoffen, die Dynamik und Entstehung von Hochwasserwellen und der partikuläre und gelöste Stofftransport.
Anschrift: Dr. rer. nat. Marcell Schorer, Universität Trier, FB IV – Abt. Hydrologie, 54286 Trier

Horst D. Schulz

studierte Geologie/Paläontologie in Aachen und Berlin. Er promovierte an der Rheinisch-Westfälischen Technischen Hochschule (RWTH) in Aachen zum Thema „Geochemische Vorgänge beim Übergang vom Sickerwasser zum Grundwasser". Anschließend war er wissenschaftlicher Mitarbeiter am Institut für Geologie und Paläontologie der Universität Kiel. Dort erfolgte 1977 die Habilitation zum Thema „Die Grundwasserbeschaffenheit in der Geest Schleswig-Holsteins". 1980 arbeitete er am Department of Earth Sciences in Waterloo, Canada. 1983 wurde er außerplanmäßiger Professor am Institut für Geologie und Paläontologie der Universität Kiel und ist seit 1986 Professor für das Fachgebiet Geochemie und Hydrogeologie am Fachbereich Geowissenschaften der Universität Bremen.
Anschrift: Prof. Dr. Horst D. Schulz, Fachgebiet Geochemie und Hydrogeologie, Universität Bremen, 28334 Bremen

Isabel da Silva Matos

studierte in München und Würzburg Volkswirtschaft. Abschluß in Ökonomie an der Universität Oldenburg. Seit 1996 arbeitet sie im „Büro Lokale Agenda 21" am Umweltzentrum Dresden. Schwerpunkt: Nachhaltigkeit und unternehmen. Zur Zeit promoviert sie an der Universität Gesamthochschule Kassel (Prof. Dr. Nutzinger)
Anschrift: Dipl.-Oek. Isabel da Silva Matos, Augsburger Str. 63, 01067 Dresden

Wolfdietrich Skala

ist Professor für Mathematische Geologie am Institut für Geologie, Geophysik und Geoinformatik, Fachrichtung Geoinformatik. Dort obliegt ihm die fachliche Beratung des Projekts „Qualitative Aspekte des Grundwassermanagements Planungshilfen, erstellt unter Anwendung der Multimedia-Technologie".
Anschrift: Prof. Dr. Wolfdietrich Skala, Institut für Geologie, Geophysik und Geoinformatik der FU Berlin, Fachrichtung Geoinformatik, Malteserstr. 74-100, 12249 Berlin

Volker Thiele

ist Hauptdezernent für den Bereich Bodenschutz, Auswirkungen belasteter Böden, Bodeninformationssystem im Landesumweltamt Nordrhein-Westfalen. Studium der Chemie in Mainz. Seit 1978 in der Umweltverwaltung des Landes NRW tätig.
Anschrift: Volker Thiele, Landesumweltamt Nordrhein-Westfalen, Wallneyer Str. 6, 45133 Essen

Annette Walther

promovierte 1997 an der Universität Leipzig auf dem Gebiet der Spurenelementbestimmung in geologischen Proben mittels atomspektroskopischer Methoden. Seit 1998 arbeitet sie als Postdoktorandin am Institut für Referenzmaterialien und Messungen der Gemeinsamen Forschungsstelle der Europäischen Kommission in Geel, Belgien.
Anschrift: Dr. Annette Walther, Herzenstr. 82, 04357 Leipzig

Christina Waschkowitz

hat nach dem Grundstudium der Geologie-Paläontologie an der Universität Mainz im Hauptstudium am Fachbereich Geowissenschaften der Universität Bremen die Schwerpunkte ihrer Qualifikation in den Bereichen Hydrogeologie und Geochemie gesetzt. 1997 bearbeitete sie ihre Diplomarbeit zum Thema „Mobilität von Schwermetallen aus Ziegeln aus Bremer Baggergut" mit geochemischen und mineralogischen Methoden.
Anschrift: Dipl.-Geol. Christina Waschkowitz, Fachgebiet Geochemie und Hydrogeologie, Universität Bremen, 28334 Bremen

Christian Wolkersdorfer

studierte in Erlangen und Clausthal Geologie und promovierte in Clausthal mit einer hydrogeochemischen Arbeit über ein Uranbergwerk. Derzeit leitet er die Niederlassung Freiberg des IFG Ingenieurbüro für Geotechnik und ist Vorstandsmitglied der IMWA International Mine Water Association.
Anschrift: Dr. Christian Wolkersdorfer, Im Oberfeld 1, 38678 Buntenbock

Dirk Zellmer

ist wissenschaftlicher Mitarbeiter am Institut für Geographische Wissenschaften der Freien Universität Berlin. Er studierte Geographie mit Nebenfächern Meteorologie, Kartographie und Biologie. Seit 1992 arbeitet er in verschiedenen Projekten zur Belastung von Seesedimenten mit Schwermetallen und zur Landschaftsentwicklung des Berliner Raumes. Die Untersuchungen an Schwebstoffen finden im Rahmen seiner Promotion statt.
Anschrift: Dipl.-Geogr. Dirk Zellmer, Freie Universität Berlin, FB Geowissenschaften, Malteser Str. 74-100, 12249 Berlin

Lutz Zerling

promovierte an der Martin-Luther-Universität Halle-Wittenberg mit einem bodenzoologischen Thema. Seit 1988 arbeitet er als wissenschaftlicher Mitarbeiter und Sekretär der Kommission für Umweltprobleme an der Sächsischen Akademie der Wissenschaften zu Leipzig. Er beschäftigt sich mit Fragen der Boden- und Sedimentqualität.
Anschrift: Dr. Lutz Zerling, Sächsische Akademie der Wissenschaften zu Leipzig, Postfach 100440, 04004 Leipzig

Inhaltsverzeichnis

Aspekte des Wassermanagements

Management von Boden und Fluß-Sedimenten: Belastung

Management von Boden und Fluß-Sedimenten: Verwertung

Aspekte des Wassermanagements

Anthropogene Grundwasserbelastungen und nachhaltige Wasserversorgung [1]

Michael Hofmann, Isabel da Silva Matos und Broder Merkel

Einleitung

Die Forderungen nach einer nachhaltigen Wasserwirtschaft und Wasserversorgung zielen sowohl auf den Mengenaspekt als auch auf die zunehmenden qualitativen Probleme sowie die damit letztendlich verbundene Verteuerung des Wassers.

Die Wasserentnahme im früheren Bundesgebiet verdoppelte sich zwischen 1960 und 1980 und blieb seitdem etwa auf konstantem Niveau. Dabei entfielen im Jahr 1991 etwa 61% der gesamten Wasserentnahmen auf die Stromerzeugung, insbesondere als Kühlwasser, und etwa weitere 22% auf die Industrie; nur etwa 13,5% der Wasserentnahmen wurden für die öffentliche Wasserversorgung (private Haushalte) benötigt. Für landwirtschaftliche Zwecke wurden lediglich 3% der gesamten öffentlichen Wasserförderung verwendet (BMU 1994a).

Von der Landwirtschaft werden allerdings, bedingt durch den intensiven Einsatz von Pflanzenschutz- und Düngemitteln, flächenhaft schwerwiegende Probleme in der Wasserversorgung verursacht. Ein wirksamer Schutz der genutzten Grundwasserreserven (etwa 70% des gesamten Trinkwassers) ist oft nicht gewährleistet. Eine Verknappung und Gefährdung unserer natürlichen Oberflächen- und Grundwasserreserven besteht durch Abwässer aus Industrie, Gewerbe und den privaten Haushalten, durch Unfälle beim Transport und der Lagerung von wassergefährdenden Stoffen sowie durch Eintrag von Schadstoffen aus Bergbau und Deponien (Hofmann et al. 1996).

Der zunehmende Flächenbedarf, insbesondere für Siedlungs- und Verkehrsflächen, wirkt einer nachhaltigen Wasserversorgung durch Versiegelung entgegen. Probleme erwachsen weiterhin durch Versickerung von Dachflächenwasser und durch Abflüsse von Straßen und Parkplätzen (Schwermetalle). Aber auch eine Entsiegelung von Flächen ist im Hinblick auf die Qualität des Grundwassers nicht bedenkenlos, da eine Renaturierung der Flächen nicht ohne weiteres möglich ist.

Während im Weltmaßstab quantitative und qualitative Fragen im Rahmen einer nachhaltigen Wasserversorgung gleichrangig betrachtet werden müssen, stehen in Deutschland die qualitativen Probleme im Vordergrund. Mit den Kosten der Bereitstellung unbedenklichen, klaren Wassers ergeben sich Probleme der sozialen

Verträglichkeit bei der Wasserversorgung. Die Folgen einer Privatisierung oder Teilprivatisierung von Versorgungsunternehmen sowie die wirtschaftlichen und sozialen Konsequenzen von Umweltauflagen müssen bei der Kostenfrage mitdiskutiert werden.

Drei wichtige Fundamente einer nachhaltigen Wasserversorgung lassen sich formulieren:

- *Quantitativer Aspekt*: Es darf nicht mehr Wasser dem Untergrund entnommen werden, als sich wieder neubildet.
- *Qualitativer Aspekt*: Das Wasser darf nicht über seine Regenerationskapazität bzw. über die Regenerationskapazität des Bodens als Schutzglied zum Grundwasser hinaus belastet werden.
- *Sozial-ökonomischer Aspekt*: Die Wasserversorger müssen Wasser in gesundheitlich einwandfreier, appetitlicher Form und ausreichender Menge zu einem sozial verträglichen Tarif anbieten. Entsprechend ist auf der Verbraucherseite ein sensibilisiertes Bewußtsein zum Schutzgut Wasser und Wissen um seine Begrenztheit als Ressource zu entwickeln.

Nachhaltige Entwicklung und Ökonomie

Der Begriff der „nachhaltigen Entwicklung" wurde ursprünglich im Bereich der Forstwirtschaft formuliert und besagte dort, daß zur langfristigen („nachhaltigen") Sicherung der Waldbestände nur so viele Bäume gefällt werden dürfen, wie auch wieder nachwachsen, um den Bestand zu sichern (inkl. Risiken wie Waldbrände, Schädlingsbefall etc.; z.B. Radkau 1996).

Auf der ökonomischen Seite vertreten nicht nur die Anhänger der Neoklassik bis zur Ökologischen Ökonomie die Ansicht, daß Nachhaltigkeit mindestens die *Konstanz* des gesamten Kapitalstocks[2] (K) bei Zeitpunkt (t = 0) über die Zeit bedeutet (als Zeitpunkt t = 0 wird häufig der Stand 1987 angesetzt):

$$K = K_e + Kc + Km + Kn + Kh = \text{const.} \qquad \text{(Gleichung 1)}$$

Der gesamte Kapitalstock K setzt sich aus folgenden Kapitalanteilen zusammen: kulturelles Kapital K_c, ethisches/moralisches Kapital K_e, Humankapital K_h, menschen-gemachtes Kapital K_m, natürliches Kapital K_n.

Diese auf Turner und Pearce (1992) zurückgehende Gleichung suggeriert in gewissem Maße eine Berechenbarkeit des gesamten Kapitalstocks, wobei alle Kapitalformen in einer gemeinsamen Einheit (z.B. Geld) auszudrücken sind. Von den Autoren wird eine Monetarisierung der Kapitalformen jedoch realistischerweise auch in weiterer Zukunft als nicht möglich erachtet. Weiterhin bedeutet dies, daß eine Form des Kapitalstocks – z.B. das natürliche Kapital K_n durch das Humankapital K_h – substituiert oder besser kompensiert werden könnte, wenn in der Summe der Wert K gleich bliebe. Zwischen den genannten Kapitalformen existieren also durchaus Interdependenzen, was die Problematik der hier wiedergegebenen Gleichung deutlich macht.

Naturkapital stellt bei den Vertretern einer „schwachen Nachhaltigkeit" (Nutzinger 1995) nur eine der unterschiedlichen Kapitalformen dar, die sich durch fast nichts von anderem Kapital, z.B. Geld- oder Anlagenkapital, unterscheidet. Allerdings wird eingeräumt, daß die Natur nur bis zu einer bestimmten Obergrenze assimilations- bzw. regenerationsfähig bezüglich anthropogener Belastung ist. Darüber hinaus wird in Anbetracht der thermodynamischen Hauptsätze anerkannt, daß es eine kritische Masse an Naturkapitalkomponenten (meßbare Naturmenge) gibt, die gesichert werden muß, um das System zu erhalten. Substitution kann zwischen den einzelnen Kapitalformen möglich sein; hierfür müßte allerdings ein fester Mindestbestand (K_{nmin}) an Naturkapital unbedingt erhalten bleiben:

$$K_n \geq K_{nmin} \qquad \text{(Gleichung 2)}$$

Im Sinne der „strikten Nachhaltigkeit" („strong sustainability"; Nutzinger 1995) ist diese Form der Substitution nicht möglich, denn eine Kompensation soll hiernach nur innerhalb jeder einzelnen Kapitalform selbst erlaubt sein. Somit steckt die Gleichung 1 zusammen mit den Forderungen nach dem Erhalt eines Minimalkapitals der einzelnen Komponenten die nachhaltige Entwicklung ab, läßt aber zusätzlich Spielraum und Gestaltungsmöglichkeiten für die Zukunft.

Um dieses Minimum festlegen zu können, sind Indikatoren notwendig, mit denen Systeme, wie z.B. Wasser, Boden, Wald, etc., in Qualität und Quantität gemessen und bewertet werden können. Hier besteht allerdings die Schwierigkeit, wie z.B. mit wenigen Parametern die Qualität des Wassers quantifizierbar und ökologisch sinnvoll festgelegt werden kann. Substitution ist zwar in Grenzen möglich, da Wasser aber zu den (bedingt) regenerierbaren Ressourcen zählt, muß vielmehr mit einer Umverlagerung und Substitution anderer Stoffe durch Wasser und daher mit einem erhöhten Bedarf gerechnet werden. Die Erlöse (Zinsen), die aus der effizienten intertemporalen Allokation (Nutzung) erzielt werden, müßten so in die (bedingt) erneuerbare Ressource Wasser zur Substanzerhaltung des Naturkapitals reinvestiert werden (z.B. aus der Energieerzeugung [Kühlwasser] in die Abwasserreinigung).

Im Rahmen der Reinvestition der Erlöse scheint eine direkte, in der Planungsphase einsetzende Einflußnahme unbedingt sinnvoller als eine nachträgliche Korrektur, da hierdurch ein Mißbrauch und unnötiger Kapital-, Ressourcen- und Verwaltungsaufwand vermieden werden könnte („first best"). Zunächst müßte jedoch der Bereitstellungsaufwand für Wasser vollständig, langfristig und umfassend ermittelt werden. Um die Kosten verursachergerecht zu erkennen sowie die Preise dementsprechend zu gestalten, müßten die Reinigungskosten entsprechend der Verwendungsgruppen bestimmt werden. Auf diesem Weg ließen sich zusätzlich verbrauchsmindernde Aspekte ermitteln und über progressive Tarife (d.h. „Verteuerung bei Verschwendung") und unter Berücksichtigung von sozialen Subventions-Aspekten (u.U. auch Finanzausgleich zwischen Versorgern) und regionaler Unterschiede in Wasserdargebot- und qualität an den Verbraucher weitergeben.

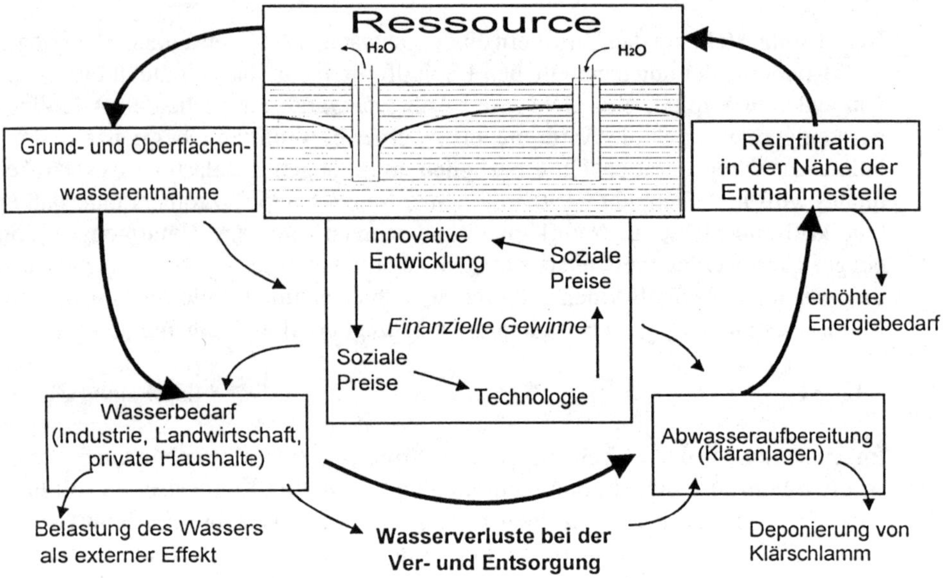

Abb. 1. Aspekte einer nachhaltigen Entwicklung in der Wasserversorgung von der Ressource über die Nutzung und Aufbereitung bis zur Re-infiltration (zur weiteren Erläuterung siehe Text)

Nachhaltigkeit und Wasser

Auf das Wasser bezogen kann Nachhaltigkeit nicht auf Begriffe wie Vermeidung irreversibler Schäden oder auch maximale Nutzung auf lange Sicht reduziert werden. Vielmehr muß eine nachhaltige Wasserversorgung daran gemessen werden, ob synergetische, meist ökologische (z.B. Mobilisierung von Schwermetallen), aber auch ökonomisch-soziale Effekte (Anstieg der Wasser-/Abwassergebühren; Arbeitslosigkeit) mit allen entsprechenden Langzeitkonsequenzen (zunehmende Seuchengefahr; Guy und Marvin 1996) berücksichtigt werden.

Bei einer nachhaltigen Entwicklung steht das Denken in Kreisläufen im Vordergrund. Abbildung 1 verdeutlicht, wie Wasser, Wasserentnahme und Wasserbelastung als Kreislauf im Rahmen der nachhaltigen Entwicklung gesehen werden können. Dabei schließt sich zwar der Kreislauf bezogen auf das Wasser, die Pfeile aus diesem Kreislauf heraus deuten aber an, welche Faktoren in andere Stoffflüsse bzw. -kreisläufe eingreifen (externe Effekte). Diese Richtungen markieren daher die vorrangigen Probleme der Wasserwirtschaft in der Nachhaltigkeitsdebatte. Meist weisen diese in Bereiche, für die ebenfalls ein nachhaltiges Konzept zu entwickeln ist, das den „Verbrauch" in der Wasserwirtschaft berücksichtigt.

Aus der Entnahme von Grund- und Oberflächenwasser und der Bereitstellung von Trinkwasser werden finanzielle Gewinne erzielt, die zumindest teilweise in den Erhalt des Naturkapitals (Wassereinzugsgebiet) oder in umweltfreundlichere

Technologien investiert werden müßten. Weiterhin dienen die Gewinne unter dem Anspruch der Nachhaltigkeit der Stützung und Sicherung der sozialen Wasserpreise bzw. könnten als monetärer Ausgleich für die externen Effekte genutzt werden.

Da allgemein der Eindruck vorherrscht, daß Wasser in ausreichender Menge vorhanden sei, wird Wasser gerne als erneuerbare Ressource dargestellt und genutzt. Unberücksichtigt bleibt dabei oft, daß nahezu 3% (Stand 1991: 7,7 Mrd. m^3 als Anteil des Grund- und Quellwassers an der öffentlichen Wasserversorgung exklusiv des Anteils für Energieversorgung und privatem Eigenversorgungsanteil) des gesamten Niederschlags als Grundwasser entnommen und so beschleunigt dem Abfluß zugeführt wird.

Weiterhin ist die Aufnahmefähigkeit von Umwelt(schad)stoffen bzw. die Regenerationskapazität des Wassers begrenzt. Zu oft werden die erhofften Selbstreinigungskräfte im Boden wie im Wasser überbeansprucht. Jede Wasserentnahme, ob als Grundwasser, als Uferfiltrat oder aus Quellen, stellt somit einen Eingriff in den natürlichen Wasserkreislauf dar, dessen äußere und innere Wirkungen kurz- und langfristig zu wenig Beachtung finden. Im Sinne einer „strikten" Nachhaltigkeit (Nutzinger 1995) ist dieser Eingriff aufgrund der negativen Begleiterscheinungen auf sich selbst und auf andere Umweltmedien nur bedingt tragbar und muß möglicherweise in Relation zu seinem Nutzen neu bewertet werden.

Anthropogen verursachte Mobilisierung von Schadstoffen

Im Zusammenhang mit der nachhaltigen Entwicklung und deren Bewertung zählt die Mobilisierung von Spurenstoffen im aquatischen Milieu aufgrund anthropogener Einflüsse zu einem der größten Problembereiche. Die anthropogenen Ursachen und relevanten hydrogeochemischen Prozesse sind in der Theorie weitgehend bekannt und vielfach in ihren Teilaspekten und praktischen Auswirkungen beschrieben (z.B. Appelo und Postma 1993; Stumm und Morgan 1996).

Anhand einiger Beispiele sollen die komplexen Verhältnisse aufgezeigt werden, wenn sie unter den Vorgaben der nachhaltigen Entwicklung betrachtet werden. Was kann geschehen, wenn:

- die Ursache der Schadeinwirkung nur ungenau erkannt werden kann, ob es sich um eine anthropogene oder eine geogene Belastung des Trinkwassers z.B. durch erhöhte Arsenkonzentrationen handelt?
- die Belastung nahezu flächendeckend und eine Sanierung/Regenerierung nur im Zeitraum von mehreren Jahrzehnten möglich ist, z.B. Stickstoffaustrag durch die Landwirtschaft?
- eine „Altlast" wie z. B. der Uranbergbau in Sachsen und Thüringen aus technischen und wirtschaftlichen Gründen in seiner Schadenswirkung nur minimiert werden kann?

Die Vorgabe der nachhaltigen Entwicklung setzt voraus, daß die heutige Generation den zukünftigen Generationen eine lebenswerte Natur – im vorliegenden Fall möglichst reines Wasser bzw. ein funktionstüchtiges Ökosystem – vererbt. Die historische Entwicklung zeigt aber, daß immer stärker nichtregenerierbare Ressourcen angegriffen werden und daß ein Wandel zu einer effektiveren Nutzung der Rohstoffe und Substitution nichterneuerbarer Reserven durch erneuerbare Reserven baldmöglichst stattfinden muß. Allein bei den nachfolgend beschriebenen Beispielen wird deutlich, daß das klassische Verursacherprinzip bereits heute nur noch schwer anwendbar ist.

Arsen im Trinkwasser

Neue Erkenntnisse hinsichtlich der Kanzerogenität von Arsen (als möglicher Auslöser für Hautkrebs) und die Senkung des Trinkwassergrenzwertes für Arsen von 40 g/l auf 10 g/l zum 1.1.1996 hat in den letzten Jahren eine Fülle von Arbeiten und Veröffentlichungen zur Mobilisierung dieses Elements entstehen lassen (z.B. Nriagu 1994, Jekel 1993). Anfänglich wurde die Mobilisierung von geogenem Arsens unterschätzt und häufig nach anthropogenen Einträgen (z.B. Pestizide) gesucht. Heute ist bekannt, daß bereits eine geringe Änderung der Redox-Verhältnisse im Untergrund das Freisetzen von Arsen einleiten kann (z.B. Bhumbla und Keefer 1994). Als Beispiel hierfür kann die fränkische Keuperlandschaft herangezogen werden, wo Arsen durch Grundwasserförderung und wechselnde Förderraten mobilisiert wird. Das in der Festphase meist sulfidisch gebundene Arsen geht in Lösung, bleibt gelöst im Wasser oder wird erneut als Festphase (Co-Präzipitation als Fe-Hydroxid) gefällt. Unter der Voraussetzung einer kritischen ökologischen Nachhaltigkeit ist zwar eine geringe, zunächst tolerierbare Aufnahme von Arsen in den Umweltmedien oder durch den Menschen möglich, solange sie durch Abbau kompensiert wird oder bei Akkumulation des Arsens in Boden oder Wasser ein unbedenklicher Wert nicht überschritten wird. Im Falle von Arsen findet jedoch kein Abbau im Sinne einer Dissoziation in nicht toxische Bestandteile statt, sondern es wird im organischen Kreislauf in menschliche und tierische Zellen eingebaut und dort angereichert.

Von der Senkung des Trinkwassergrenzwerts für Arsen zu Beginn des Jahres 1996 (Heinrichs 1996) sind allein in der fränkischen Keuperlandschaft nach Schätzungen ca. 117 Wasserversorgungsanlagen betroffen. In den gesamten alten Bundesländern sind dies ca. 300 Anlagen (Haberer 1993). Hierdurch ergeben sich neue Kosten für die Aufbereitung und Entfernung des Arsens sowie die Entsorgung der Rückstände und andere Umwelteffekte. Hörner (1993) gibt für die Arseneliminierung mittels Fällung/Flockung einen Preis von 10 Pf/m^3, bei Ionenaustausch von 60 Pf/m^3 und für die Filtration über Aluminiumoxid (BERKALOX-Material) von 25 Pf/m^3 an, wobei die Folgekosten (z. B. Schlammbehandlung und -deponierung) nicht berücksichtigt sind.

Gerade aber diese externen Folgekosten, die in der Preisgestaltung des Wasserversorgers zunächst nicht enthalten sind (Belastung des Grundwassers durch die Land- und Forstwirtschaft, Energieversorgung, etc.), aber volkswirtschaftlich im

Sinne des Gemeinwohls und aus ökologischen Gründen anfallen, müssen im Rahmen der nachhaltigen Entwicklung in die Berechnungen einbezogen werden. Nur so kann die Berechenbarkeit und Bewertbarkeit einer anthropogenen Maßnahme erkannt und verursachergerecht weitergegeben werden.

Die Trinkwasserversorgung steht heute vor dem Problem, daß die Kapitalkosten größtenteils auf die Anlagen zur Wassergewinnung, -aufbereitung, -speicherung und -verteilung entfallen, das Wasser selbst als mengenmäßiger Anteil der Betriebs- und Beschaffungskosten jedoch nur gering ist (AG VKU 1995). Somit erscheint eine Aufbereitung des Trinkwassers auf Arsen zumindest solange kostengünstig, solange die externen Folgen nicht in die Kostenkalkulation integriert sind. Im anderen Falle aber ist eine Senkung des Wasserverbrauchs sicher kostensparender als eine Neuinvestition in eine zusätzliche Arseneliminierungsanlage. Eine Reduktion des Wasserverbrauchs und die hierdurch verursachten finanziellen Verluste bei gleich hohen Investitions- bzw. Reparaturkosten ist für den Wasserversorger jedoch nur tragbar, wenn der Wasserpreis sich stärker an seinen eigenen, realen Kosten orientiert, d.h.:

- Erhöhung des Fixkostenanteils am Wasserpreis aufgrund der kapitalintensiven Anlagenkosten,
- möglicherweise verringerter Anteil des mengengebundenen Verbrauchsanteils am Wasserpreis und
- Einbeziehung der externen Kosten als zusätzlicher, hauptsächlich mengengebundener Anteil.

Hierdurch würde sich zwar der Wasserpreis insgesamt erhöhen, dies würde sich aber durch die Verringerung des Wasserverbrauchs wieder ausgleichen und sich so weiterhin im sozialverträglichen Rahmen bewegen. Die gewünschten Effekte, nämlich volle Kostenrechnung und richtige Verbrauchersignale zur Einsparung von Wasser, wären erreicht. Darüber hinaus wären die Ökosysteme vorteilhaft betroffen (Öko-Effekt):

- erhöhter Schutz des Wassers durch Integration der externen Kosten (Grund- und Oberflächenwasserschutz wird über *reale* Preise den Bürgern/Verbrauchern nähergebracht);
- langfristig niedrigere Investitionskosten auf der Versorgerseite (geringere Kosten im Anlagenbau bei gleichzeitiger Sicherung des Spitzenbedarfs), keine zusätzlichen Bauten und Flächenbedarf;
- durch einen direkten Schutz bzw. durch eine Verringerung der direkten Einflußnahme auf den Wasserhaushalt.

Einfluß der Landwirtschaft

Ein weiterer wichtiger Störfaktor für eine nachhaltige Wasserversorgung sind die flächenhaften Einträge von Schadstoffen (Stickstoff, Phosphor, Pflanzenschutzmittel, Schwermetalle über Dünger etc.) aus der Landwirtschaft (55% der Gesamtfläche Deutschlands werden landwirtschaftlich genutzt). Der immense Überschuß des Eintrags dieser Substanzen in die Böden kann durch Abbau (Assimilationskapazität) weder mikrobiell noch anorganisch im Boden oder im Wasser über Jahre und Jahrzehnte ausgeglichen werden (Isermann und Isermann 1996). Durch die Anreicherung dieser Stoffe in den Umweltmedien Luft, Wasser und Boden ist in der Folge die Artenvielfalt stark zurückgegangen und geht weiter zurück.

Aus der Stickstoffbilanz für Deutschland von Isermann und Isermann (1996) für das Jahr 1991/92 geht hervor, daß von 191 kg N/ha landwirtschaftlicher Fläche (LF) etwa 70% (= 146 kg N/ha LF) an die Umwelt abgegeben werden. Davon verblieben 13 kg N/ha LF im Boden, 55 kg N/ha LF wurden an das Grund- bzw. Oberflächenwasser abgegeben und 77 kg N/ha LF emittierten in die Atmosphäre. Die Zahlen belegen, daß die klassische Landwirtschaft von den Prinzipien der nachhaltigen Entwicklung weit entfernt ist.

Im Detail trifft die Kritik am heutigen Stickstoffkreislauf besonders die Viehwirtschaft. Zur Futtermittelerzeugung werden große Mengen an Stickstoff auf die Felder ausgebracht, die nicht aus der Gülle und dem Mist der Viehhaltung stammen (Stichwort Stoffkreislauf). Zu einer ausgeglichenen und ausreichenden Ernährung wäre in unseren Breiten eine derartige Fleischüberproduktion nicht notwendig. Eine Reduktion der Viehbestände würde sich durch Verringerung der N-Anwendung in der Futtermittelproduktion und durch Verminderung der N-Produktion in Gülle und Mist zweifach sinnvoll erweisen. In Sachsen waren bis 1992 beispielsweise von 2377 Wasserversorgungsanlagen 200 Gemeinden von Nitrat-Gehalten im Trinkwasser über dem Grenzwert betroffen (SMU 1994).
Der anhaltend hohe Eintrag von Stickstoff aus Düngemitteln verursacht jedoch nicht nur eine Auswaschung in das Grundwasser, sondern auch eine Akkumulation im Boden, d.h. die Regenerationskapazität des Bodens wird überschritten. So stellt gerade der Einfluß der Landwirtschaft ein „klassisches" Beispiel einer nicht nachhaltigen Wirtschaftsweise dar. Der hierdurch verursachte Schaden scheint den Nutzen zu übersteigen.

Der ökologische Landbau zeigt aber, daß auch andere Wege möglich sind. Ein verändertes Konsumverhalten wie z. B. geringerer Fleischkonsum ist angezeigt, wenn man die Forderungen der nachhaltigen Entwicklung ernst nehmen will. So stimmt das Bundesumweltministerium einer neuen Weichenstellung in der Agrarpolitik zu, damit „sowohl ökologisch als auch ökonomisch langfristig tragfähige Bewirtschaftungsformen entstehen können", und schreibt weiterhin: „Ordnungsgemäße Landwirtschaft im Sinne des Naturschutzgesetzes muß Nährstoffüberschüsse vermeiden, Schadstoffeinträge gering halten, den Boden schonend bearbeiten, vielseitige Fruchtfolgen anwenden und eine reichhaltige Landschaftsstruktur erhalten oder wiederherstellen." (BMU 1994b).

Hieraus wird aber auch die doppelte Subventionspolitik in der klassischen Landwirtschaft deutlich, indem einerseits die landwirtschaftlichen Produkte direkt von staatlicher Seite subventioniert werden und anderseits eine indirekte Subvention durch Vernachlässigung der oben beschriebenen externen Effekte (Nitrat und Pflanzenschutzmittel im Grundwasser) erfolgt, die größtenteils die Wasserversorger, aber allgemeiner auch die Verbraucher sowie die Umwelt zu tragen haben.

Eine nachhaltige Landwirtschaft muß sich demnach vom ökologischen Standpunkt bezüglich des Ein- und Austrags von Stickstoff (und anderer Schadstoffe) stärker an naturnahen Ökosystemen orientieren, eine Düngemittelbedarfsermittlung (z.B. N_{min}-Methode) durchführen, den Standort (Bodenaufbau, Durchlässigkeit des Boden) besser berücksichtigen, Bodenverdichtungen vermeiden und die Bodenerosion vermindern. Ein positiver Einfluß auf Wasserversorgung und Wasserpreis wäre damit direkt verbunden.

Mobilisierung von Spurenelementen durch den Uranbergbau

In diesem Beispiel sollen die Maßnahmen der WISMUT GmbH angesprochen werden, die derzeit an verschiedenen Standorten in der Summe eine Fläche von etwa 15 km² mit insgesamt 311 Mio m³ Abraum auf 48 Halden zu sanieren hat (BMWi 1995a). Die hier dominierend mobilisierten Schadstoffe sind ebenfalls Arsen, aber auch Uran, Radium, Thorium, Blei, Zink, Nickel, Cadmium, Schwefel und organische Bestandteile wie Benzin, PAK, PCB etc. im Wasser sowie Radon in der Gasphase. Andererseits wird ein mindestens gleich hohes Gefahrenpotential für Umwelt und Menschen durch Halden und Absetzbecken bzw. Schlammteiche (sog. Tailings) hervorgerufen. Dabei spielen Prozesse wie die Lösung und Fällung von Feststoffen während des Transports, Desorption und Adsorption, Ionenaustausch sowie vereinzelt auch der hydrostatische Druck eine regulierende Rolle. Als besonders wichtig haben sich mikrobielle Aktivitäten erwiesen, die – teilweise zusätzlich durch Fäkalien- und Hausmüll-Eintrag – die Schwermetallbelastung zahlreicher Oberflächengewässer beeinflussen.

Für die strahlenschutzrelevanten Stoffe Uran und Radium errechnet sich für die sächsischen WISMUT-Standorte ein Austrag von ca. 12700 MBq Radium (1989 bis 1992 zwischen 12048 und 13466 MBq) und von 9,2 t Uran (zwischen 4,53 und 12,86 im gleichen Zeitraum, jedoch mit abnehmender Tendenz) im Abwasser der Gruben. Weiterhin werden Radonfreisetzungen in der Abluft der WISMUT-Gruben von durchschnittlich etwa 1100 TBq ermittelt (SMU 1994). Da Uran (insbesondere $U^{(VI)}$) und z.T. Radium aufgrund ihrer hydrochemischen Eigenschaften mobil sind, sind diese Stoffe ubiquitär zu finden, sie können aber lokal eine nicht nachhaltige Belastung der Sedimente sowie des aquatischen Lebensraums darstellen. Für das Radon ergibt sich ein lokal konzentriertes Auftreten (Halbwertszeit des ^{222}Rn etwa 3,8 Tage), so daß die menschliche Gesundheit hierdurch direkt durch Inhalation beeinflußt wird.

Eine Renaturierung der großflächig belasteten Gebiete im Sinne einer Rückführung in den ursprünglichen Zustand ist nicht mehr möglich. Im Laufe des etwa 43 Jahre andauernden Uran-Bergbaus in Sachsen und Thüringen hat sich eine Verteilung der genannten Schadstoffe in der belebten (Menschen, Pflanzen und Tiere) und unbelebten Welt (Oberflächen- und Grundwasser, Boden, Verlagerung im Festgestein) vollzogen. Hierdurch entstehen externe Effekte, die früher nicht (richtig) kalkuliert wurden. Der aktuelle Schaden läßt sich nur minimieren. Das Beispiel zeigt, daß ein solcher Bergbau unter den Gesichtspunkten der nachhaltigen entwicklung nicht tragbar ist.

Da Bergbau jedoch immer mit einem Eingriff in den Natur- und Wasserhaushalt verbunden ist, stellt sich zwangsläufig die Frage, ob ein Bergbau im Sinne der nachhaltigen Entwicklung überhaupt möglich ist. Hierbei sind in jedem Einzelfall mehrere Fragen zu klären:

- Wie hoch ist der Nutzen für die Gesellschaft ?
- Wie hoch sind die Kosten unter Einbeziehung aller Folgekosten, inkl. ökologischer Schäden?
- Sind die Schäden im einzelnen und in ihrer Gesamtheit sanierbar, so daß langfristig kein bzw. nur ein „tragbarer" Schaden bleibt ?
- Sind die aus dem Bergbau gewonnenen Stoffe nicht durch erneuerbare Ressourcen substituierbar?
- Liegt in der Gesamtrechnung der Nutzen somit höher als die Kosten ?

Dabei ist jedoch deutlich zwischen einer Kosten-Nutzen-Analyse im klassisch-volkswirtschaftlichen Sinn und einer Kosten-Nutzen-Berechnung im Sinne der Ökologischen Ökonomie zu unterscheiden. Während im ersten Fall die externen Effekte als Kosten nicht einbezogen wurden (Fall WISMUT: hier liegen die externen Kosten fast so hoch wie der Erlös aus der Uranproduktion)[3], werden im zweiten, „idealen" Fall alle externen Effekte in die Kosten-Nutzen-Analyse einbezogen. Der zweite Fall setzt jedoch eine komplette Monetarisierbarkeit bzw. Bewertung aller Schäden wie Entnahme des Grundwassers mit seinen Folgen oder Deponierung von Reststoffen mit ihren Folgen auf Wald, Boden, Wasser und Atmosphäre nach einem Standard voraus. Hierzu liegen allerdings bis heute keine Kriterien oder Bewertungsmaßstäbe vor. Aber gerade das Beispiel des Uranbergbaus zeigt, wie wichtig eine Berücksichtigung der ökologischen und sozialen Folgen ist.

Fazit und Ausblick

Betrachtet man die Zielfaktoren Ökologie, Ökonomie und soziale Sicherheit am Beispiel der Wasserwirtschaft bezogen auf den Lebensraum Deutschland, sieht es auf den ersten Blick so aus, als wären diese drei Zielfaktoren mit einer nachhaltigen Entwicklung in Einklang zu bringen. Bei genauer Betrachtung ist jedoch auch hier eine Einbeziehung aller externen Effekte, insbesondere der ökologischen Folgen, notwendig. Die damit mit Sicherheit verbundene Erhöhung des Wasserpreises wird ein verändertes Konsumverhalten bewirken.

In der Preisgestaltung wäre eine Verteuerung notwendig, die aber einerseits durch eine Verringerung des Wasserbedarfs, anderseits durch eine Verringerung der externen Effekte (z.B. bei der Landwirtschaft) zumindest teilweise wieder ausgeglichen werden könnte. Die vorgestellten Beispiele machen deutlich, daß Teilbereiche der Produktion von Rohstoffen und Lebensmitteln sowie die Wasserversorgung selbst nicht nachhaltig genannt werden können. Die Beispiele zeigen auch die enge Vernetzung zwischen dem Wasserbedarf, den anthropogenen Maßnahmen und den sozialen, ökologischen und wirtschaftlichen Folgen auf.

Da sich Veränderungen im Umweltverhalten der Bevölkerung bezüglich Wasser über eine Erhöhung der Preise am einfachsten und effektivsten gestalten lassen, kommt der Ökologischen Ökonomie eine entscheidende Rolle in der Nachhaltigkeitsdebatte zu. Dabei müssen die Preise „realistischer" gestaltet, d.h. unter Einbeziehung der externen Effekte den tatsächlichen Kosten angeglichen werden und dennoch sozialverträglich bleiben. Dies würde die Preisgestaltung für die Bevölkerung transparenter machen, die Einsparpotentiale (Regenwassernutzung, Versikkerung des Dachabflusses, Verringerung des Bedarfs etc.) verdeutlichen und so der Bevölkerung eine aktive Teilnahme am Schutz des Wassers näherbringen.

Wie die vorangegangenen Beispiele zeigen, spielt auch die Industrie dabei eine entscheidende Rolle. Hier liegen z.B. durch Verstärkung der Wiederverwendung (Kreislaufwirtschaft) des Wassers die größten Einsparpotentiale, wobei gerade hier finanzielle Anreize am meisten bewirken dürften.

Aufgrund der Komplexität der Sachverhalte, fehlender Bewertungskriterien und Probleme der Monetarisierbarkeit ökologischer und anderer, externer Effekte ist eine Umstellung der Preise, insbesondere unter dem Gesichtspunkt der nachhaltigen Entwicklung nicht ganz einfach. Zu einer Bewertung der Nachhaltigkeit sind Vereinfachungen durch sogenannte Umweltindikatoren sinnvoll und hilfreich. Wie die angeführten Beispiele zeigen, müssen in die Preisgestaltung auch eine sinnvolle Vorsorge (Landwirtschaft und Bergbau) sowie eine spätere Sanierung und Renaturierung (Bergbau) einbezogen werden.

Umweltindikatoren als Bewertungskriterien für eine nachhaltige Entwicklung in der Wasserversorgung erscheinen durchaus nützlich, dennoch sind sie immer auch mit einem Informationsverlust über den tatsächlichen qualitativen und quantitativen Zustand des Systems verbunden (Spangenberg und Schmidt-Bleek 1995). Aus dem Bereich der Wasserwirtschaft werden von Spangenberg (1997) der „Wasserverbrauch pro Kopf / Reinigungsaufwand Trinkwasser / Verfügbarkeit" als ökologische Schlüsselindikatoren vorgeschlagen.

Sicherlich ist man sich in Fachkreisen bei der Findung von Umweltindikatoren der Problematik der Repräsentanz bewußt. Die beschriebenen Schwierigkeiten lassen sich demnach nur lösen, wenn die Angaben im gegebenen Fall zur Evaluierung des Problems ausreichend sind und eine umfassende Interpretation ermöglichen. Somit können Umweltindikatoren nur Summenwerte darstellen, in denen die im Rahmen einer Vorstudie gefundenen Untersuchungsergebnisse zu einem Wert oder wenigen Werten gewichtet und zusammengefaßt sind, und es kann nicht bedeuten, den bisherigen Untersuchungsumfang auf wenige Angaben zu reduzieren.

Zur Findung von Umweltindikatoren und einheitlichen Bewertungskriterien ist eine interdisziplinäre Zusammenarbeit von Naturwissenschaftlern, Ökonomen, Juristen und Sozialwissenschaftlern nötig. Nur so kann sichergestellt werden, daß Indikatoren ein breites Spektrum an möglichen Veränderungen weitgehend abdekken und für den Praktiker verständlich bleiben.

Trotz aller beschriebenen Probleme bei einer Bestimmung bzw. Festlegung der Umweltkriterien wie z.B. der Umweltindikatoren soll ihnen hiermit nicht der Nutzen abgesprochen werden. Sicherlich besteht ein unbedingter Vorteil in der Wertung und Meßbarkeit des „Umweltzustands" durch Umweltindikatoren. Insbesondere für die monetäre Bewertung eines Schadensfalles sind wenige, einfache Parameter durchaus nützlich und angebracht.

Anmerkungen

1 Geänderte Version eines Vortrages auf der Tagung der Deutschen Geologischen Gesellschaft 1996 in Bonn zum Thema „Geologische Stoffkreisläufe und ihre Veränderung durch den Menschen".

2 Es ist anzumerken, daß die Anwendung des Begriffs Kapital in diesem Sinn durchaus umstritten ist.

3 Ein einfacher monetärer Vergleich zwischen den kalkulatorischen Einnahmen aus dem gewonnenen Uran (etwa 9 Mrd. DM, errechnet für einen Weltmarktpreis für Uran von 40 DM/kg U) und den Sanierungskosten von ca. 13 Mrd. DM (Flötgen et al. 1995) läßt vermuten, daß eine Sanierung der Gebiete zu Beginn des Bergbaus nicht eingeplant wurde. Die Diskrepanz zwischen erzielbarem Erlös/Einnahmen und Sanierungskosten wird um so deutlicher, wenn man bedenkt, daß vom „Erlös" die Kosten des Bergbaus selbst, d.h. die gesamten Kapital- und Personalkosten während der Jahre 1947 bis 1990, noch abzuziehen wären, ohne dabei die ökologischen Folgekosten zu berücksichtigen. Das BMWi (1995b) stellt fest: „Eine direkte Proportionalität zwischen der Höhe der angefallenen bzw. geschätzten Gesamtsanierungskosten und der Höhe der Produktion ist nur im Einzelfall (USA und Niger) nachweisbar. Eine geringe Abweichung von dieser direkten Proportionalität ist für die Länder Frankreich, Gabun, Spanien und Deutschland (West) zu verzeichnen. Alle anderen Länder weisen eine starke bis sehr starke Abweichung auf, wobei Kanada und Südafrika sowie Bulgarien Extremwerte annehmen. Während Kanada und Südafrika durch hohe Produktion und sehr niedrige Sanierungsaufwendungen gekennzeichnet sind, weist Bulgarien demgegenüber eine vergleichsweise niedrige Produktion und hohe Sanierungskosten auf", und später: „Die ehemaligen Ostblockländer lassen sich sowohl aufgrund ihrer hohen spezifischen Sanierungskosten (1,5 bis 3,04 US$/lb U_3O_8) als auch aufgrund der für diese Länder geltenden besonderen Bedingungen deutlich einer eigenen Gruppe zuordnen. Hierzu ist auch das deutsche Sanierungsprojekt Wismut mit seinen hohen spezifischen Kosten von rd. 13,9 US$/lb U_3O_8 zu stellen".

Literatur

AG VKU Arbeitsgemeinschaft kommunaler Versorgungsunternehmen zur Förderung rationeller, sparsamer und umweltschonender Energieverwendung und rationeller Wasserverwendung im VKU (1995) Anwendung des Least-Cost-Planning (LCP) in der Wasserversorgung, Köln

Appelo CAJ, Postma D (1993) Geochemistry, Groundwater and Pollution. AA Balkema, Rotterdam

Bhumbla DK, Keefer RF (1994) Arsenic mobilization and bioavailability in soils. In: Nriagu, J. Arsenic in the Environment, Part I 51-82, Wiley and Sons

BMU Bundesministerium für Umwelt, Naturschutz und Reaktorsicherheit (1994a) Umweltpolitik – Wasserwirtschaft in Deutschland, Bonn

BMU Bundesministerium für Umwelt, Naturschutz und Reaktorsicherheit (1994b) Umweltpolitik – Umwelt 1994 – Politik für eine nachhaltige, umweltgerechte Entwicklung, Bonn

BMWi Bundesministerium für Wirtschaft (1995a) WISMUT, Stand der Stillegung und Sanierung. Dokumentation Nr. 370, Bonn

BMWi Bundesministerium für Wirtschaft (1995b) Kosten der Stillegung und Sanierung von Urangewinnungsprojekten im internationalen Vergleich. Studienreihe des BMWi, 90, Bonn

Guy S, Marvin S (1996) Wasser als Ware – Die Privatisierung der Wasserversorgung in Großbritannien. Prokla 102 S. 37-62, Münster

Haberer K (1993) Einführung in die Problemstellung In: Jekel M (1993 Hrsg.) Arsen in der Trinkwasserversorgung. DVWK-Schriftenreihe Wasser, 82 S. 7-10, Eschborn

Heinrichs G (1996) Arsenkonzentrationen in Grundwässern. Hydrogeologie und Umwelt 12, Würzburg

Hörner G (1993) Entfernung von Arsen – Erfahrungen mit technischen Anlagen. In: Jekel M (Hrsg.) Arsen in der Trinkwasserversorgung. DVWK-Schriftenreihe Wasser, 82 S. 189-208, Eschborn

Hofmann M, Da Silva Matos I, Böhm O (1996) Aspekte einer nachhaltigen Wasserversorgung unter besonderer Berücksichtigung der Verhältnisse in Sachsen und Dresden. Festschrift zum 60. Geburtstag von Herrn Prof. Dr. K. Knoblich, Giess. Geol. Schriften, 56, S.167-184, Gießen

Isermann K, Isermann R (1996) Stickstoffströme in Deutschland und in der Europäischen Union (EU) – Ausgangslage und hinreichende Löungsansätze sowie Lösungsaussichten zu ihrer Optimierung. Inst.f.Grundwasserwirtschaft, Tagung 1996, S. 217-265, Dresden

Jekel M (1993, Hrsg.) Arsen in der Trinkwasserversorgung. DVWK-Schriftenreihe Wasser 82, Eschborn

Lübbe A (1996) Umweltindikatoren: Instrumente einer nachhaltigen Umweltpolitik? Z.f.Umweltrecht, 2, S. 61-64, Bremen

Nriagu J O (1994, Hrsg.) Arsenic in the environment. Wiley and Sons, New York.

Nutzinger (1995) Nachhaltige Wirtschaftsweise und Energieversorgung. Metropolis-Verlag, Marburg

Radkau J (1996) Beweist die Geschichte die Aussichtslosigkeit von Umweltpolitik? In: Kastenholz HG, Erdmann K-H, Wolff M (1996) Nachhaltige Entwicklung. S. 23-44, Springer Verlag, Heidelberg

SMU Sächsisches Staatsministerium für Umwelt und Landesentwicklung (1994) Umweltbericht 1994, Dresden

Spangenberg JH (1997) Indikatoren für nachhaltige Entwicklung. Forum Umwelt und Entwicklung, Rundbrief 1

Spangenberg JH, Schmidt-Bleek F (1995) Welche Indikatoren braucht eine nachhaltige Entwicklung? Wuppertal Papers, 48, Wuppertal-Institut, Wuppertal

Stumm W, Morgan JJ (1996) Aquatic Chemistry. Wiley and Sons, New York

Turner RK, Pearce DW (1992) Sustainable Development: Ethics and Economics, University Collage London PA92-09, London

Ein Planungsinstrument zum Management der Grundwasserqualität[1]

Prinzipien der Konzeptentwicklung

Gudrun Heyn, Brigitte Richter und Wolfdietrich Skala

Vorbemerkungen

Vorgestellt werden die Grundlagen eines planungsunterstützenden Systems, mit dem komplexe Planungen im Umweltmanagement transparenter gemacht werden können. Aus dem vielschichtigen Aufgabenfeld *Grundwassergüte* werden Planungsaufgaben mit Methoden der Geoinformatik analysiert, strukturiert und nachvollzogen. Ziel ist ihre computergestützte Abbildung in Strukturen, Abläufen und Inhalten mittels hypermedialer Techniken und wissensbasierter Komponenten.

Der Umfang der Problematik Grundwassergüte tritt in Ballungsräumen besonders zutage. Beispielhaft stellt daher ein Pilotgebiet im Ballungsraum Berlin eine wichtige Basis der Modellbildung dar. Zur Durchführung solcher Planungsvorhaben sind faktische und methodische Konzepte gefordert, die folgendes berücksichtigen:

- Kenntnisse zu Planungsabläufen;
- Definitionen von Planungszielen;
- Wertesysteme, die fachliches Wissen über Systemzusammenhänge und ihre Interpretation, Beurteilungskriterien und Bewertungsmaßstäbe enthalten;
- Dokumentationen des planungsrelevanten Informationsmaterials unterschiedlichster Art und Herkunft in einem Objektsystem;
- Strategien zur optimalen Entscheidungsfindung.

Im folgenden werden allgemeingültige Prinzipien der Konzeptentwicklung erläutert. Exemplarisch aus dem Aufgabenfeld der Grundwassergüte wird hierzu auf das Themengebiet des vorsorgenden Grundwasserschutzes besonders eingegangen.

Problemstellung und Ziel

Schneeweiß (1991) definiert *Planen* als die gedankliche Vorwegnahme künftigen Handelns. Entscheidungen, wie sie im Rahmen des Ressourcenmanagements in Politik und Verwaltung getroffen werden, beruhen daher in der Regel auf umfangreichen und oft komplexen Planungsvorhaben. Als Beispiel aus dem Bereich der Bodennutzung sei der Flächennutzungsplan genannt, der das Ergebnis eines solchen Planungsprozesses darstellt.
Die Kommission der Europäischen Gemeinschaft hat erst kürzlich die Ziele einer künftigen Wasserpolitik benannt und damit EU-weit zukünftige Planungsschwerpunkte festgeschrieben (1996a). Danach sind die Wasserressourcen in *ausreichender Güte und Menge*

- zur Versorgung mit *Trinkwasser* sicherzustellen;
- für andere *wirtschaftliche Erfordernisse*, z.B. Industrie, Landwirtschaft, Freizeit,Verkehr, vorzuhalten;
- zur Erhaltung von *Zustand und Funktion der aquatischen Umwelt* zu schützen,
- verfügbar zu machen, um den *Wasserbedarf von Feuchtgebieten und Ökosystemen* zu befriedigen.

Grundwasser erfährt hier als Lebensmittel, als Wirtschaftsgut, aber auch als Umweltressource entsprechende Beachtung. Im Bereich der Wasserwirtschaft konzentrieren sich große Planungsvorhaben traditionsgemäß auf die Sicherstellung der Lebens- und Wirtschaftsverhältnisse mit dem Schwerpunkt mengenmäßiger Abschätzungen der Grundwasservorräte und deren zukünftiger Entwicklung. In der Landesplanung geschieht dies beispielsweise durch die Aufstellung wasserwirtschaftlicher Rahmenpläne nach § 36 Wasserhaushaltsgesetz. Der Bereich des Umweltschutzes gehört zu den neueren Aufgabenstellungen, dessen Ziele erst in jüngster Zeit (s.o.) politisch festgelegt wurden. Entsprechend sind notwendige Inhalte zu diesem Themenkreis noch nicht ausreichend formuliert. Dies betrifft insbesondere Qualitätsfragen zum Grundwasser. Es fehlen z.B. klare fallspezifische Begriffsdefinitionen, etwa zum Ausdruck „ausreichende Güte". Ebenso fehlen nach Ansicht der Kommission der Europäischen Gemeinschaft (1996b) Möglichkeiten zur strategischen Planung. Das heißt, Instrumente zur Steuerung von Planungsvorhaben sind in ihren Strukturen, Inhalten und Abläufen bisher unzureichend oder noch gar nicht vorhanden. Die Maßstäbe zur Entscheidungsfindung sind bisher wenig differenziert und problemangepaßt. Hierzu gehören neben den bekannten und vielfach verwendeten nutzungsspezifischen Verordnungen und Richtlinien auch herkunftsspezifische Bewertungsmaßstäbe.

Planung im Rahmen des Ressourcenmanagements dient letztendlich dazu, Umweltschäden vermeiden zu helfen oder in ihren Auswirkungen kontrollierbar zu machen. Aktuelle Fragestellungen betreffen z.B. die räumliche Verteilung von Schadstoffen, die Klärung ihrer Herkunft, die Entwicklung bzw. Veränderung der Ressource in einem überschaubaren Zeitraum sowie die Wahrscheinlichkeit für das Eintreten risikobehafteter Ereignisse. Art und Höhe möglicher Risiken für die Bevölkerung, für ökonomische Belange, aber auch für Umweltkompartimente selbst sind feststellbar und quantifizierbar zu machen. Darüber hinaus ist Wasser ein wesentlicher Faktor bei der Schaffung günstiger Voraussetzungen für eine nachhaltige Entwicklung. Die Kommission der Europäischen Gemeinschaft (1996a) nennt dementsprechend als weiteres Ziel die nachhaltige Steigerung der Qualität von Süßwasserreserven durch eine vorausschauende Bewirtschaftung des Grundwassers. Planungsvorhaben im Rahmen des Ressourcenmanagements erfordern daher ein Instrumentarium zur Bewältigung folgender Aufgaben:

- Beurteilung der Verschmutzungsempfindlichkeit der Ressource,
- Beurteilung der Umweltqualität der Ressource,
- Identifizierung von Risiken,
- Prognose der Auswirkungen von Umweltverschmutzungen,[2]
- Prognose der Auswirkungen von Vorhaben,
- Einschätzung natürlicher Entwicklungen,
- Entscheidung über Maßnahmen,
- Kontrolle von Maßnahmen.

Die „Beurteilung der Verschmutzungsempfindlichkeit einer Ressource" ist Bestandteil jahrzehntelanger wasserwirtschaftlicher Praxis im Rahmen der Ausweisung von Schutzgebieten zur Sicherstellung der Trinkwasserversorgung. Ein entsprechendes Planungsinstrumentarium wird auch bei der Aufstellung von Plänen für ökologisch empfindliche Gebiete benötigt. Obwohl bisher noch Kriterien für die Beschreibung solcher „Gebiete mit zusätzlichem Schutzbedarf" fehlen (Kommission der Europäischen Gemeinschaft 1996b), kann eine Übertragbarkeit des zugehörigen Planungsinstrumentariums auf dieses Ziel des vorsorgenden Grundwasser schutzes angenommen werden. Ein Planungsinstrumentarium zur „Prognose der Auswirkungen von Umweltverschmutzungen" wird inzwischen routinemäßig bei der Bearbeitung von Altlasten im Bereich des nachsorgenden Umweltschutzes eingesetzt.

Im Aufgabenfeld des vorsorgenden Umweltschutzes wurde mit dem Gesetz über die Umweltverträglichkeitsprüfung vom 12.2.1990 (BGBl. I 205) ein umweltpolitisches Instrumentarium zur Entscheidungsvorbereitung geschaffen, dessen Hauptaufgabe darin besteht, „die Auswirkungen öffentlicher oder privater Vorhaben auf die Umwelt" zu untersuchen. Die UVP ist fachübergreifend und querschnittsorientiert angelegt (Wycisk 1993), was bedeutet, daß die einzelnen Schutzgüter, die den Geowissenschaftler betreffen, nur als Teile eines umfassenden Komplexes zu betrachten sind. Ähnliches gilt auch für die Altlastenbearbeitung, wo ausgehend von dem Emissionsherd alle in Frage kommenden Schutzgüter betrachtet werden.

Im Zentrum der hier vorgestellten Arbeiten steht allein das Umweltmedium Grundwasser. Ziel ist es, repräsentative Aufgaben aus dem Themenkomplex des vorsorgenden Grundwasserschutzes zu bearbeiten und Lösungen aufzuzeigen. Die Bearbeitung folgt Systemzusammenhängen und damit auch hier den Prinzipien einer integrierten Betrachtung. Umweltmedien, wie z.B. Oberflächengewässer, die das Grundwasser beeinflussen können oder möglicherweise von ihm beeinflußt werden, sind jedoch nicht Gegenstand dieser Bearbeitung.

Planungsziele für den vorsorgenden Grundwasserschutz

Das Ziel des vorsorgenden Grundwasserschutzes erscheint gerade in einem Ballungsraum wie Berlin zunächst paradox. Hier überlagern sich nicht zuletzt aufgrund der über hundertjährigen Industriegeschichte der Stadt eine Vielzahl anthropogener Einflüsse auf das Grundwasser. Zu nennen sind Stoffeinträge durch

- Immissionen aus der Luft,
- Infiltrationen aus Oberflächengewässern,
- aus Altablagerungen und Deponien,
- aus Altstandorten,
- aus Industrie und Gewerbe,
- von Rieselfeldern,
- von Landwirtschaftsflächen,
- von Bahnanlagen,
- von Autobahnen und Bundesstraßen sowie
- durch fehlende oder schadhafte Kanalisation.

Lokal begrenzte Stoffeinträge sind außerdem

- bei Havarien/Unfällen,
- bei Dichtungen großer Baugruben, z.B. durch Weichgele, oder
- durch die Einleitung von Brauchwasser

zu beobachten.

Andererseits wird gerade hier das Grundwasser besonders intensiv genutzt. Beispielhaft für Verbrauchszwecke sind aus dem Großraum Berlin zu nennen: Wasserwerke (Trinkwasser), Kraft- und Heizkraftwerke (Kühlwasser), Industrie und Gewerbe (Betriebswasser und Rohstoff) und Landwirtschaft (Bewässerung, Tränke, Fischzucht) (aus: Senatsverwaltung für Stadtentwicklung und Umweltschutz Berlin 1994, erweitert). Die oben genannten Grundwasserbeeinflussungen mit oft negativen Folgen für die Qualität stehen nicht im Einklang mit dem im Wasserhaushaltsgesetz als strikt bindende Vorschrift formulierten Besorgnisgrundsatz (§ 1a, § 19g und § 34 des WHG). Daher sollte insbesondere in Ballungsräumen konsequent ein vorsorgendes Grundwassermanagement umgesetzt werden. Während sich der nachsorgende Grundwasserschutz mit der Beseitigung von Folgeschäden – hervorgerufen etwa durch Altlasten, Unfälle, undichte Abwasserableitungen oder auch bewußte Ausbringung von Klärschlamm z.B. auf Rieselfelder – befaßt, hat der vorsorgende Grundwasserschutz eindeutig präventiven, aber auch steuernden Charakter. Er dient dazu

- Problemfälle zu erkennen,
- auf Entwicklungen des Grundwassers zu reagieren,
- Konfliktsituationen zu entscheiden,
- strategische Raumplanungen zu unterstützen,
- geplante Nutzungsänderungen oder technische Maßnahmen zu erleichtern

Für den vorsorgenden Grundwasserschutz lassen sich folgende Planungszielkategorien ableiten:

1. *Umweltqualität:* Erhaltung der Grundwasserbeschaffenheit in ihrem „natürlichen" Zustand.
2. *Umweltpotential:* Vorhaltung von Wasserressourcen für Nutzungszwecke.
3. *Umweltdruck:* Steuerung der Entwicklung.

Die Erfassung der „Umweltqualität" hat repräsentativen Charakter, da sie Maßstäbe voraussetzt und teilweise Entscheidungsziele verfolgt, die auch für andere Planungen im Rahmen des vorsorgenden Grundwasserschutzes gelten. Das „Umweltpotential" umfaßt nicht nur Nutzungen zu Verbrauchszwecken, sondern auch Vorhaltungen für die aquatische Umwelt und den Wasserbedarf von Feuchtgebieten und Ökosystemen. Die Steuerung der Entwicklung kann unter Umständen lebensnotwendigen Charakter annehmen. Ein eindrucksvolles Beispiel hierfür sind die derzeitigen Planungen bis zum Jahr 2020, wie der erwarteten drastischen Dargebotsverminderung im gesamten Berliner Raum im Gefolge der Beendigung der Sümpfungsmaßnahmen in den Braunkohletagebauen der Lausitz begegnet werden kann.

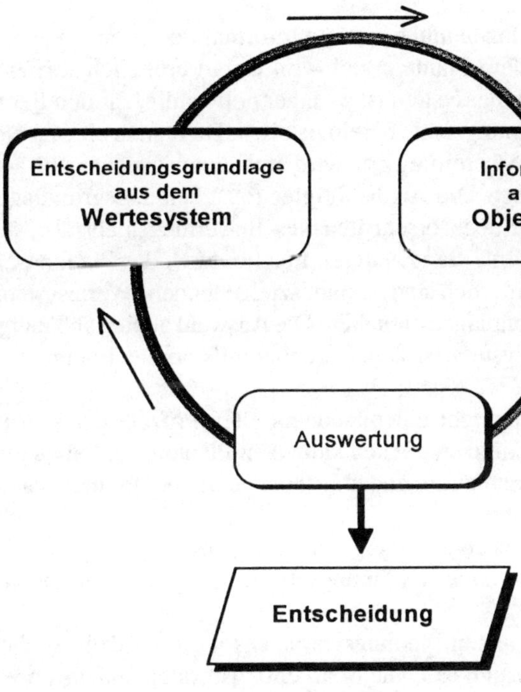

Abb. 1. Basisstruktur einer Entscheidungsfindung

Formale Struktur von Planungsprozessen

Zur Umsetzung für den Rechner wurde der formale Ablauf von Planungsprozessen herausgearbeitet und als Basisstruktur modelliert. Dieser Ablauf besteht grundsätzlich in einem Wechselspiel der Bearbeitung von Informationen aus gebietsabhängigen und gebietsunabhängigen Vorgaben und gipfelt in einer Entscheidungsfindung (Abb. 1).
Die Basisstruktur wird innerhalb der *Planungsebenen* (s.u.) immer wieder durchlaufen. Auf dem Rechner müssen daher Entscheidungsgrundlagen in Form fallspezifischer Informationen in einem *Objektsystem* (s.u.) sowie Maßstäbe und Richtlinien in einem *Wertesystem* (s.u.) verfügbar sein. Ihre Auswertung bzw. die Entscheidung ist Aufgabe des Systembenutzers (Planers). Der jeweilige Entscheidungsfindungsprozess kann jedoch unterstützt werden, beispielsweise durch die Bereitstellung von Algorithmen zum Abgleich mit Grenzwertlisten im Rahmen einer Bewertung oder von wissensbasierten Programmteilen für Diagnose- und Prognoseprobleme.

Abläufe, Entscheidungsgrundlagen und benötigte Informationen können je nach Ziel des Planungsvorhabens – dem Planungsziel – im Detail erheblich variieren. Für ein computergestütztes Planungssystem ist es daher notwendig, für den Benutzer einen Katalog möglicher Planungsziele bereitzustellen. Da Planen eine an Normen ausgerichtete Handlungsvorbereitung ist, wird mit einer Zielauswahl auch eine definierte Qualität festgelegt. Die Art benötigter Entscheidungsgrundlagen, etwa rechtliche Vorgaben, Verwaltungsvorschriften oder Bewertungsmaßstäbe, wird durch die Planungsebene bestimmt, die jeweiligen Inhalte durch das Planungsziel definiert. Dementsprechend erforderlich sind planungszielgebundene Wertesysteme, die spezifische Entscheidungsgrundlagen enthalten. Die Auswahl gebietsabhängiger Informationen aus dem Objektsystem ist zum Teil ebenfalls an das Planungsziel gebunden.

Der Ablauf einer Planung entspricht einem sequentiellen Prozeß, der sich bei großen Vorhaben über mehrere Jahre erstrecken kann. Ein Planungsvorhaben gliedert sich in eine Abfolge inhaltlich aufeinander aufbauender, aber thematisch unabhängiger Planungsebenen (Abb. 2).

Auf jeder Planungsebene werden eigenständige Entscheidungsziele verfolgt. Entscheidungen leiten jeweils in die nächste Planungsebene über oder aber beenden einen Planungsprozeß.
Die lineare Abarbeitung eines ganzen Planungsvorhabens wird auf dem Rechner ermöglicht. Die Entscheidungsgrundlagen, die Bearbeitungsformen und die jeweils relevanten Informationen werden durch das Programm spezifisch bereitgestellt. Gleichzeitig ist der Zugriff auf alle im Rechner dokumentierten Informationen nach Stichworten und Themen möglich. Ideen des Managements von Hypertext werden hier beim Programmaufbau eingesetzt.

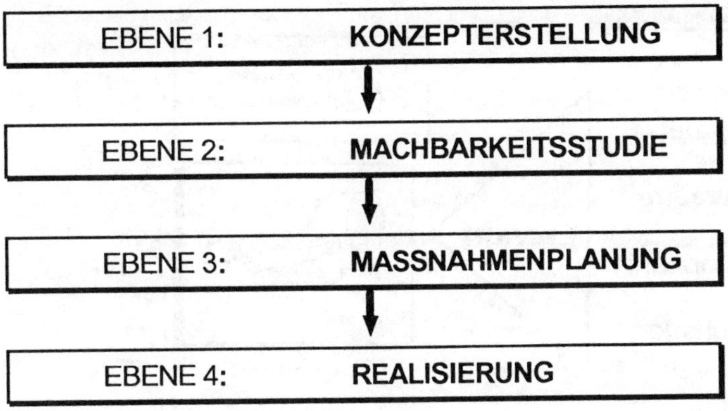

Abb. 2. Grobstruktur des Ablaufes einer Planungsaufgabe

Entwicklung der Inhalte einzelner Planungsebenen

Konzepterstellung

Die Konzepterstellung beginnt mit der Auswahl des *Planungszieles* (Abb.3). Damit liegen der detaillierte Planungsablauf und das Wertesystem bereits fest. Bei der Festlegung des Untersuchungs- bzw. Planungsraumes wird man in der Regel zunächst das Einzugsgebiet des Grundwassers betrachten. Die zweckmäßige Bearbeitungsgröße des *Planungsraumes* wird durch den Planer festgelegt. Eine Fokussierung auf Detailräume kann sich in Ballungsgebieten beispielsweise aus der geplanten bzw. existierenden Landnutzung ergeben. In der Praxis werden Planungsgrundlagen häufig nach Verwaltungseinheiten o.ä. erstellt. So richtet sich etwa der Umweltatlas Berlin (Senatsverwaltung für Stadtentwicklung, Umweltschutz und Technologie Berlin 1996) oder der Wasserwirtschaftliche Rahmenplan Berlin und Umland (Ministerium für Umwelt, Naturschutz und Raumordnung Brandenburg 1994, Senatsverwaltung für Stadtentwicklung und Umweltschutz Berlin 1994) nach Erfordernissen aus dem Blickwinkel der Verwaltung.

Spricht man im Zusammenhang mit Grundwasser vom Planungs*raum*, so ist auch die Planungs*teufe* zu beachten, wobei der Aufbau des geologischen Untergrundes zu berücksichtigen ist. Der zeitliche Planungshorizont definiert den Zeitraum oder Zeitpunkt, auf den sich die Untersuchungsergebnisse bei Prognosen beziehen sollen. Planungsauflagen umfassen die Klärung der Anforderungen an den Planungsgegenstand. Zu diesen gehören Voraussetzungen, wie z.B. die Art des Genehmigungsverfahrens oder andere rechtliche Bedingungen und auch Verwaltungsvorschriften. Soweit diese Voraussetzungen politischer Natur sind, ist es unmög-

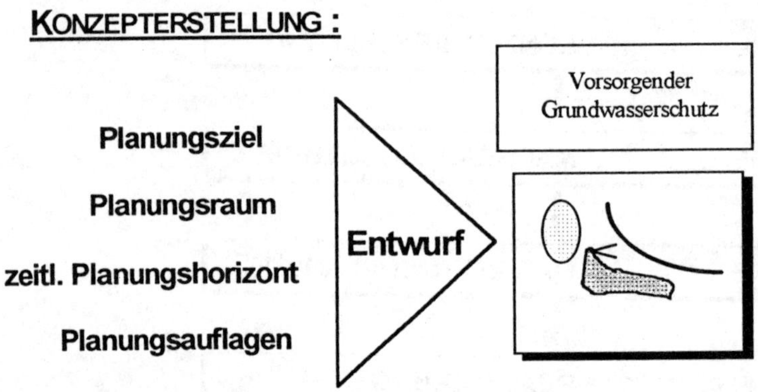

Abb. 3. Konzepterstellung

lich sie im vorhinein über den Rechner im Wertesystem verfügbar zu machen. Aufgabe des Planers ist es, abschließend zu entscheiden, ob das Planungsziel prinzipiell erreichbar ist.

Machbarkeitsstudie

Die Machbarkeitsstudie dient der Überprüfung der Erreichbarkeit des Planungsziels durch umfangreiche Auswertungen, Beurteilungen und Bewertungen (Abb. 4).

Der Vergleich gebietsspezifischer Informationen zum Untersuchungsgegenstand mit planungszielrelevanten Entscheidungsmaßstäben aus dem Wertesystem ist auf der Ebene der Machbarkeitsstudie allen Bearbeitungsschritten gemeinsam. Dies war auf der Ebene der Konzepterstellung nicht der Fall.

Themen der Bearbeitung sind Gegenwartsbeurteilungen der Grundwasserqualität, Gefahrenbewertungen, Diagnosen der Herkunft und Ursache auffälliger Inhaltsstoffe des Grundwassers, Prognosen der künftigen Entwicklung der Ressource sowie Prognosen zu Risikopotentialen. Die Reihenfolge der Bearbeitungsschritte und damit der Beurteilungs- und Entscheidungsabläufe wird zum Teil durch Entscheidungsbaumstrukturen modelliert. Ein solcher Entscheidungsbaum zum vorsorgenden Grundwasserschutz ist in Abb. 4 skizziert. Nach der Bearbeitung eines jeden Themas wird entschieden, ob ein weiterer Bearbeitungsschritt im Rahmen der Machbarkeitsstudie erforderlich ist oder ob bereits Entscheidungen getroffen werden können. Neben der Erreichbarkeit des Planungsziels wird dabei auch über die Notwendigkeit zur Durchführung von Maßnahmen entschieden. Empfehlungen zu notwendigen oder ergänzenden Maßnahmenzielen dienen als Eingangsgrößen in der nachfolgenden Maßnahmenplanung.

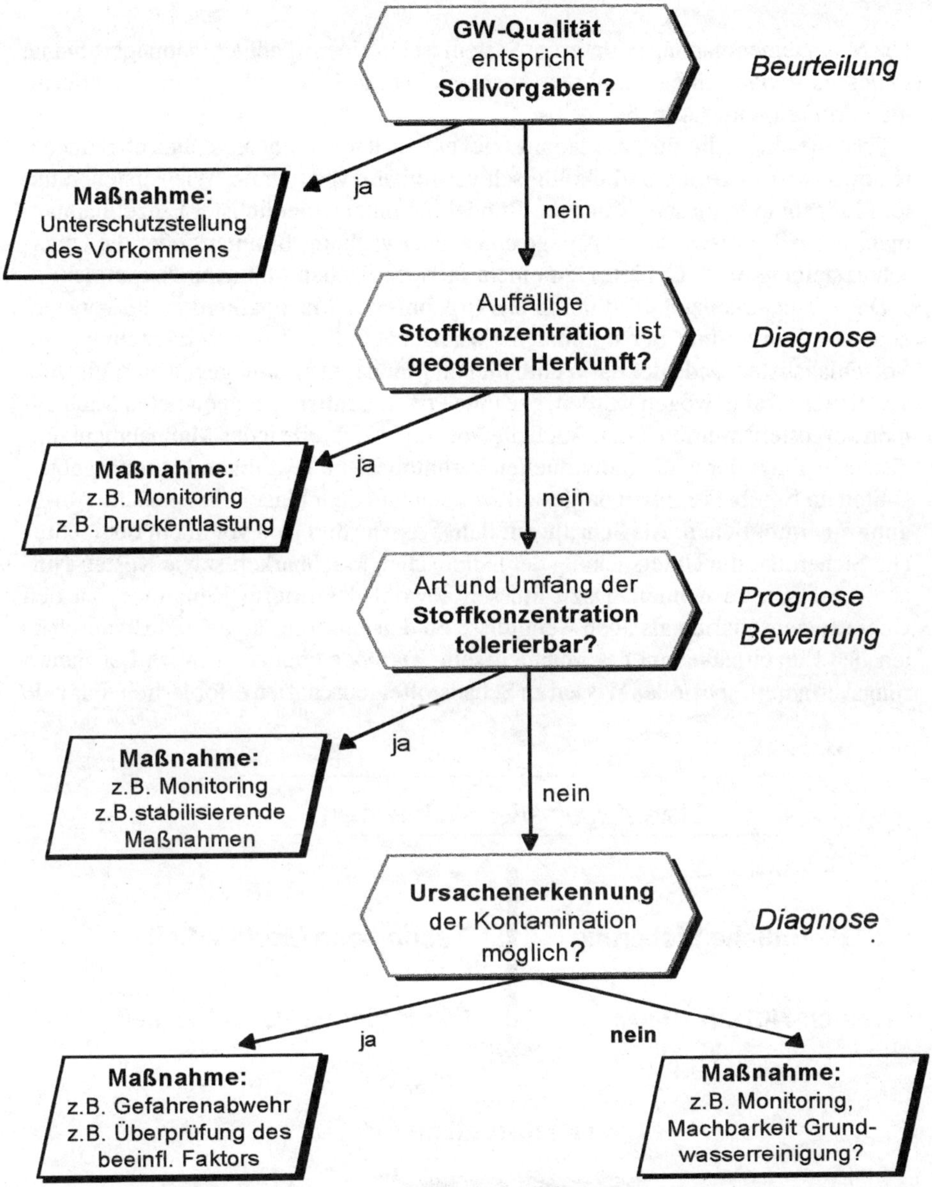

Abb. 4. Skizze eines Entscheidungsablaufes zum vorsorgenden Grundwasserschutz

Maßnahmenplanung

Die Maßnahmenplanung in unserem System ist ein eigenständiger Planungsvorgang, in dessen Verlauf eine endgültige Entscheidung zur Durchführung einer Maßnahme getroffen wird (Abb. 5).

Festzulegen ist die für das Planungsziel am besten geeignete, technisch machbare sowie wirtschaftlich und ökologisch vertretbare Maßnahme. Wir verstehen unter Maßnahme in diesem Sinne die Bündelung unterschiedlichster Einzelmaßnahmen, wie beispielsweise die Anlage eines Überwachungsbrunnens oder die Unterschutzstellung eines Gebietes, zu einem fallspezifischen Maßnahmenkomplex.

Das Maßnahmenziel wird durch das Ergebnis der Machbarkeitsstudie vorgegeben. Die Erarbeitung der optimalen Lösung beginnt mit der Bereitstellung von Vorschlagslisten. Jede der darin enthaltenen Maßnahmen muß gegen eine Vielzahl von Kriterien abgewogen werden, ehe eine Prioritätenliste der geeigneten Maßnahmen aufgestellt werden kann. Auch die Vor- und Nachteile jedes Maßnahmenkomplexes, bedingt durch die individuellen Verhältnisse im jeweiligen Planungsgebiet, sollten im Ergebnis explizit dargestellt werden, um dem Planer eine gezielte Abwägung zu ermöglichen. Als Schritte auf dem Weg dorthin sind vor allem die rechtliche Sicherung, die Untersuchung der technischen Machbarkeit sowie Kosten-Nutzen-Analysen zu nennen. Dazu müssen sowohl detaillierte Kenntnisse zu den Gebietseigenschaften als auch Kenntnisse zu den Anforderungen und Eigenschaften der Einzelmaßnahmen vorhanden sein. Darüber hinaus ist, etwa bei Sanierungsverfahren, spezielles Wissen zu Schadstoffeigenschaften erforderlich. Für jede

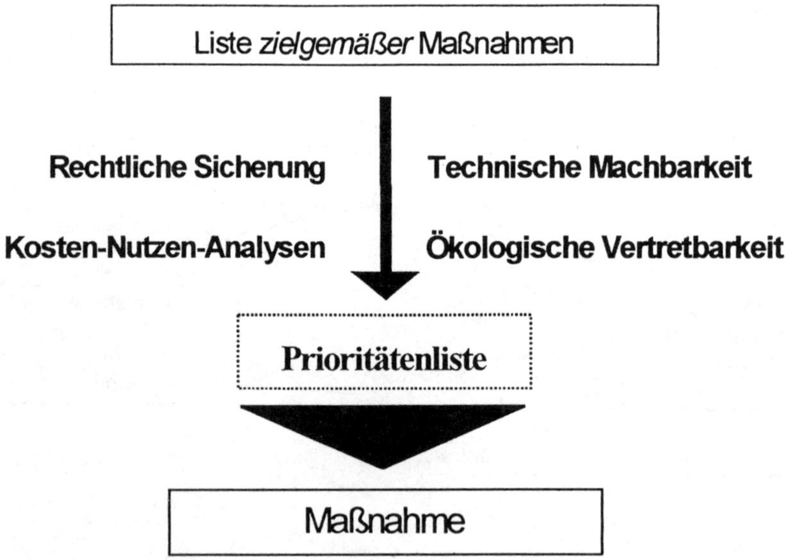

Abb. 5. Maßnahmenplanung

Maßnahme sind im Verlauf der Maßnahmenplanung die fallspezifischen Rahmenbedingungen festzustellen. Hierzu gehören beispielsweise Einschränkungen bei der Genehmigung oder benötigter Zeitbedarf der Durchführung. Letzterer trägt gerade bei Grundwassersanierungen maßgeblich zu den Kostenfaktoren bei.

Eine Maßnahme ist dann ökologisch vertretbar, wenn Beeinflussungen anderer Schutzgüter nicht oder nur in geringem Maße auftreten. Insbesondere bei der Planung technischer Anlagen sind daher alle Möglichkeiten von Mehrfachbeeinflussungen anzusprechen, um ggf. einen rechtzeitigen Ausschluß der Maßnahme zu ermöglichen. Die Bearbeitung und Lösung etwaiger Konfliktsituationen ist nach der Entscheidung für einen Maßnahmenkomplex Aufgabe in der Realisierungsphase.

Realisierung

Die Realisierungsphase dient der Durchführung der zuvor festgelegten Maßnahme. Im Detail werden dabei Art und Umfang der Ausführung geplant. Insbesondere bei Maßnahmenkomplexen müssen die Auswirkungen der einzelnen Maßnahmen im Hinblick auf das Maßnahmenziel aufeinander abgestimmt werden. Auch über das Maßnahmenziel hinausgehende Beeinflussungen sind zu bestimmen und zu beurteilen. Liegen Art und Umfang der Durchführung fest, erfolgt die Planung der Ablauforganisation sowie die Planung der begleitenden Maßnahmen.

Deutlich wird die Breite der letztgenannten Aufgabe am Beispiel behördlicher Richtlinien, wie dem „Deponieüberwachungsplan Wasser zur Beweissicherung an Deponien in Niedersachsen" (Niedersächsisches Landesamt für Bodenforschung, Niedersächsisches Landesamt für Ökologie 1991). Begleitend zur Organisation der Einzelmaßnahme einer „Oberflächenabdichtung" wird hier vorgegeben, wie anhand detaillierter Untersuchungen zum Planungsgegenstand und den hydrologischen und hydrogeologischen Verhältnissen ein Überwachungsprogramm für das Grundwasser aufzustellen ist. Ziel ist die Erfolgskontrolle der Maßnahme und deren weitere Überwachung. Festgelegt werden müssen gebietsspezifische Überwachungspositionen und -zonen, Überwachungstiefen, Überwachungszeitpunkte und Überwachungsziele. Gleichzeitig wird auch ein Gefahrenabwehrplan erstellt, in dem Eingreifoptionen enthalten sind.

Entwicklung von Entscheidungsgrundlagen

Entscheidungsgrundlagen, wie sie im Verlauf von Planungsvorhaben benötigt werden, müssen vor Beginn jeglicher Planungsdurchführung vorliegen. Zu den Vorarbeiten eines Planungsprozesses gehört es daher, planungszielspezifische, aber standortunabhängige Wertesysteme bereitzustellen, in denen allgemeine Grundlagen zur Entscheidungsfindung enthalten sind. Angewendet auf verschiedene Planungsräume bei gleichem Planungsziel garantieren sie die spätere Vergleichbarkeit aller

Planungsergebnisse. Die Dokumentation standortabhängiger Informationen wird gesondert in einem Objektsystem verwaltet. Diskutiert werden im folgenden die prinzipiellen Aspekte der Erarbeitung dieser Systeme in einem den vorsorgenden Grundwasserschutz unterstützenden Programm.

Das Wertesystem

Ein Wertesystem für den vorsorgenden Grundwasserschutz besteht aus Entscheidungsgrundlagen in Form von

- Gesetzestexten,
- Verwaltungsvorschriften,
- fachlichem Wissen zur Interpretation und Auswertung von Phänomenen,
- Beurteilungskriterien,
- Wertmaßstäben

Die Entwicklung der Entscheidungsgrundlagen ist an Kernfragen des *Wozu, Wodurch* und *Wie* ausgerichtet. An dem umfangreichen Beispiel der Machbarkeitsstudie werden im folgenden einige Prinzipien der Entwicklung des Wertesystems erläutert. Dazu greifen wir die Hauptthemen der Bearbeitung heraus (vgl. Abb. 4):

- Ermittlung der „Ist-Situation" am Planungsstandort durch
  - Feststellung der Abweichung der Ressourcenqualität von Sollvorgaben;
  - Beschreibung von Systemzusammenhängen ;
- Diagnosen der Ursache von Auffälligkeiten durch
  - Überprüfung auf geogene oder anthropogene Herkunft;
  - Eingrenzen möglicher Verursacher;
- Prognosen
  - zur Entwicklung der Ressource;
  - zur Entwicklung der Einflußfaktoren (Verursacher);
  - von Wirkungen auf Umweltkompartimente bzw. Nutzer;
  - von Risiken durch Quantifizierung der Wirkungen.

Im folgenden gehen wir auf die beiden ersten Themen näher ein.

Ermittlung der „Ist-Situation" am Planungsstandort

Charakteristisch für die wichtigsten Aufgaben der Machbarkeitsstudie ist die Notwendigkeit, durch Hinzuziehung von Sollvorgaben Aussagen zu machen. Wir definieren *Bewertung* als einen Abgleich nach politisch, sozial oder ethisch in *Zielsystemen* vorgegebenen Maßstäben. Dabei handelt es sich um jeweils allgemein akzeptierte Werte, wie dies beispielsweise bei der Trinkwasserverordnung der Fall ist. Zur Bewertung der Nutzungseignung und zur Bewertung der Gefährdung von Schutzgütern werden wirkungsbezogene Maßstäbe verwendet. Dagegen erfordert die Bewertung der Umweltqualität zusätzlich eine Berücksichtigung herkunftsspezifischer Werte (Abb. 6).

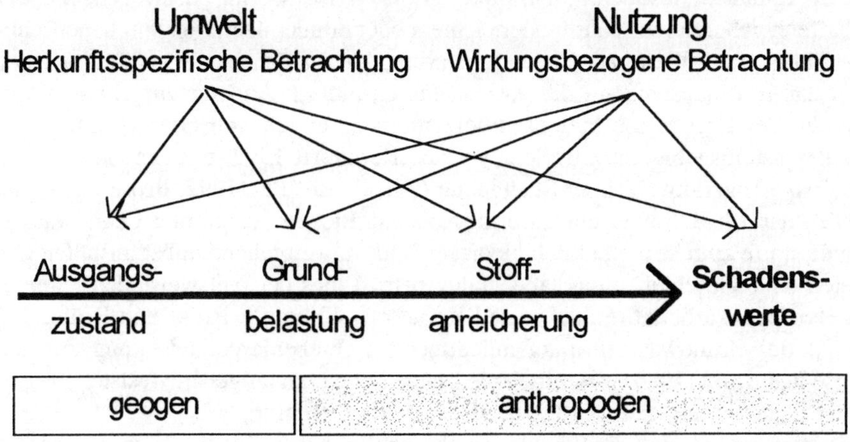

Abb. 6. Betrachtung des Grundwassers aus verschiedenen Blickwinkeln

Nach wie vor sind die Definition und inhaltliche Besetzung der Felder *Umweltqualität* bzw. *Umweltbelastung* nicht eindeutig geklärt. „Jeder Zustand und Prozeß in der Natur ist auf seine Weise ökologisch in dem Sinne, daß sich immer eine Art Gleichgewicht oder Stoffkreislauf einstellt und es immer auch Lebewesen gibt, die einen Vorteil davon haben." (Deutscher Bundestag 1994) Die Festlegung entsprechender Zielvorgaben erfordert neben der funktionalen Beschreibung also immer auch eine moralische Wertung. Diskussionen um Leitbilder, Anforderungen, Ziele und Inhalte der Begriffe „nachhaltige" bzw. „dauerhaft-ökologische Entwicklung", sowie „Umweltqualitätsziele" und „Umweltstandards" zeigen, daß eine Konsensbildung sowohl auf wissenschaftlicher als auch auf gesellschaftlich-politischer Ebene derzeit noch nicht erreicht ist (vgl. Lehnes und Härtling 1997). Um dennoch vergleichbare Aussagen zu ermöglichen, ist für das Planungssystem eine Klassifikation durch die Definition von Werten zur Gegenwartsbeurteilung der Umweltqualität Berliner Grundwässer erforderlich.

Zunächst stellt sich die Frage nach dem „Wodurch" der Beschreibung einer „Ist-Situation" am Planungsstandort. Wichtige Gesichtspunkte sind:

1. Welche Standortsituationen müssen unterschieden werden?
2. Welche hydrochemischen Parameter sind wichtige Bestandteile einer Grundwassergüteeinschätzung?
3. Welche Konzentrationswerte für einzelne Stoffe erlauben welche Aussage?
4. Reichen Einzelaussagen aus oder in welcher Zusammenschau müssen Stoffe bzw. Stoffgruppen miteinander betrachtet werden?

Zur Feststellung der Abweichung der Ressourcenqualität von Sollvorgaben definieren wir den Begriff „ausreichende Güte" (vgl. Kommission der Europäischen Gemeinschaft 1996a) als in Zahlenwerte gefaßte Beschreibung der gegenwärtigen, weitgehend unbeeinflußten „natürlichen" Grundwasserbeschaffenheit eines konkreten Raumes. Besonders in Ballungsgebieten wie Berlin ist die geogene Beschaffenheit bereits seit Jahrhunderten mehr oder minder überprägt durch menschliche Tätigkeiten. Werte zur Charakterisierung der „natürlichen" Qualität beziehen sich damit mindestens auf die vorhandene Grundlast. Andererseits ergeben Vergleiche der Ergebnisse bundesweiter Untersuchungen von Grundwässern aus Lockergesteinsgebieten (z.B. Schleyer und Kerndorff 1992) mit Ergebnissen von Untersuchungen im Berliner Stadtgebiet (z.B. Brose et al. 1992, Brose und Brühl 1993), daß im Ballungsgebiet Berlin Konzentrationen bestimmter Grundwasserinhaltsstoffe zum Teil erheblich niedriger sind. In weitgehend unbeeinflußten Gebieten ohne Geschiebemergelabdeckung betrifft dies beispielsweise den Parameter Hydrogenkarbonat (Schleyer und Kerndorff: 420 mg/l; Brose und Brühl: 293 mg/l). Bei Grundwässern unter mächtiger Geschiebemergelabdeckung konnten Brose und Brühl (1993) wesentlich niedrigere Schwermetallgehalte feststellen (z.B. Zink: Schleyer und Kerndorff: 310g/l; Brose und Brühl: 6,7g/l.

Studien zeigen, daß die Grundwasserbeschaffenheit selbst in *einem* Einzugsgebiet erheblich variieren kann (z.B. Baumann und Wagner 1995). Beurteilungsmaßstäbe zur hydrochemischen Grundlast eines Raumes sind daher differenziert nach Standortsituationen zu entwickeln. Wir unterscheiden für den Berliner Raum in erster Linie folgende Merkmale zur Beschreibung von Standortsituationen:

- Grundwasser-Neubildungsbereiche bzw. Bereiche mit ausgeprägter Geschiebemergelüberdeckung des Grundwasserleiters.
- Verfügbarkeit von organischer Substanz, Pyrit, löslichen Salzen sowie den Kalkgehalt im Grundwasserleiter.
- Salzwasseraufstiegszonen in elsterzeitlichen Rinnen.
- Beeinflussung durch Oberflächengewässer.

Der Einfluß anderer Beschreibungsmerkmale, wie z.B. die stratigrafische Position, erwies sich in statistischen Untersuchungen aufgrund der lokalen Gegebenheiten als wenig diskriminativ (z.B. Otto 1987, van Hassel 1993, Wurl 1995). Landnutzung und lokalisierte Kontaminationsbereiche werden als Kriterien bei der differenzierten Aufstellung von Hintergrundwerten ausgeklammert.

Zur Charakterisierung eines Grundwassers müssen Sollvorgaben die Parameter der vorherrschenden Hauptbestandteile sowie Parameter zur Beschreibung der Gesamtmineralisation (z.B. elektrochemische Leitfähigkeit, pH-Wert, Eh-Wert, etc.) vollständig enthalten. Eine Beschränkung des Parametersatzes bei den Nebenbestandteilen und charakteristischen Ionenverhältnissen ist zumeist hinreichend. Erfahrungen im Berliner Raum zeigen aber, daß bei der Auswahl der Parameter lokale Besonderheiten sowohl der Industriegeschichte als auch geologischer Art eine wichtige Rolle spielen. So kann z.B. in Kombination mit anderen Grundwasserinhaltsstoffen das ansonsten unbedeutende Bromid als Interpretationshilfe zur Feststellung geogener Versalzungszonen herangezogen werden (z.B. Otto 1987).

Für die Interpretation von Systemzusammenhängen ist die Einschätzung des geochemischen Milieus oft eine wichtige Voraussetzung. Aussagen über das geochemische Milieu lassen sich im Rahmen eines Planungsprozesses aus der Standortsituation und eindeutigen Indikatoren (wie z.B. Vorliegen der Stickstoffspezies) ableiten. So führen in Berlin Standortsituationen, wie eine Geschiebemergelüberdeckung oder der Einfluß von Oberflächengewässern, häufig zu einer Änderung der Redox-Verhältisse im Grundwasser. Durch Bereitstellung fachlichen Wissens zum Verhalten redoxsensitiver Stoffe über Hypertext und eines wissensbasierten Programmteils mit deduktiver Schlußfolgerungskomponente kann auch hier eine Unterstützung des Planers erfolgen. Darüber hinaus ist der Abgleich der erarbeiteten Hintergrundwerte („ausreichende Güte") mit Grundwasserdaten aus der Gebietsdokumentation vollautomatisch über Algorithmen möglich.

Diagnose der Ursachen von Auffälligkeiten

Treten Konzentrationsdifferenzen zu Vergleichs- oder Erwartungswerten auf, müssen ihre Ursachen ergründet werden. Rückschlüsse auf die mögliche Herkunft von Wasserinhaltsstoffen sind zumeist nicht eindeutig. Ein eindrucksvolles Beispiel sind in Berlin die vielfältigen Ursachen für erhöhte Sulfat-Gehalte im Grundwasser. Als geogene Schwefellieferanten kommen sowohl organische Substanzen wie Kaustobiolithe als auch Pyrit und andere sulfidische Minerale in Frage (Trapp 1983). Anthropogene Verursacher sind beispielsweise Bauschuttdeponien bzw. der im Berliner Stadtgebiet nahezu flächendeckend verbreitete Bau- und Trümmerschutt (Brose und Brühl 1992), Rauchgase, Düngemittel und fehlende oder schadhafte Kanalisation. Die lokalen geogenen und anthropogenen Systemzusammenhänge, aber auch die Kombination auffälliger Parameter müssen bei der Beurteilung von Konzentrationsdifferenzen immer mit berücksichtigt werden. In Abb. 7 sind einige solcher Indikatoren zur Erklärung erhöhter Sulfatgehalte dargestellt, ohne auf die komplexe Indikatorstruktur einzugehen, die bei überlagernden Einflüssen und sich änderndem geochemischen Milieu zu berücksichtigen wäre.

Fachwissen über stoffliche Indikatoren, mit deren Hilfe auf die mögliche Herkunft bestimmter Wasserinhaltsstoffe geschlossen werden kann, wird über wissensbasierte Programmteile in Form einfacher Indikatortabellen zusammengestellt. Die Verarbeitung erfolgt automatisch durch Abgleich der charakteristischen Parametergrößen aus den Indikatortabellen mit Gebietsdaten. Als Ergebnis erhält der Planer zur weiteren Interpretation eine Liste wahrscheinlicher Ursachen des beobachteten Phänomens.

Erschwert werden Interpretationen besonders in Fällen einer unerwarteten Mobilisierung von Grundwasserinhaltsstoffen. Sie können beispielsweise durch Wasserhaltungsmaßnahmen verursacht werden, etwa beim U-Bahnbau, durch Änderungen der Pumpleistungen eines Wasserwerks, durch den Betrieb von Versickerungsbecken oder durch den Bau neuer Förderbrunnen. Informationen zur Landnutzung, aber auch lokalspezifische Gegebenheiten sind daher weitere wichtige Hilfsmittel, wenn es darum geht, die Herkunft von Inhaltsstoffen zu bestimmen. Nach erfolgter automatischer Auswertung werden dem Planer daher entsprechende einschlägige Informationen auch über Hypertext verfügbar gemacht, um die Ergeb-

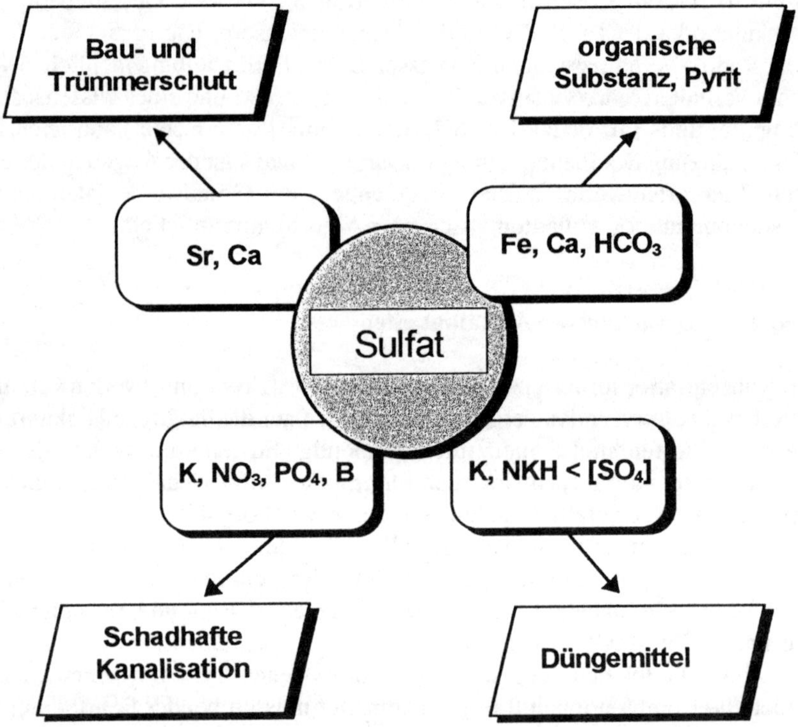

Abb. 7. Beispiel für eine einfache Indikatorstruktur zur Erklärung erhöhter Sulfatgehalte

nisse auf ihre Plausibilität zu überprüfen. So kann beispielsweise durch die Bereitstellung historischer Trümmerschuttkarten die Interpretation erhöhter Sulfatgehalte als trümmerschutt-bedingt bestätigt oder widerlegt werden.

Das Objektsystem

Zur Erarbeitung einer Dokumentation raumgebundener Informationen wurde als Modellgebiet das Einzugsgebiet eines Berliner Wasserwerks ausgewählt. Exemplarisch werden fallspezifische und planungszielgebundene Entscheidungsgrundlagen zusammengestellt.
Die in der Pilotstudie entwickelte Modelldokumentation zum Gebiet und zum Untergrund betrifft Materialien zur gebietsspezifischen Charakterisierung der Ressource und seiner natürlichen Umgebung. Dazu gehören hydrochemische Daten, Ergebnisse hydrogeologisch-hydrodynamischer Untersuchungen, geologisch-stratigrafische Aufnahmen oder Informationen zu betroffenen Ökosystemen.

Darüber hinaus wurde mit der Dokumentation zur gebietsspezifischen Charakterisierung der anthropogenen Situation begonnen. Beispiele hierfür sind Flächennutzungen, Grundwasserentnahmen durch Wasserwerke und Industrie, Kon-taminationsbereiche, potentielle Emissionsherde und technische Maßnahmen. Technische Maßnahmen im Modellgebiet betreffen u.a. die Durchführung von Sanierungsmaßnahmen im Boden- und Grundwasserbereich oder die Einleitung von Kühlwasser.

Enthalten sind diese Informationen in Texten, thematischen Karten, grafischen Darstellungen und Daten, also Informationen in unterschiedlichsten Repräsentationsformen und manchmal mit nur implizitem Zugang. Diese Informationen sind lokal und fallgebunden, also nicht über allgemein zugängliche Informationsnetze verfügbar. Sie werden es aufgrund der erforderlichen Detailliertheit und des teilweise politisch sensiblen Charakters der Daten (z.B. konkrete Meßdaten) auch in Zukunft nicht sein. Entsprechend wurden Materialien gescannt, aufbereitet und lokal gespeichert. Für ihre gezielte Verfügbarmachung ist der Aufbau von Informationsstrukturen notwendig. Prinzipien der Konzeptentwicklung betreffen Fragen wie:

- Welche Informationen werden wann benötigt?
- Welche Kombination unterschiedlicher Informationen assoziiert der Planer und soll simultan verfügbar sein?
- Wie sollen Informationen repräsentiert werden (als Hypertext, als Punkt- und Flächeninformation aus Datenbanken)?
- Wie und wo kann der Planer diese Informationen finden?

Welche Unterlagen wann sinnvollerweise während eines Planungsvorhabens benötigt werden, ist abhängig vom jeweiligen Planungsziel und von der jeweiligen Planungsebene. Ebenso von Bedeutung ist der Planungsraum. Dieser wird im Verlauf der Konzepterstellung abgesteckt (vgl. Abb. 3). Hierzu stellt das Programm eine topographische Übersichtskarte bereit. Darin sind auswählbare Planungsgebiete markiert. Für den weiteren Programmablauf, der den Planungsebenen folgt, fungiert das ausgewählte Planungsgebiet mit seinen Eckkoordinaten als weiterer Informationsfilter. Alle Informationen des Objektsystems werden über Codenummern in einer Metadatenbank verwaltet. Über diese Codenummern wird der selektive Zugriff des Programms auf die relevanten Informationen gesteuert. Für den Planer wird die Informationsflut gebändigt und ein rasches Auffinden ermöglicht. Gleichzeitig wird aber auch des Gesamtarchiv aller Informationen zum beliebigen Nachschlagen bereitgehalten.

Die Kombination unterschiedlicher Informationen wird z.B. dadurch realisiert, daß in der Metadatenbank Objektinformationen über Koordinaten abgelegt sind. Somit können alle Informationen, die sich auf einen bestimmten Koordinatenpunkt beziehen, gefunden werden. Zur Charakterisierung der „Ist-Situation am Planungsstandort" während der Machbarkeitsstudie ist es beispielsweise sinnvoll, über die im Wertesystem beschriebenen Möglichkeiten hinaus Dokumente des Objektsystems anzusehen, z.B. thematische Karten. Für den Planer sind hierin besonders Objektinformationen wichtig. Diese betreffen beispielsweise einen bestimmten Profilschnitt oder Daten zu einem Industrie- oder Gewerbebetrieb. Das Abrufen dieser Information aus der Karte erfolgt durch Mouseclick auf das dargestellte Objektsymbol. Technisch wird dies über eine gebufferte Pixelabfrage (Koordinatenabfrage) realisiert.

Anmerkungen

1 Geänderte Version eines Vortrages auf der Tagung der Deutschen Geologischen Gesellschaft 1996 in Bonn zum Thema „Geologische Stoffkreisläufe und ihre Veränderung durch den Menschen".

2 Umweltverschmutzung wird definiert als „die durch menschliche Tätigkeit direkt oder indirekt bewirkte Freisetzung von Stoffen, Erschütterungen, Wärme oder Lärm in Luft, Wasser und Boden, die der menschlichen Gesundheit oder der Umweltqualität schaden oder zu einer Schädigung bzw. Beeinträchtigung oder Störung von Annehmlichkeiten und anderen legitimen Nutzungen der Umwelt führen können. Bei den Ursachen der Verschmutzung wird normalerweise zwischen Punktquellen und diffusen Quellen unterschieden." (Kommission der europäischen Gemeinschaft 1996a)

Literatur

Baumann J, Wagner W (1995) Geogene Grundwasserbeschaffenheit als Bemessungsgrundlage für den Grundwasserschutz. UBA Texte 27, 149 S. Berlin

Brose F, Brühl H, Gallier A (1992) Geochemische Untersuchungen oberflächennaher Lockergesteine und Grundwässer im Stadtgebiet Berlin (West) unter besonderer Berücksichtigung von Schadstoffverteilungen. Endbericht zum Forschungsvorhaben, 275 S. unveröff.

Brose F, Brühl H (1993) Untersuchungen zur geogenen und anthropogenen Grundlast umweltrelevanter Schadstoffe in oberflächennahen Lockergesteinen und Grundwässer im westlichen Stadtgebiet von Berlin. Z.dt.geol.Ges. 144, Bd. 2, 279-94, Hannover

Deutscher Bundestag (1994) Umweltgutachten 1994 des Rates der Sachverständigen für Umweltfragen. Drucksache 12/6995, Bonn

Hassel, van R (1993) Einsatz multivariater statistischer Verfahren zur Grundwassertypisierung sowie zur Interpretation hydrogeologischer Informationen am Beispiel des Bohrprogrammes Berlin Süd. Dipl. Arb. FU Berlin, 71 S. unveröff.

Kommission der Europäischen Gemeinschaft (1996a) Die Wasserpolitik der Europäischen Union. Mitteilungen der Kommission an den Rat und das Europäische Parlament vom 21. 2. 1996, KOM(96) 59 endg., 31 S., Luxemburg

Lehnes P, Härtling J (1997) Der logische Aufbau von Umweltzielsystemen. Zielkategorien und Transparenz von Abwägungen am Beispiel der „nachhaltigen Entwicklung" In: Gesellschaft für Umweltgeowissenschaften (Hrsg.): Umweltqualitätsziele. Schritte zur Umsetzung. Berlin, S. 9-49

Kommission der Europäischen Gemeinschaft (1996b) Vorschlag für einen Beschluß des Europäischen Parlaments und des Rates über ein Aktionsprogramm zur Eingliederung von Grundwasserschutz und Grundwasserbewirtschaftung. Mitteilungen der Kommission an den Rat und das Europäische Parlament vom 9.9.1996 KOM(96) 315 endg., 31 S., Luxemburg

Ministerium für Umwelt, Naturschutz und Raumordnung Brandenburg, Senatsverwaltung für Stadtentwicklung und Umweltschutz Berlin (1994) Wasserwirtschaftlicher Rahmenplan Berlin und Umland Entwurf. 165 S. Kulturbuch Verlag, Berlin

Niedersächsisches Landesamt für Bodenforschung, Niedersächsisches Landesamt für Ökologie (1991) „Deponieüberwachungsplan Wasser, Beweissicherung an Deponien in Niedersachsen Grundwasser Oberirdische Gewässer." Entwurf 2.1, 46 S. unveröff.

Otto R (1987) Hydrochemie, Thermometrie und Fließverhältnisse des Grundwassers in den südöstlichen Stadtbezirken von Berlin (West) – Neukölln, Kreuzberg, Tempelhof, Schöneberg. Berl. Geowiss. Abh., Reihe A, 88 114 S., Berlin

Schleyer R, Kerndorff H (1992) Die Grundwasserqualität westdeutscher Trinkwasserressourcen. 249 S. VCH, Weinheim

Schneeweiß C (1991) Planung. 1 Systemanalytische und entscheidungstheoretische Grundlagen. Springer Verlag, Berlin

Senatsverwaltung für Stadtentwicklung und Umweltschutz Berlin (1994) Integriertes und umweltgerechtes wasserwirtschaftliches Konzept für den Großraum Berlin. Senatsvorlage Nr.: 5128/24, 29 S. Berlin

Senatsverwaltung für Stadtentwicklung, Umweltschutz und Technologie Berlin (1996) Umweltatlas Berlin. Bd. 1, 2 und 3 Loseblattsammlung Kulturbuch Verlag, Berlin

Trapp C (1983) Beschaffenheit und hydrogeologische Zusammenhänge des tieferen Grundwassers im nördlichen Stadtgebiet von Berlin (West). Berl. Geowiss. Abh., Reihe A 44, 79 S. Berlin

Wurl J (1995) Die geologischen, hydraulischen und hydrochemischen Verhältnisse in den südwestlichen Stadtbezirken von Berlin. Berl. Geowiss. Abh. Reihe A 172, 164 S. Berlin

Wycisk P (1993) Die Umweltverträglichkeitsprüfung (UVP) – konzeptioneller Rahmen einer vorsorgenden Umweltgeologie: Beispiel Deponiestandortsuche. Z.dt.geol.Ges. 144, Bd. 2, 308-325 Hannover

Wasser- und Stoffbilanzen bei der Gefährdungsabschätzung von Altlasten und Deponien[1]

Winfried Entenmann

Vorbemerkung

Das ausschlaggebende Kriterium für die Bewertung von Emissionen aus Altlasten und Deponien ins Grundwasser ist üblicherweise der Vergleich von gemessenen hydrochemischen Parametern mit Richt- und Orientierungswerten. Wie anhand der Untersuchungen an Altlasten und Deponien gezeigt werden kann, ist diese Vorgehensweise insbesondere im Hinblick auf spätere Sanierungsmaßnahmen oft nicht ausreichend. Es wird daher vorgeschlagen, bei der Gefährdungsabschätzung ergänzend Wasser- und Stoffbilanzen aufzustellen, mit denen zum einen die Gefährdung besser beurteilt werden kann und zum anderen die Wirksamkeit von späteren Sanierungmaßnahmen abgeschätzt und nach deren Durchführung überwacht werden kann.

Einleitung

Bei der Gefährdungsabschätzung von Altlasten und Deponien im Hinblick auf eine Emission von Sickerwasser ins Grundwasser wurden in den vergangenen Jahren eine Vielzahl von Bewertungsverfahren entwickelt, z. B. LAGA (1993), NLÖ/NLfB (1993), LWA (1989). Sie beruhen im wesentlichen auf einem Vergleich der gemessenen hydrochemischen Parameter mit unterschiedlichen Grenz- und Orientierungswerten.

Bei diesen Bewertungsverfahren werden die der Gefährdungsabschätzung zugrunde liegenden hydrostratigraphischen Daten überwiegend qualitativ gewertet. Die im Umfeld der Altlasten oder Deponie gemessenen hydraulischen Daten dienen zumeist der Abgrenzung der Belastungsfahne und der Abschätzung von Ausbreitungsgeschwindigkeiten. Die auf diesem Wege unter Mitverwertung qualitativer Angaben erstellten Gefährdungsabschätzungen lassen notwendigerweise nur eine geringe Differenzierung in ihren Aussagen zum Gefährdungspotential zu. Aus diesem Grunde wurden von den Ländern Punktebewertungsverfahren entwickelt, mit denen versucht wird, quantitativ nur schwer faßbare Parameter durch einen

Algorithmus zusammenzufügen, um zu einer Bewertungszahl zu kommen, die ein Maß für die Gefährdung darstellt. In der Praxis des Bearbeiters, der die Gefährdungsabschätzung vorzunehmen hat, haben sich diese Verfahren (z. B. NLÖ/NLfB 1993) für den einzelnen Standort nur wenig bewährt. Sie eignen sich dagegen gut für den landesweiten Vergleich einzelner Altlasten.

In jüngster Zeit wird von den Landesbehörden und den staatlichen Ämtern immer häufiger gefordert, die überwiegend hydrochemischen Bewertungsverfahren durch Bilanzierungen zu ergänzen, insbesondere im Hinblick darauf, die Absolutmenge der aus den einzelnen Altlasten oder Deponien emittierten Schadstoffe besser bewerten zu können (LAGA 1993, NLWA/NLFB 1991). Durch diesen zusätzlichen Bewertungsansatz läßt sich häufig die Wirksamkeit einer Sanierungsmaßnahme besser abschätzen, was für die Planung von Rekultivierungs- bzw. Sanierungsmaßnahmen von Vorteil ist.

Im vorliegenden Aufsatz werden die Probleme bei der Aufstellung von Wasser- und Stoffbilanzen beleuchtet und ausgewählte Ergebnisse vorgestellt.

Herkömmliche Bewertungsgrundlagen für die Gefährdungsabschätzung von Altlasten und Deponien

Die Vielzahl der in den einschlägigen Regelwerken für die Gefährdungsabschätzung von Deponien und Altlasten beschriebenen Anforderungen lassen sich im Hinblick auf die hydrogeologische Bearbeitung im wesentlichen auf folgende Kriterien reduzieren:

- Die im Abstrombereich befindlichen Schutzgüter sind zu erfassen und dahingehend zu beurteilen, ob durch mögliche oder nachgewiesene Emissionen aus der Altlast oder Deponie eine Gefährdung zu erwarten ist.
- Die Dimension der Kontaminationsfahne, ausgehend von der Altlast oder Deponie, ist in der Fläche und Tiefe abzugrenzen.
- Im An- und Abstrombereich sind in den wesentlichen hydrostratigraphischen Einheiten die absoluten Gehalte an Schadstoffparametern zu bestimmen, so daß sich der Einfluß der Emissionsquelle abschätzen läßt.
- Der Einfluß der Emissionsquelle ist anhand von Differenzwerten von Gehalten zwischen Abstrom- und Anstrombereich zu quantifizieren (LAWA 1994). Dieses Bewertungsverfahren in der praktischen Anwendung ist bei Entenmann und Ihle (1995) beschrieben.
- Die mögliche Ausbreitungsgeschwindigkeit von Schadstoffen von der Emissionsquelle ist durch Ermittlung der Abstandsgeschwindigkeiten anzugeben, die tatsächlichen Ausbreitungsgeschwindigkeiten werden über Retardationsfaktoren und hydrochemische Messungen abgeschätzt.

Zusammenfassend ist diese Situation im Schemaschnitt der Abb. 1 dargestellt. Zentrales Element der Gefährdungsabschätzung ist der Vergleich hydrochemischer Analysen mit Grenz- und Prüfwerten. Während noch vor wenigen Jahren vorwiegend die „Hollandliste" (Ministerie VROM 1983) eingesetzt wurde, wird sie derzeit zunehmend durch die LAWA-Empfehlungen (LAWA 1993) ersetzt.

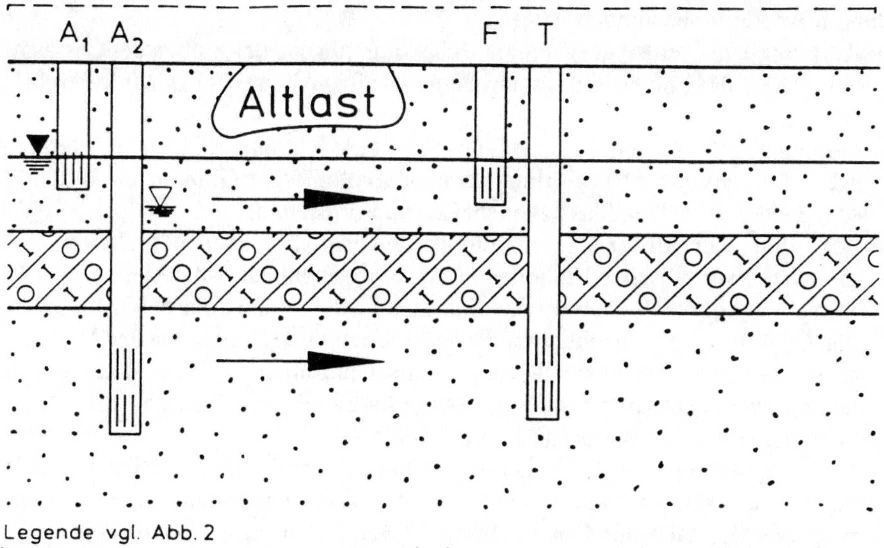

Gängige Bewertungsverfahren z. B. "Hollandliste"

Hydrochemische Bewertung:

Parameter	Vergleich	
	Gehalte F	Prüfwerte
	Gehalte T	Prüfwerte

Parameter	Vergleich	
	Voruntersuchung: Gehalte: F - A_1, T - A_2	Prüfwerte: absolute Differenzwerte
	Hauptuntersuchung: Gehalte: F, T	Prüfwerte: Maßnahmenschwellenwerte

Abb.1. Bewertungsgrundlagen für die Gefährdungsabschätzung von Altlasten und Deponien im Hinblick auf Emissionen ins Grundwasser

Die oben angeführten Anforderungen werden bei der hydrogeologischen Bearbeitung folgendermaßen umgesetzt:

- Als Grundlage werden die geographische Situation und der Aufbau des Gewässernetzes bzw. der Entwässerungseinrichtungen einer Altlast oder Deponie beschrieben.
- Grundlage aller weiteren Untersuchungen ist die Klärung des hydrostratigraphischen Aufbaus und die Ermittlung der hydrogeologischen Grunddaten: Hydraulische Gradienten, Durchlässigkeitsbeiwerte, Porositäten.
- Ermittlung der Abstandsgeschwindigkeiten in hydraulischen Einheiten bzw. zwischen hydraulischen Einheiten aus den vorgenannten Parametern.
- Darstellung der hydrochemischen Situation in Raum und Zeit, d. h. Aufstellung von Ganglinien für einzelne chemische Parameter und Zuordnung der Analysenergebnisse zu verschiedenen hydrogeologischen Einheiten. Diese Daten werden unter Berücksichtigung der festgestellten hydraulischen Situation in Bezug zu deren Lage zur Altlast oder Deponie gesetzt.
- Die Verknüpfung von hydrochemischer und hydraulischer Situation liefert im günstigsten Fall Abschätzungen zur Retardation des Untergrundes aus der Rückrechnung der tatsächlichen Ausbreitung verglichen mit der möglichen Ausbreitung.

Mit diesen Untersuchungen kann der Einfluß der Emissionsquelle auf das Grundwasser in den verschiedenen hydraulischen Einheiten mit hinreichender Genauigkeit halbquantitativ beschrieben werden. Hinsichtlich der daraus abzuleitenden Schlüsse und Konsequenzen bestehen jedoch, wie im folgenden Abschnitt dargestellt wird, Defizite.

Ergänzung der Gefährdungsabschätzung durch Wasser- und Stoffbilanzen

Von den Behörden werden im Zuge der Gefährdungsabschätzung zusätzlich zu den oben beschriebenen Untersuchungen zunehmend Wasser- und Stoffbilanzierungen gefordert (LAGA 1993, NLWA/NLfB 1991).

Die üblicherweise im Bereich von Altlasten und Deponien erfaßten Meßdaten lassen exakte Bilanzierungen nicht zu. Die nachträgliche Einrichtung von Meßstellen für die Erfassung von Bilanzgliedern wäre jedoch unverhältnismäßig teuer. Wie in den nachfolgenden Abschnitten gezeigt werden kann, sind jedoch häufig auch auf Abschätzungen beruhende Bilanzierungen geeignet, die Gefährdungsabschätzung sinnvoll zu untermauern. Die Bewertung des Emissionsverhaltens anhand von zusätzlichen Bilanzierungen ist schematisch in Abb. 2 dargestellt.

Während bei der herkömmlichen Bewertung einer Altlast (Abb. 1) je hydrogeologische Einheit die hydraulischen Grundparameter Durchlässigkeit, effektive Porosität und hydraulische Gradienten eingehen, sind es bei der Aufstellung von Wasserbilanzen (Abb. 2) zusätzlich die in den verschiedenen Einheiten strömenden Wassermengen und im Falle der Stoffbilanzen die Massenströme von Stoffen in den Einheiten.

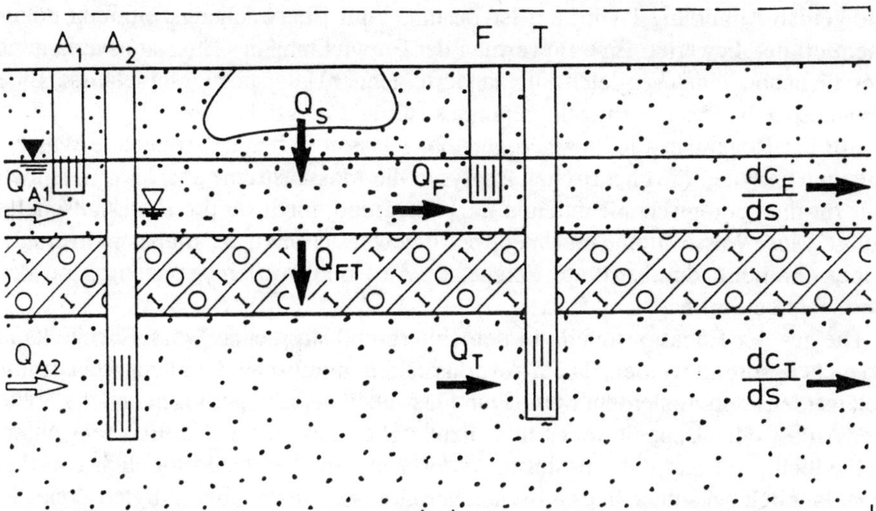

LEGENDE:

A_1: flache Anstrommeßstelle
A_2: tiefe Anstrommeßstelle
F: flache Abstrommeßstelle
T: tiefe Abstrommeßstelle

unbelastet (offener Pfeil)
belastet (schwarzer Pfeil)

Q_S: Sickerwasseremission aus Altlast
Q_{A1}: Zustrom flacher Grundwasserleiter
Q_{A2}: Zustrom tiefer Grundwasserleiter
Q_F: Abstrom flacher Grundwasserleiter
Q_T: Abstrom tiefer Grundwasserleiter
Q_{FT}: Abstrom zwischen Grundwasserleitern durch Grundwassergeringleiter
$\frac{dc}{ds}$: Aus der Verdünnung resultierender Konzentrationsgradient

Vorschlag für eine kombinierte hydraulische und hydrochemische Bewertung:

Parameter	Vergleich	
	Gehalte F - A_1	Prüfwerte
	Gehalte T - A_2	Prüfwerte
	Massenströme J aus Q_n und Konzentration c_n	In Abhängigkeit vom Bewertungsziel festzulegende Werte

Abb. 2. Alternatives Bewertungsverfahren unter Berücksichtigung von Bilanzierungen

Mit der hydraulisch-hydrochemischen Regelüberwachung der Altlast oder Deponie gemäß Abbildung 1 wird der Ist-Zustand zum Überwachungszeitpunkt dokumentiert und bewertet. Eine Bewertung der Entwicklung des Emissionsverhaltens geschieht über einen Vergleich aufeinanderfolgender Untersuchungsergebnisse. Eine Prognose anhand eines Einzelergebnisses ist nicht möglich.

Mit der Regelüberwachung gemäß Abb. 1 lassen sich auch strömende Wassermengen und über die chemischen Analysen die Massenströme abschätzen, jedoch nur für die geologischen Einheiten im Untergrund, nicht für die Emissionsquelle selbst. Diese Wasserströme im Untergrund ergeben sich aus den Parametern hydraulischer Gradient, durchströmte Fläche, k_f-Wert und mittlere Konzentration des betrachteten Stoffes.

Die aus der Emissionsquelle in den Untergrund strömende Wassermenge kann so nicht bestimmt werden, da ein zuverlässiger hydraulischer Gradient nicht ermittelt werden kann. Außerdem ist die Durchlässigkeit der Ablagerungen und der Sohle der Altlast oder Deponie meist nur unzulänglich bekannt und örtlich sehr unterschiedlich groß und die Absolutwerte der Wassermenge sind erheblich von den unzulänglich bekannten hydraulischen Verhältnissen in der ungesättigten Zone der Ablagerungen abhängig. Die aus der Emissionsquelle in den Untergrund abströmende Wassermenge kann daher nur über Bilanzierungen einigermaßen zuverlässig abgeschätzt und dann ins Verhältnis zu den im Untergrund strömenden Wassermengen gestellt werden, die auf hydraulischem Wege ermittelt werden können.

Unter Wertung der damit bei jeder Einzelüberwachung vorliegenden strömenden Wassermengen, der Massenströme ausgewählter Stoffe und deren Konzentrationsgradienten im Abstrombereich lassen sich sehr viel eher Prognosen über das Verhalten der Schadstoffe im Abstrombereich ableiten als bei einem ausschließlichen Vergleich von Einzelüberwachungen bestimmter Stoffkonzentrationen.

Im wesentlichen kann mit Bilanzierungen folgenden Fragestellungen nachgegangen werden:

- Welche Masse an Schadstoffen wird je Zeiteinheit aus der Emissionsquelle ins Grundwasser emittiert?
- Wie wirken sich geplante Sicherungsmaßnahmen, z. B. Oberflächenabdichtungen, auf die Emission aus?
- Wo verbleiben die aus der Emissionsquelle emittierten Schadstoffe im Abstrombereich?

Soll eine Altlast durch bautechnische Maßnahmen gesichert werden, lassen sich aus einem Vergleich von Wasserbilanzen vor und nach der Sicherung die Wirksamkeit der Maßnahme beurteilen und die Sicherungsmaßnahme dauerhaft überwachen.

Quantifizierung der Emission von Schadstoffen in das Grundwasser

Es gibt Fälle, in denen die Auswirkung einer Emisionsquelle auf ihr Umfeld mittels der Regeluntersuchungen, basierend auf der Ermittlung hydraulischer und hydrochemischer Parameter, nicht adäquat bewertet werden kann. Beispielhaft ist in Abb. 3 eine Altlast dargestellt, die direkt an einem großen Vorfluter liegt und damit im Abstrombereich direkt an das Oberflächenwasser grenzt.

Ein Vergleich von Grundwasseranalysen aus dem Anstrombereich und Oberflächenwasseranalysen im Abstrombereich macht hier keinen Sinn, denn die dem Oberflächengewässer zuströmende Wassermenge ist gegenüber dem Abfluß im Oberflächengewässer verschwindend gering. Ebenso ungeeignet für eine sinnvolle Bewertung ist ein Vergleich der Grundwasserbelastung im Anstrombereich des oberen Grundwasserleiters mit der direkt unterhalb der Altablagerung. Dadurch wird lediglich dokumentiert, daß sich die Altablagerung auf die Qualität des Grundwassers auswirkt, jedoch nicht, in welchem Maße sich die Schadstoffe ausbreiten.

Die Defizite in der Bewertung der Emissionssituation lassen sich durch die Erstellung einer Wasser und Stoffbilanz ausgleichen.

In Abb. 3 ist eine Altablagerung dargestellt, die von einem Grundwassergeringleiter unterlagert wird. Das in der Altablagerung gebildete Sickerwasser teilt sich in zwei Teilströme: Ein geringer Teil fließt horizontal direkt zum Vorfluter, ein größerer Teil durchströmt den Geringleiter und strömt dann im oberen Grundwasserleiter nahezu vollständig in den Vorfluter.

Die hier vorliegende Situation ist aufgrund der einfach zu beschreibenden Grundwasserteilströme, die hydraulisch abgesichert sind, ideal für die Aufstellung

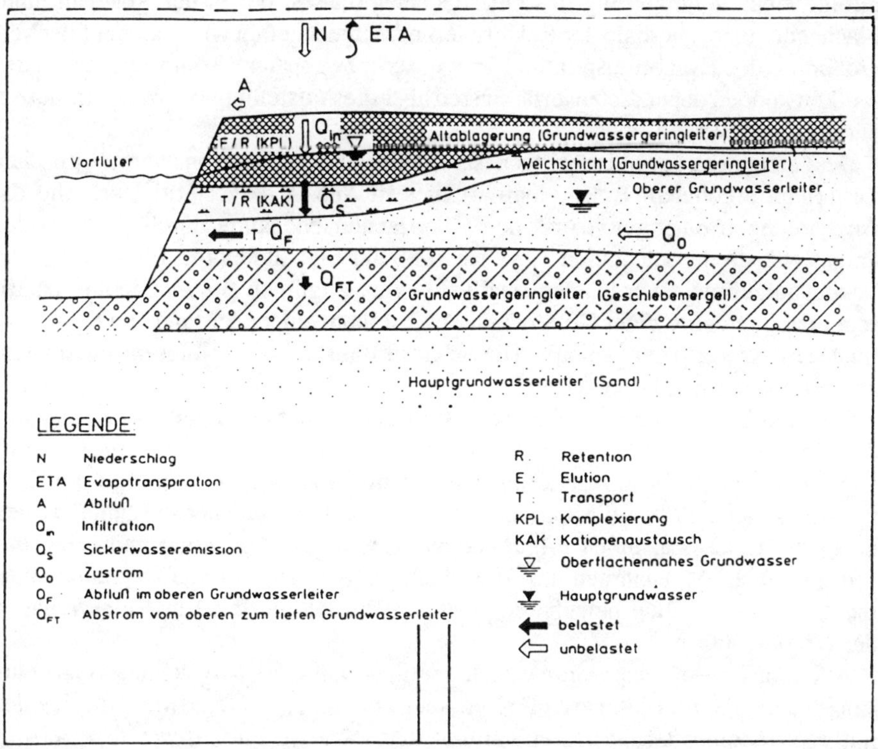

Abb. 3. Wasser- und Stoffbilanzierungen im Bereich einer Altablagerung an einem Vorfluter, nicht überhöhter geologischer Schnitt

einer Wasserbilanz. Das Ergebnis ist eine zuverlässige Angabe, welche Mengen an Schadstoffen in den Vorfluter eintreten. Diese können ins Verhältnis zur Gesamtfracht an Schadstoffen im Vorfluter gesetzt werden, um zu belegen, inwieweit die Wasserqualität des Oberflächengewässers durch die Altablagerung beeinflußt wird und welche Wirksamkeit eine Sanierung hätte.

Überprüfung der Wirksamkeit von Sicherungsmaßnahmen

Sicherungsmaßnahmen an Altlasten und Deponien werden mit dem Ziel durchgeführt, Emissionen ins Grundwasser zu verringern. Dies bedeutet zum einen, daß die pro Zeiteinheit emittierte Stoffmenge erheblich herabgesetzt werden soll, zum anderen aber auch, daß die hydraulischen Verhältnisse beeinflußt werden. Daraus können vorteilhafte hydraulische Gradienten resultieren oder Teile der Emissionsquelle zum Beispiel durch Absenkung des Stauwasserstandes der Sickerwasserelution entzogen werden.

Bei der Sicherung von Altlasten oder Deponien durch Oberflächenabdichtungen wird die positive Beeinflussung des Wasserhaushalts unmittelbar genutzt. Der Erfolg derartiger Maßnahmen beruht auf der Verringerung der Sickerwasserneubildung infolge einer Vergrößerung des Oberflächenabflusses, der in der Regel in einer Flächendränage unterhalb der Rekultivierungsschicht gefaßt wird, oder auf der Vergrößerung der Evapotranspiration. Prognosen bzw. spätere Kontrollen der Wirksamkeit können daher am zuverlässigsten über die Aufstellung von Wasserbilanzen durchgeführt werden.

Der Erfolg derartiger Maßnahmen ist oftmals später anhand von hydrochemischen Zeitreihen erkennbar. Beispielhaft ist dies in Abb. 4 dargestellt. Dort sind die Auswirkungen einer provisorischen Oberflächenabdeckung durch Mutterboden dargestellt, die in den Jahren 1982 bis 1988 auf die Altdeponie Tonnenmoor bei Vechta aufgebracht wurde. Dargestellt sind die Ganglinien einiger deponiespezifischer Parameter aus einer Grundwassermeßstelle in einem Abstand von etwa 10 m im Abstrombereich der Deponie. Die Schadstoffausbreitung erfolgt in einem Sandaquifer hoher Durchlässigkeit.

Die Grafik läßt erkennen, daß der erste Nachweis einer Grundwasserbelastung durch Sickerwasser etwa 7 Jahre nach Einlagerungsbeginn geführt werden konnte. Danach steigen die Sickerwasserinhaltsstoffe im Grundwasser überproportional an, bis sie im Jahre 1988 ein Maximum erreichen und danach ebenso schnell wieder absinken. Dieses Absinken folgte der provisorischen Abdeckung und zeigt, daß selbst einfache Maßnahmen der Abdeckung und Begrünung von Deponien einen meßtechnisch deutlich belegbaren positiven Einfluß auf das Emissionsverhalten der Deponie haben.

Allerdings macht diese Grafik auch deutlich, daß die Überwachung von Sicherungsmaßnahmen an Altlasten und Deponien mit Hilfe von Grundwassermeßstellen und regelmäßigen Grundwasseranalysen sehr träge ist. Im vorliegenden Beispiel beträgt die Reaktionszeit trotz der großen Durchlässigkeit des Untergrundes 5 bis 7 Jahre. Aus diesem Grunde ist es auch hier sinnvoll, eine Methode der Überwa-

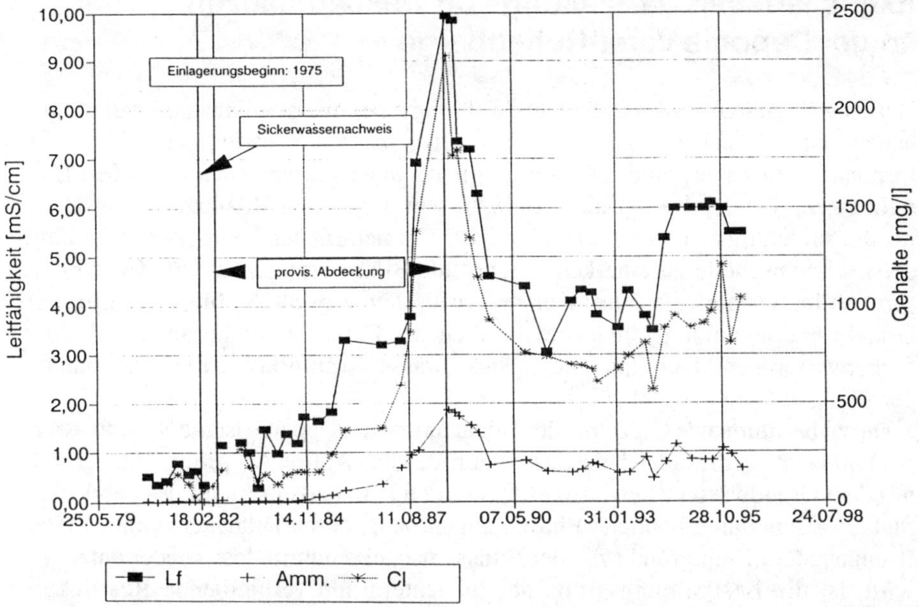

Abb. 4. Auswirkungen einer provisorischen Oberflächenabdeckung auf die Grundwasserbelastung im Abstrombereich der Deponie Tonnenmoor, Vechta

chung zu suchen, die in kürzeren Zeiträumen Erfolg oder Mißerfolg der Maßnahme erkennen läßt. Wie weiter unten am Beispiel der Deponie Varel-Hohenberge gezeigt wird, sind insbesondere Wasserbilanzierungen der hydrochemischen Überwachung des Grundwassers dann überlegen, wenn kurzfristig Entscheidungen zur Sicherung oder Sanierung der Altlast herbeigeführt werden müssen.

Bilanzierungen im Abstrombereich

Einmal ins Grundwasser gelangt, erzeugt Sickerwasser aus Altlasten und Deponien sehr unterschiedliche Kontaminationsfahnen im Grundwasserleiter. Dies ist nur zum kleinen Teil von der Sickerwasseremissionsrate abhängig, sondern im wesentlichen auf die Vermischung belasteter und nicht belasteter Wasserströme im Untergrund der Emissionsquelle sowie auf die Dispersion im Abstrombereich zurückzuführen. Für eine ausführliche Darstellung einer Vielzahl unterschiedlicher Fälle vgl. Entenmann (1997). So resultieren zum Beispiel bei gering mächtigen Aquiferen und geringen hydraulischen Gradienten im Abstrombereich geringe hydrochemische Gradienten, während bei großen Aquifermächtigkeiten und hohen hydraulischen Gradienten hohe hydrochemische Gradienten im Abstrombereich resultieren, d. h. die Schadstoffbelastung geht auf kurze Erstreckung auf vernachlässigbar kleine Werte zurück. Unabhängig davon können die emittierten Stoffmengen dieselben sein (Entenmann 1993).

Exemplarische Darstellung von Wasserbilanzen an der Deponie Varel-Hohenberge

Der zu wählende Ansatz für die Durchführung einer Wasserbilanz und darauf aufbauend einer Stoffbilanz ist abhängig von der lokalen Situation der Altlast oder Deponie, vom Untergrund und von möglicherweise vorhandenen baulichen Einrichtungen. Tabelle 1 zeigt eine Auswahl von möglichen Bilanzierungsansätzen für die am häufigsten vorkommenden Fälle. Im natürlichen geologischen Umfeld der Emissionsquelle ist eine kennzeichnende Bilanzierungsgröße die Grundwasserneubildungsrate, die zu einem unterirdischen Abfluß A_u führt. Analog zur Grundwasserneubildung findet im Bereich der Emissionsquelle aber auch eine Sickerwasserneubildung statt. Dieses Sickerwasser ist aufgrund der Durchströmung der Ablagerungen belastet.

Die zu bestimmende Größe bei der Bilanzierung der Deponie ist die Sickerwasserneubildungsrate, die einen belasteten unterirdischen Abfluß $A_u{}^*$ verursacht, der sich mit dem Grundwasserstrom ausbreitet. Für den Fall, daß ein Anteil des gebildeten Sickerwassers durch bauliche Einrichtungen, z. B. durch Dränagen, Gräben oder Brunnen, dem Untergrund bzw. der Emissionsquelle unmittelbar wieder entzogen wird, ist die Bestimmungsgröße der im Untergrund verbleibende Restsickerwasserabstrom, hier dargestellt als $A_{u,ex}$.

Die Qualität der Wasserbilanz ist abhängig von den Eingangsgrößen. Diese sind in Tabelle 2 zusammengestellt. In den meisten Fällen stehen keine ausreichenden Meßeinrichtungen zur Verfügung, so daß auf Abschätzungen ausgewichen werden muß. Dies gilt insbesondere für die Ermittlung der aktuellen Evapotranspiration, jedoch auch für die Bestimmung des Oberflächenabflusses. Bei geringen Geländeneigungen kann dieser jedoch vernachlässigt werden.

Die Grundlagen für die an der Deponie Varel-Hohenberge durchgeführten Bilanzierungen sind im geologischen Schnitt der Abb. 5 dargestellt. Der auf die Deponie fallende Niederschlag (N) verdunstet zu einem Teil (ETA) und versickert zu einem anderen Teil ($A_u{}^*$) in der Deponie. Ein weiterer Teil (A_o) fließt an der Böschung ab und wird im Randgraben gefaßt. Dieser Oberflächenabfluß ist aufgrund der Abdeckung der Böschungen mit Mutterboden nur gering belastet. Der versickerende Anteil dagegen eluiert Schadstoffe aus der Deponie. Er teilt sich in einen Anteil ($A_{u,ex}$) auf, der im Untergrund verbleibt, und in einen Anteil ($A^{u,in}$), der in den Randgraben reinfiltriert wird. Der Oberflächenabfluß und der reinfiltrierte Sickerwasseranteil werden zusammen zum Klärwerk gepumpt (Q_K). Der im Untergrund verbleibende Anteil ($A_{u,ex}$) wird im Grundwasserstrom mitbewegt und bildet die Schadstoffahne.

Aufgrund der zeitlich variablen Niederschlagsmengen und Verdunstungsraten ist der Stauwasserspiegel nicht konstant, es kommt zu Absenkungen und Anstiegen (Dh). Die daraus resultierenden Speichervolumenänderungen (DVsp) sind bei den Bilanzierungen zu berücksichtigen. Sie werden über die Messung des Sickerwasserstandes in der Deponie durch Sickerwassermeßstellen kontrolliert.

Tabelle 1. Eine Auswahl von Ansätzen für Bilanzierungen verschiedener Altlasten und Deponien. N Niederschlag; ETA Evapotranspiration; A_u unterordischer Abfluß; Q_o zuströmende unbelastete Wassermenge; Q_{ab} abströmende belastete Wassermenge; $A_{u,ex}$ exfiltrierender Anteil von A_u; $A_{u,in}$ in den Randgraben infiltrierender Anteil von A_u; Q_B durch aktive Entnahme, z.B. über Brunnen, entzogene Wassermenge

Altlast	Bilanzierungsansatz	Skizze
Altablagerung über Grundwasser	$A_u \approx N - ETA$ $A_u = Q_{ab}$	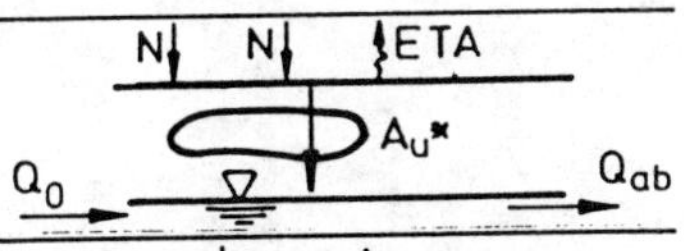
Altablagerung im Grundwasser	$A_u \approx N - ETA$ $Q_{ab} = A_u + Q_o$	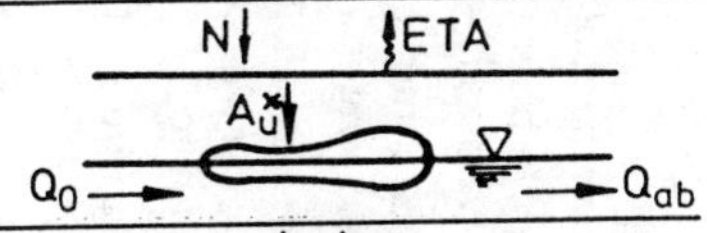
Deponie ohne Dränageeinrichtungen	$A_u = N - ETA - A_o$ $A_u = Q_{ab}$	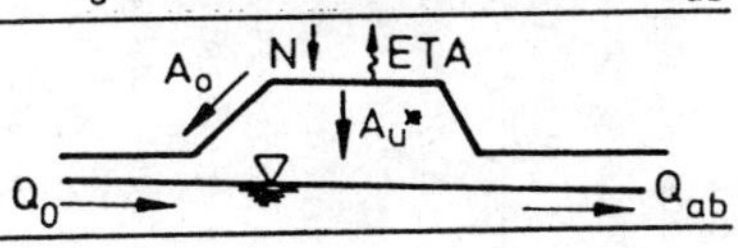
Deponie mit Deponierandgraben	$A_{u,ex} = N - ETA - A_{u,in} - A_o$ $A_{u,ex} = N - ETA - Q_K$ $A_u = Q_{ab}$	vgl. Abb. 5
Deponie mit Randgraben und aktiver Entwässerung	$A_{u,ex} = N - ETA - Q_K - Q_B$	vgl. Abb. 5

Tabelle 2. Datengrundlage für Wasserbilanzen

Parameter	Bestimmung	Genauigkeit	üblicher Einsatz
N	Messung	+ +	ja
ETP	Regionale Daten	+	ja
ETA	Abschätzung	-	ja
	Berechnung aus täglichen Bilanzen	o	nein
A_o	Messung	+	nein
	indirekte Bestimmung	o	ja

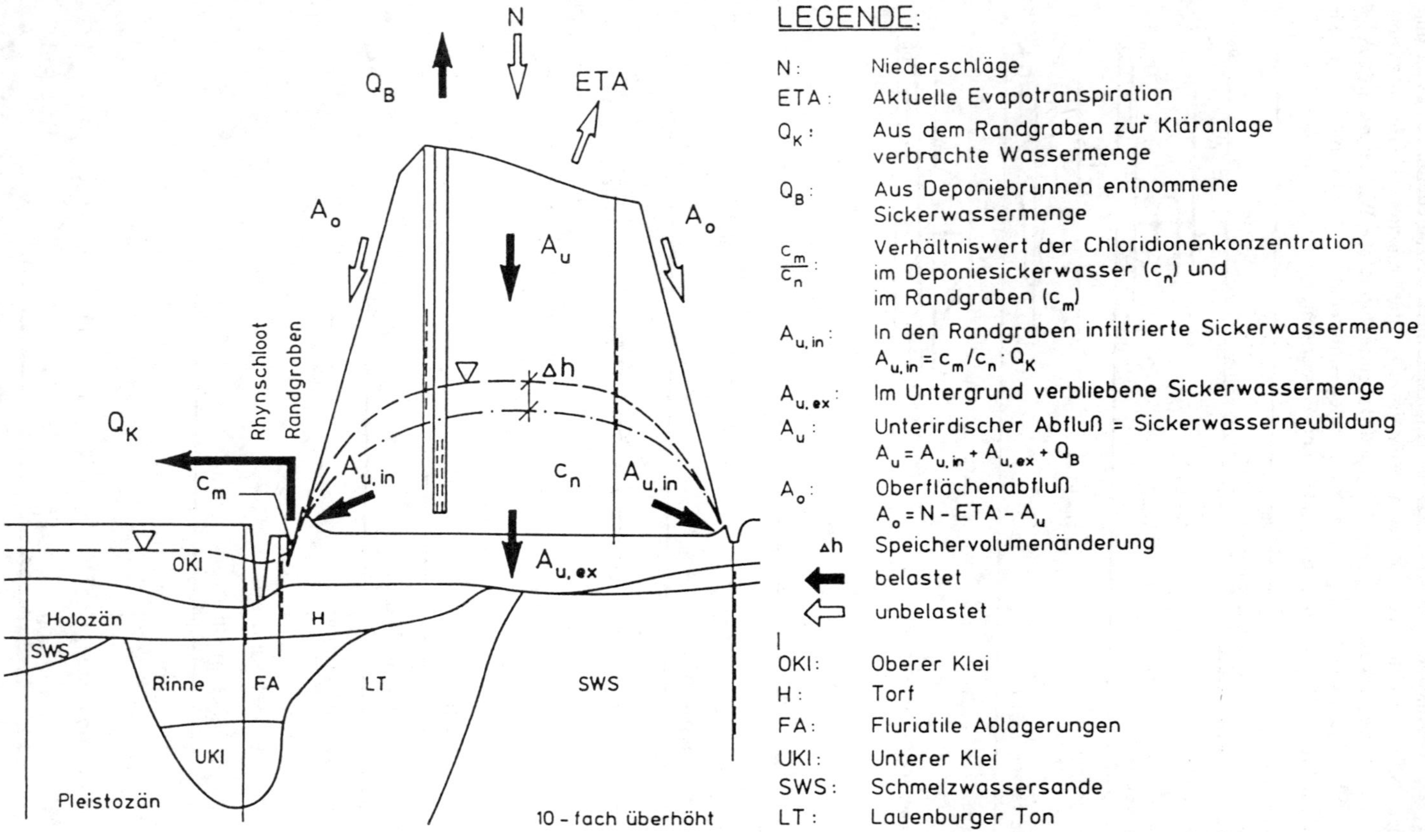

Abb. 5. Wasser- und Stoffbilanzierungen an der Hausmülldeponie Varel-Hohenberge, 10fach überhöhter geologischer Schnitt. Erläuterungen siehe Text

Im Falle der Deponie Varel-Hohenberge kann eine zuverlässige Bilanzierung durchgeführt werden, da sich die Wasserhaushaltsgleichung gemäß Tabelle 1 dadurch vereinfachen läßt, daß die aus dem Randgraben entnommene Sickerwassermenge meßtechnisch genau bestimmt wird. Es sind daher lediglich zur Bestimmung der aktuellen aus der potentiellen Evapotranspiration abgeschätzte Korrekturverfahren einzuführen. Deren Verwendung führt jedoch nur zu einem kleinen relativen Fehler bei der Ermittlung der im Untergrund verbleibenden Sickerwassermenge ($A_{u,ex}$) gegenüber der Verwendung exakter meteorologisch ermittelter Werte. Dies wurde mittels Fehlerrechnung überprüft.

Die monatliche Darstellung des Ergebnisses der Bilanzierung für das Jahr 1992 ist in Summenlinien in der Abb. 6 dargestellt. Da die Speichervolumenänderung (DVsp) nicht als Bilanzglied eingefügt wurde, zeigt die Bilanzierungsgröße Au,ex zeitweilig negative Werte. Dies entspricht selbstverständlich nicht der Wirklichkeit, sondern spiegelt die Speichervolumenänderungen wider. Aus diesem Grunde muß der Einfluß der Speichervolumenänderung über einen längeren Bilanzierungszeitraum, kontrolliert über die Sickerwasserstände, herausgerechnet werden, wie in Abb. 6 schematisch gezeigt wird.

Die Ergebnisse der Wasserbilanzen für die Jahre 1992 bis 1994 sind in Tabelle 3 dargestellt. Obwohl die Jahre 1993 und 1994 deutlich niederschlagsreicher waren als das Jahr 1992 und die Evapotranspiration 1992 besonders hohe Werte annahm, läßt sich anhand der Daten ein eindeutiger Trend zu geringeren Sickerwasser-

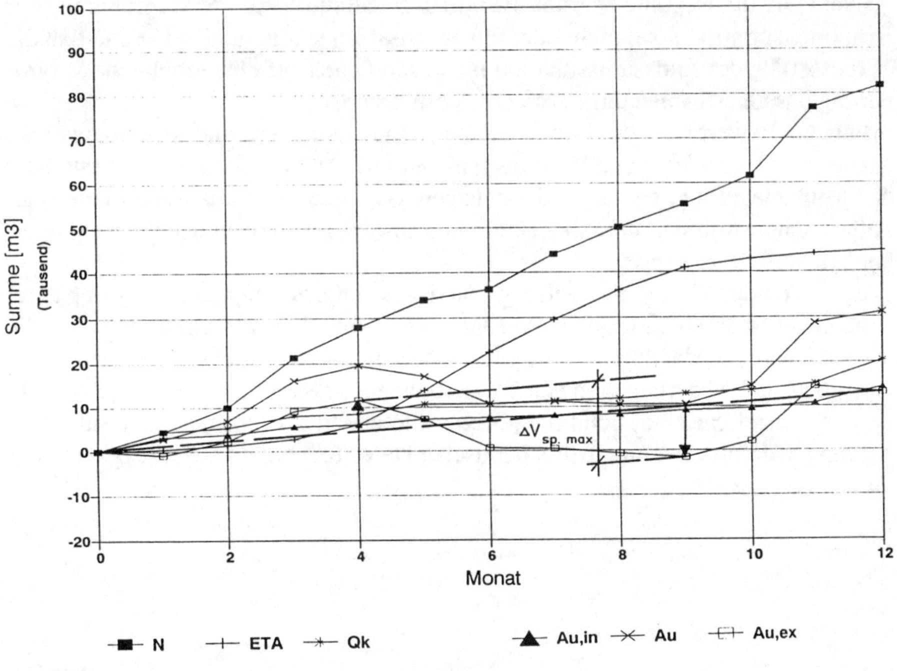

Abb. 6. Monatlich ermittelte Wasserbilanz 1992 für die Deponie Varel-Hohenberge - Summenlinien

Tabelle 3. Ergebnisse der Wasserbilanzen für die Deponie Varel-Hohenberge

Deponie	Zeitraum	N	ETA	Q_K	Q_B	A_u^*	$A_{u,in}$	$A_{u,ex}$	A_o
							[mm/a] [% von N]		
offen	1992	861	470,4	167,6	38	327	149,8	139	63,9
		100	54,6	19,5	4,4	38,0	17,4	16,1	7,4
teilweise abgedeckt	1993	1.025	317	489	34	532,9	314,4	184	174,7
		100	31,0	47,8	3,3	51,9	30,7	17,9	17,0
abgedeckt Erstbegrünung	1994	928	371	430	46	301,5	174,2	82	255,8
		100	39,9	46,3	4,9	32,5	18,8	8,8	27,6

emissionen erkennen. So sinkt die im Untergrund verbleibende Sickerwassermenge von 16,1 % des Gesamtjahresniederschlags im Jahre 1992 auf 8,8 % im Jahre 1994, während der Wert für 1993 bei erheblich höheren Gesamtniederschlägen in der Größenordnung von 1992 liegt. Dieses Verhalten ist auf die 1993 begonnene provisorische Oberflächenabdeckung zurückzuführen. Im Jahre 1993 wurde die Deponie teilweise mit Mutterboden abgedeckt, 1994 wurden die Restflächen abgedeckt und die Deponie begrünt. Es fällt auf, daß die erwartete Vergrößerung der Evapotranspiration noch nicht oder nur in Ansätzen stattgefunden hat und daß die Verbesserung der Emissionssituation im wesentlichen auf eine erhebliche Vergrößerung des Oberflächenabflusses zurückzuführen ist.

Für die Bewertung der Baumaßnahme, einer einfachen und kostengünstigen Mutterbodenabdeckung und Begrünung als Ad-hoc-Maßnahme nach der Einstellung der Müllablagerung, bedeuten diese Ergebnisse, daß die Emissionssituation der Altlast schon während der Abdeckung und insbesondere nach der Begrünung erheblich verbessert wurde.

Es zeigt sich, daß die Aufstellung von Wasserbilanzen und der Vergleich ihrer Ergebnisse in aufeinanderfolgenden Jahren ein zuverlässiges Mittel darstellt, die Wirksamkeit der Maßnahme zumindest näherungsweise zu beurteilen. Wesentlich ist jedoch, daß Änderungen in den Wasserbilanzen schon kurze Zeit nach der Maßnahme feststellbar sind, denn die übrigen Methoden der Überwachung, die Auswertung hydraulischer und hydrochemischer Daten im Grundwasser, reagieren sehr viel träger.

Vergleich der Ergebnisse von Wasser- und Stoffbilanzen von verschiedenen Hausmülldeponien

Die Aufstellung von Wasser- und Stoffbilanzen erlaubt einen Vergleich, in welchem Maße sich Altlasten und Deponien auf das Grundwasser in deren Umgebung auswirken. Dazu werden beispielhaft die Ergebnisse von drei Hausmülldeponien vorgestellt, die von der Größe her vergleichbar sind. Sie unterscheiden sich in ihrem hydrogeologischen Umfeld allerdings beträchtlich. Die Deponie Wesermarsch-Mitte wird von holozänen geringdurchlässigen Schichten unterlagert. Eine durchgehende Torfschicht wirkt praktisch als Flächendränage unterhalb der Deponie und führt belastetes Sickerwasser wieder den Randgräben zu. Wie Tabelle 4 zeigt, führt dies zu einer günstigen Emissionssituation, es gelangen lediglich 5 % des Jahresniederschlages in Form von Sickerwasser in den Untergrund. Die Deponie Varel-Hohenberge wird von nur geringmächtigen holozänen Sedimenten unterlagert. Doch auch hier führt ein erheblicher horizontaler Abstrom von Sickerwasser aus der Deponie in die Randgräben dazu, daß lediglich 16 % des Jahresniederschlages als Sickerwasser in den Untergrund gelangen. Dagegen liegt die Deponie Tonnenmoor, Vechta direkt auf pleistozänen Schmelzwassersanden. Es gelangen etwa 35 % des Jahresniederschlages als Sickerwasser in den Untergrund. Die hydrogeologische Situation, die zu diesem jeweils spezifischen Emissionsverhalten führt, ist detailliert bei Entenmann (1992) dargestellt.

Die Verhältniswerte von Sickerwasserneubildungsrate zu Niederschlag kennzeichnen den baulichen Zustand und die hydrologischen Eigenschaften der Deponie. Mit ihrer Bestimmung aus der Wasserbilanz können die technische Beurteilung der Deponie und der Wirksamkeit ihrer Sicherungseinrichtungen ergänzt und überprüft werden.

Tabelle 4. Pro Jahr emittierte Sickerwassermengen von drei Hausmülldeponien

	Sickerwasser-emission pro Jahr		Anteil am Gesamt-jahres-niederschlag
	m^3 / a	mm	%
Weser-marsch-Mitte:	4.200	30	5 % von 780 mm
Varel-Hohen-berge:	13.100	140	16 % von 875 mm
Vechta:	16.500	200	35 % von 570 mm

Tabelle 5. Exemplarische Darstellung von Stoffströmen aus drei Hausmülldeponien. J_o natürlicher horizontaler Massenstrom; J_{Dep} anthropogen bedingter vertikaler Massenstrom

[kg]		Cl^-	NH_4^+	NO_3^{2-}	Zn	As
Wesermarsch-	J_o	14.000	730	7,5	12,6	0,03
Mitte	J_{Dep}	5.300	3.700	0,2	5,2	0,4
Varel-	J_o	6.900	22	3,1	47,3	1,4
Hohenberge	J_{Dep}	12.500	4.900	72	2,6	0,3
Vechta	J_o	5.550	30	1.700	10	1
	J_{Dep}	22.770	7.500	1,6	0,2	5,9

Aus dem Vergleich der spezifischen Eintragsraten von Sickerwasser verschiedener Deponien ins Grundwasser können erste Schlüsse über eventuell notwendige Maßnahmen zur Sicherung gezogen werden.

Die durchgeführten Wasserbilanzen dienen als Grundlage für Stoffbilanzen, die unter Berücksichtigung der im Grund- und Sickerwasser gemessenen hydrochemischen Daten aufgestellt wurden. Dies kommt den Forderungen der Landesbehörden entgegen, den großräumigen Einfluß einer Emissionsquelle auf Trinkwasservorkommen abzuschätzen (Dörhöfer 1996). Tabelle 5 zeigt eine Auswahl verschiedener deponiespezifischer Parameter, für die jeweils die emittierten Massenströme J_{Dep} ermittelt wurden. Diese Werte sind aufgrund der Inhomogenität des Deponiesickerwassers als Abschätzung zu bewerten.

Die je Zeiteinheit ins Grundwasser eingetragenen Absolutmengen an Stoffen von ihrer Größenordnung her zu kennen, ist wichtig für einen Vergleich verschiedener Deponien, denn deren Größe vereinigt die Einflußgrößen „Fläche der Deponie", „Grad der Sickerwasserbelastung" und „bauliche-hydraulische Eigenschaften der Deponie".

Außerdem läßt sich die Veränderung dieser Größen durch eine Oberflächenabdichtung und damit deren voraussichtliche Effektivität leicht vorab prognostizieren, während der tatsächliche Nachweis für die Wirksamkeit erst sehr lange nach der Ausführung der Maßnahme anhand der chemischen Analysen von Grundwasserproben aus dem Abstrombereich zu führen ist.

Die aus der Deponie jeweils emittierten Massenströme J_{Dep} können außerdem in Bezug zu den natürlichen Massenströmen gesetzt werden, die unterhalb der Grundfläche der Deponie im Grundwasserstrom auftreten, vgl. Tabelle 5. Eine erste Bewertung dieser Daten zeigt, daß die auch im natürlichen Grundwasser bzw. dem durch die intensive Landwirtschaft anthropogen vorbelasteten Grundwasser vorhandenen Salze und organischen Parameter, z. B. Chlorid, Ammonium/ Nitrat, durch die Deponie dem Grundwasser in erheblicher Größenordnung zugeführt werden.

Dies bedeutet, daß lokal im Bereich der Deponie die Belastung des Grundwassers mit diesen Stoffen signifikant vergrößert wird. Diese Beeinträchtigung von

Grundwasserleitern ist für den nahen Abstrombereich von Deponien als erheblich zu bezeichnen. Im weiteren Abstrombereich gehen die Werte aufgrund von Verdünnung und Dispersion fast auf das vergleichsweise hohe Niveau der Grundbelastung zurück. Großräumig betrachtet ist die Befrachtung des Grundwassers mit diesen Stoffen daher als wenig relevant anzusehen.

Auch die in natürlichen oder – wie hier im Beispiel Varel-Hohenberge – vorbelasteten Grundwässern gemessenen Zinkgehalte werden durch die Deponien nur unwesentlich beeinflußt. Dagegen üben die Deponien – hier exemplarisch am Arsen dargestellt – nicht nur lokal, sondern auch regional gesehen einen erheblichen Einfluß auf die Belastung des Grundwassers durch Schadstoffparameter aus, die in natürlichen Grundwässern nur in Spuren vorkommen. Aus diesem Grunde muß bei der Gefährdungsabschätzung vorrangig ein Augenmerk auf diese Spurenelemente, wie z. B. Schwermetalle oder chlorierte Kohlenwasserstoffe, gelegt werden.

Dank

Herrn Dipl.-Ing. Lothar Arlinghaus, Landkreis Friesland danke ich für wertvolle Hinweise und die gute Zusammenarbeit.

Anmerkung

1 Geänderte Version eines Vortrages auf der Tagung der Deutschen Geologischen Gesellschaft 1996 in Bonn zum Thema „Geologische Stoffkreisläufe und ihre Veränderung durch den Menschen".

Literatur

Dörhöfer G (1996) Der großräumige Einfluß von Altablagerungen und Altstandorten auf die Trinkwasservorkommen. Grundwasser 1 (1) 21-32, 9 Abb., 3 Tab. Berlin, Heidelberg

Entenmann W (1992) Das hydrogeologische Beweissicherungsverfahren für Hausmülldeponien, Teil 1: Verfahren, Fallbeispiele, Erkundung und Erfassung hydraulischer Daten Chlausthaler Geol. Abh. 49: 1-170 ., 93 Abb., 15 Tab., 2 Anh. Köln

Entenmann W (1993) Emissions from older household waste landfills without underlying sealing. Arendt F, Annokkée R, und van den Brink W [eds]: Contaminated Soil '93: 277-286, 4 Abb., 1 Tab. Dordrecht

Entenmann, W (1997) Hydrogeologische Untersuchungsmethoden von Altlasten - dargestellt am Beispiel von Hausmülldeponien. 300 S., 156 Abb., 49 Tab., 5 Anh., Berlin, Heidelberg

Entenmann W, Ihle F (1995) Aspekte bei der Anwendung der LAWA-Empfehlungen zur Gefährdungsabschätzung und Sanierung von Altlasten und Deponien. 34. Fortbildungslehrgang BWK: Umgang mit wassergefährdenden Stoffen, Grundwasserschadensfälle, Sonderheft BWK-Schriften, 28 S., 8 Abb., 8 Tab. Hannover

LAGA (1993) LAGA-Informationsschrift Altablagerungen und Altlasten. 2. Aufl., 176 S. Berlin

LAWA (1994) Empfehlungen für die Erkundung, Bewertung und Behandlung von Grundwasserschäden. 19 S., 2 Anh. Stuttgart

LWA (1989) Leitfaden zur Grundwasseruntersuchung bei Altablagerungen und Altstandorten. 95 S. Düsseldorf

Ministerie VROM (1983) Leidraad bodemsaniering. s'Gravehage, Niederlande: Übersetzung der Tabellen: LWA-NRW in der Fortschreibung von 1988

NLWA/NLFB (1991) Deponieüberwachungsplan Wasser. Beweissicherung an Deponien in Niedersachsen: Grundwasser, oberirdische Gewässer, Entwurf 2.1, Februar 1991 Hannover

NLÖ/NLFB (1993) Altlastenprogramm des Landes Niedersachsen – Altabagerungen. Altlastenhandbuch Hannover

Flutungsprognose eines Uranbergwerks [1]

Hydrogeochemische und hydrodynamische Untersuchungen

Gerhard Reik und Christian Wolkersdorfer

Einleitung

Mit bergbaulichen Aktivitäten sind im allgemeinen anthropogene Veränderungen der geologischen Stoffströme verbunden (vgl. z.B. Allan 1995). Ein Teilaspekt solcher Veränderungen, nämlich Stoffmobilisation und -transport im Zusammenhang mit der Flutung des ehemaligen Uranbergwerks Niederschlema/Alberoda im sächsischen Erzgebirge, wurde im Rahmen eines DFG-Projekts an der TU Clausthal untersucht und von der Wismut GmbH unterstützt (Reik 1996, Wolkersdorfer 1996a). Die wichtigsten Ergebnisse sollen in diesem Beitrag vorgestellt werden.

Im Bergwerk Niederschlema/Alberoda hatte die Sowjetisch-Deutsche Aktiengesellschaft (SDAG) Wismut ab 1945 für 45 Jahre lang ca. 81.000 t Uran gefördert (Runge und Böttcher 1994). In den dabei entstandenen Grubenbauten konnten während der zurückliegenden Jahrzehnte durch die Schaffung großer, mit den Grubenwettern in Kontakt stehender Gesteinsoberflächen Verwitterungprozesse ablaufen, die eine Stoffmobilisation in das Grubenwasser begünstigen.

Die Ergebnisse der hydrogeochemischen und hydrodynamischen Untersuchungen ermöglichen eine Prognose der künftigen physikochemischen Entwicklung des aufsteigenden Grubenwassers. Daraus lassen sich mittel- bis langfristige Sicherungsmaßnahmen ableiten, die dazu beitragen können, die Schadstoffausträge in die Anthroposphäre so gering wie möglich zu halten.

Gestützt auf umfangreiches Datenmaterial der Wismut GmbH, das auf Plausibilität geprüft und durch eigene Untersuchungen ergänzt wurde, konzentrierte sich die hier vorliegende Bearbeitung auf zwei Teilthemen:

- hydrogeochemische Entwicklung des Flutungswassers und
- Hydrodynamik des Grubenwassers.

Weitere im Rahmen des Projekts bearbeitete Aufgabenfelder waren die

- Messung von physikochemischen Parametern;
- Durchführung und Auswertung von Wasseranalysen;
- Durchführung und Auswertung von Sporentriftversuchen;
- Berechnung umweltrelevanter Wasserinhaltsstoffe von Uranbergwerken unter Berücksichtigung der Druck-, Temperatur-, Eh- und pH-Änderungen während einer Flutung;

- CFD-Simulation der hydrodynamischen Prozesse in offenen Grubenbauten während des Flutungsverlaufs;
- Ermittlung des Stoff- und Wärmetransports in den Schächten und Strecken eines gefluteten Uranbergwerks;
- Ermittlung der Auswirkung von technischen Barrieren auf die hydrodynamischen Verhältnisse und den Stofftransport.

Geologische Verhältnisse und bergbauliche Aktivitäten

Die Lagerstätte Niederschlema/Alberoda gehört zum Lagerstättenrevier Schneeberg und liegt inmitten der Gera-Aue-Joachimsthal-Störungszone (Abb. 1), in der sich auch die Uranlagerstätten von Joachimsthal, Pöhla, Johanngeorgenstadt, Schneeberg und Oberschlema befinden. In nordwestlicher Richtung schließt die Lagerstätte Ronneburg in Thüringen an (Lange et al. 1991, Meinel 1993, Schuppan et al. 1994, Viehweg 1995).

Ihrem Charakter nach ist die Lagerstätte Niederschlema/Alberoda eine polymetallische, hydrothermale Ganglagerstätte in kontakt- und regionalmetamorph überprägten Gesteinen der Lößnitz-Zwönitzer Zwischenmulde (Schuppan et al. 1994). Häufigste Gesteine sind Phyllite und Metadiabase, die zusammen etwa 70 % der vorkommenden Gesteine ausmachen und etwa 0,5...1 % Pyrit mit unterschiedlichen Anteilen (0,3...70 %) an Karbonaten enthalten (Wolkersdorfer 1996a). Stratigraphisch sind die Gesteine dem Ordovizium, Silur und Devon zuzuordnen. Nach Harlass und Schützel (1965) wurde das Haupturanerz – Uraninit (Pechblende: UO_2 -U_2O_3) – unter epithermalen Bedingungen gebildet.

Von den Querschlägen und Feldstrecken aus erfolgte der Abbau der nahezu 2000 m tief aufgeschlossenen Lagerstätte im Firstenstoßbau mit Versatz mittels Überhauen und Steigorten. Insgesamt wurden durch dieses Verfahren 4150 km an Auffahrungen geschaffen, die sich auf 50 Sohlen verteilen und ein Volumen von etwa 36 Millionen m^3 ausmachen (Lange et al. 1991, Büder und Schuppan 1992, Wolkersdorfer 1996a). Der weitaus größte Teil der Sohlen befindet sich unterhalb des Niveaus der Vorflut Zwickauer Mulde (vgl. Abb. 1).

Durch den Eingriff des Menschen wurde das ursprüngliche chemisch-thermodynamische Gleichgewicht innerhalb des Gebirgskörpers gestört. Für die dadurch ausgelösten Stofffreisetzungsprozesse sind die neu geschaffenen Gesteinsoberflächen und der Zutritt von Luftsauerstoff und Luftfeuchtigkeit von besonderer Bedeutung, da auf diesen Oberflächen die exotherme Pyritoxidation sowie die oxidative Umwandlung der Primärminerale in zumeist leichter lösliche Sekundärminerale vonstatten geht. Diese werden durch das wiederansteigende Grubenwasser mobilisiert und erhöhen dessen Schadstoffkonzentrationen.

Infolge der geothermischen Tiefenstufe betragen die Gebirgstemperaturen im Grubentiefsten etwa 70 °C. Sowohl dieser Tatsache als auch der Energiezufuhr durch die exothermen chemischen Reaktionen ist die weiter unten beschriebene Konvektion des Grubenwassers zuzuschreiben.

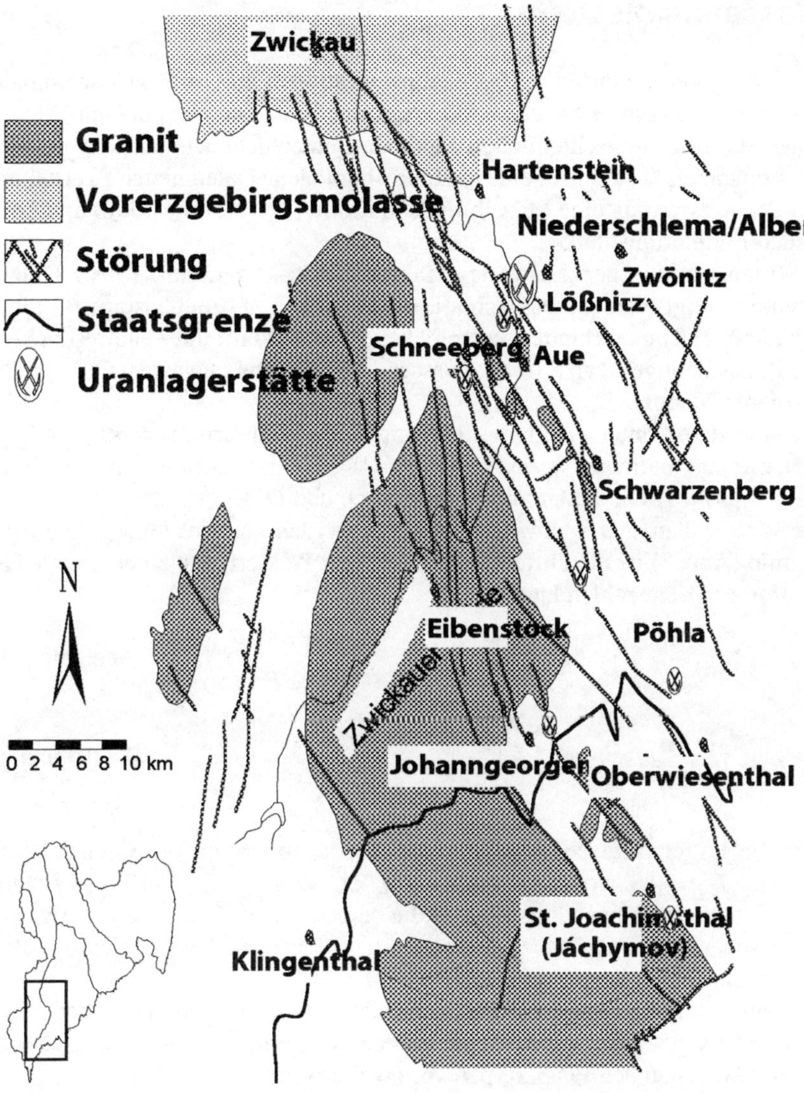

Abb. 1. Vereinfachte tektonische Übersichtskarte der Gera-Aue-Joachimsthal-Störungszone zwischen St. Joachimsthal und Zwickau sowie der Erzgebirgs- und Gebirgsgranite in deren Umgebung (aus Wolkersdorfer 1996a, verändert nach Zentralinstitut für Physik der Erde 1989, Büder und Schuppan 1992)

Prognose der Entwicklung umweltrelevanter Wasserinhaltsstoffe

Für die Prognose künftiger Massenkonzentrationen im Grubenwasser standen aus den Jahren 1991 bis 1994 etwa 500 Wasseranalysen der Wismut GmbH zur Verfügung, die mit unterschiedlichen Methoden untersucht wurden und in Tabelle 1 zusammengefaßt sind. Um eine qualitativ homogene Datenmenge zu erhalten, fand vor der Auswertung eine Plausibilitätskontrolle (vgl. Hölting 1996) und eine Ausreißereliminierung statt.

Mittels graphischer Auswerteverfahren (Piper-Diagramm, Durov-Diagramm) konnte gezeigt werden, daß sich alle Wasseranalysen drei Clustern zuordnen lassen (Abb. 2). Diese erhielten, entsprechend der Herkunft ihrer häufigsten Vertreter, die Bezeichnungen Typ S (Sickerwasser), Typ G (Grubenwasser) und Typ I (Intermediäres Wasser).

Ein weiteres Unterscheidungskriterium sind die empirisch ermittelten Logarithmen zweier Quotienten q_1 und q_2 aus den As-, U- und Ca-Stoffmengen. Gleichzeitig war es möglich, die Grenzkennzahlen Q_1 und Q_2 zu ermitteln, mit deren Hilfe die Wässer dem Typ S bzw. G zugeordnet werden können. Im log-As-Ca-U-Diagramm (Abb. 3) ist die Differenzierung beider Wassertypen zu erkennen. Die Definition der Kennzahlen lautet:

$$q_1 = \log(\frac{n_U}{n_{As}}) \qquad \text{(Gleichung 1)}$$

$$q_2 = -\log(\frac{n_{As}}{n_{Ca}}) \qquad \text{(Gleichung 2)}$$

Für die Lagerstätte Niederschlema/Alberoda betragen die Grenzkennzahlen $Q_1 = 2{,}5$, $Q_2 = -0{,}3$, wobei Analysen mit $q_1 < Q_1$ und $q_2 < Q_2$ dem Typ G zuzuordnen sind. Praktische Anwendung können die beiden Kennzahlen insofern erlangen, als das Grubenwasser dann als gereinigt gilt, wenn q_1 und q_2 regelmäßig über den Grenzkennzahlen liegen.

Keine Analyse zeigte Eigenschaften, die auf einen kontinuierlichen Übergang von Sickerwasser zu Grubenwasser hindeuten, vielmehr liegen breite Mischungslücken zwischen den Wassertypen vor (Wolkersdorfer 1995).

Ergebnisse

Die Analysenergebnisse wurden mit statistischen Methoden jeweils getrennt für die drei Wassertypen untersucht, um zum einen die Ergebnisse der graphischen Analysen zu untermauern und zum anderen die zeitliche Entwicklung bestimmter Parameter aufzuzeigen.

Tabelle 1. Mittelwerte (x), Probenzahl ($\overline{n}$), Standardabweichungen (s) und Meßeinheiten der 1991 bis 1994 analysierten, ausreißerfreien Parameter von Niederschlema/Alberoda getrennt für Wässer der Typen S, I und G. Standardabweichungen wurde nur für $n > 3$ angegeben. Bei $n = 1$ entspricht der Wert in der Spalte $\overline{x}$ dem Meßwert. CSB Chemischer Sauerstoffbedarf; FR Filterrückstand; AR Abdampfrückstand; NKH Nichtkarbonathärte. Die Anzahl der Dezimalstellen wurde so gewählt, daß der kleinste der drei Werte noch wenigstens eine gültige Stelle hat, minimal jedoch zwei Stellen (nach Wolkersdorfer 1996a, Analysen großteils durch die Wismut GmbH zur Verfügung gestellt)

		Typ S			Typ I			Typ G		
Parameter	Einheit	n	$\overline{x}$	s	n	$\overline{x}$	s	n	$\overline{x}$	s
Temperatur	°C	104	16,96	2,28	12	25,55	4,00	165	35,38	4,44
Leitfähigkeit	mS cm^{-1}	140	1,06	0,19	19	1,48	0,15	163	3,31	0,59
Eh-Wert	mV	8	404,13	14,00	5	242,60	140,54	46	282,57	132,11
pH-Wert	–	166	7,78	0,44	28	7,65	0,53	246	7,11	0,39
FR	mg L^{-1}	98	21,23	31,08	13	29,95	39,70	130	61,09	85,76
AR	mg L^{-1}	74	732,54	123,50	28	1101,57	431,37	199	2617,81	585,95
CSB	mg L^{-1}	—	—	—	—	—	—	66	70,92	10,90
Ca^{2+}	mg L^{-1}	75	120,08	18,20	29	109,92	43,97	213	222,19	61,27
Mg^{2+}	mg L^{-1}	75	57,18	15,37	29	78,33	12,50	213	148,36	46,40
Na^{+}	mg L^{-1}	49	30,63	8,54	18	137,80	69,23	141	378,48	105,91
K^{+}	mg L^{-1}	36	4,36	1,07	18	9,73	7,11	119	37,14	4,85
Fe gesamt	mg L^{-1}	53	0,10	0,13	9	0,33	0,37	98	2,66	2,31
Fe^{2+}	mg L^{-1}	5	0,02	0,01	10	0,11	0,07	51	2,46	2,18
Fe^{3+}	mg L^{-1}	4	0,04	0,02	8	0,59	0,87	34	1,60	1,95
Mn gesamt	mg L^{-1}	13	0,26	0,82	5	0,51	1,01	158	2,80	1,21
NH_4^{+}	mg L^{-1}	2	0,07	—	2	0,25	—	58	0,68	0,76
Sr^{2+}	mg L^{-1}	8	0,99	0,39	—	—	—	17	2,64	0,48
SO_4^{2-}	mg L^{-1}	150	354,03	57,57	29	519,93	105,28	213	1138,36	263,68
Cl^{-}	mg L^{-1}	156	37,68	7,40	29	63,98	44,58	212	142,36	33,38
HCO_3^{-}	mg L^{-1}	74	187,65	37,47	28	270,53	82,30	209	889,52	264,71
NO_3^{-}	mg L^{-1}	143	9,18	1,90	25	2,88	1,07	146	2,17	1,54
NO_2^{-}	mg L^{-1}	—	—	—	4	0,03	0,02	36	0,06	0,12
CO_3^{2-}	mg L^{-1}	9	20,62	15,48	9	18,04	4,78	7	23,14	17,47
PO_4^{3-}	mg L^{-1}	14	0,14	0,10	13	0,29	0,10	72	4,42	2,07
F^{-}	mg L^{-1}	12	0,68	0,28	7	1,63	0,11	19	2,08	0,10
Gesamthärte	°d	154	30,24	3,86	29	33,28	7,50	213	65,21	15,86
Karbonathärte	°d	41	8,53	1,44	16	12,04	0,90	106	42,09	8,41
NKH	°d	36	19,54	2,98	12	19,33	2,39	83	28,02	6,30
O_2	mg L^{-1}	74	10,50	3,88	12	7,96	5,03	84	2,54	2,64
Al	mg L^{-1}	21	0,21	0,02	11	0,26	0,25	62	0,37	0,22
As	mg L^{-1}	180	0,13	0,05	29	0,64	1,00	264	4,71	2,08
Ba	mg L^{-1}	3	0,039	0,001	1	0,020	—	12	0,138	0,179
Co	mg L^{-1}	2	0,01	—	1	0,01	—	18	0,02	0,02
Cr	mg L^{-1}	1	0,003	—	1	0,015	—	28	0,005	0,006
Cu	mg L^{-1}	11	0,02	0,03	6	0,03	0,03	38	0,03	0,03
H_2SiO_3	mg L^{-1}	16	15,89	1,23	16	15,48	2,26	75	32,49	7,06
Mo	mg L^{-1}	2	0,027	—	3	0,031	0,002	10	0,199	0,179
Ni	mg L^{-1}	15	0,029	0,007	5	0,020	0,001	28	0,030	0,021
Pb	mg L^{-1}	9	0,005	0,003	11	0,008	0,007	39	0,011	0,008
Ra	mBq L^{-1}	86	218,03	183,06	25	565,32	286,89	141	2094,09	1013,33
U	mg L^{-1}	176	0,78	0,30	28	2,07	0,50	260	2,82	0,90
Zn	mg L^{-1}	25	0,03	0,03	14	0,12	0,18	66	0,11	0,14

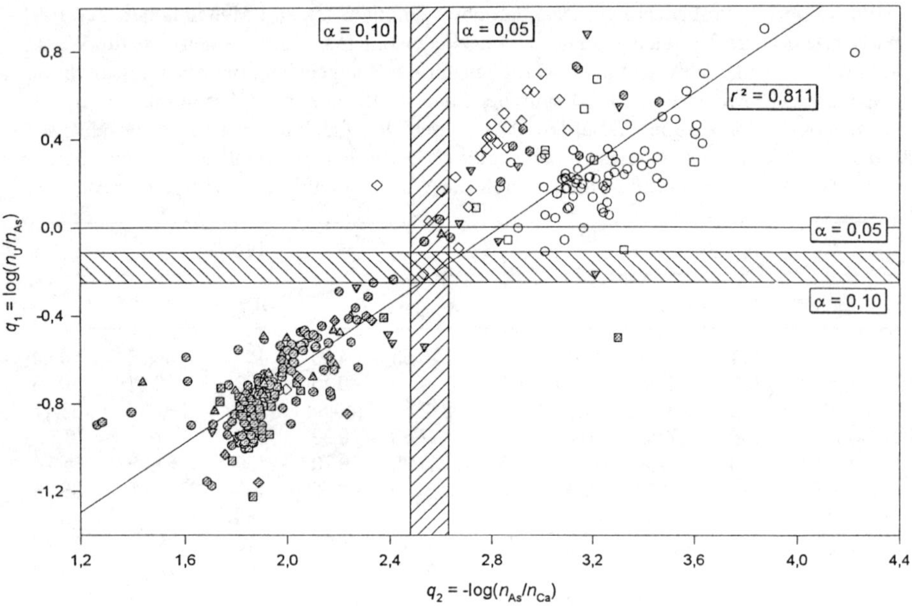

Abb. 2. Piper-Diagramm der Wasseranalysen des Bergwerks Niederschlema/Alberoda. Verwendet wurden 212 Wertepaare, zusätzlich 10 ältere Analysen aus dem Markus-Semmler-Stollen (M) und eine aus der Bismarckquelle (B). S: Sickerwässer (Frischwässer); G: Grubenwasser (Flutungswasser); I: Intermediäre Wässer. Kleine Grafik: Typendiagramm nach Furtak und Langguth (aus Hölting 1996). Offene Symbole: Sickerwasser, gerasterte Symbole: Grubenwasser, offene Rauten: intermediäres Wasser (aus Wolkersdorfer 1996a)

Wichtigste Einzelergebnisse der statistischen Untersuchungen sind die des Kruskal-Walliss- (Nichtparametrische Varianzanalyse) und des Dunn-Tests (Multipler Vergleich), da sie die Unterscheidung der drei Wassertypen auch statistisch belegen. Die Auswertungen zeigen, daß die drei graphisch bestimmten Wassertypen signifikant voneinander unterschiedlich sind und getrennt voneinander diskutiert werden können.

Um die künftige Entwicklung der Massenkonzentrationen, der Radiumaktivitäten oder Werte anderer Parameter des Wassers vom Typ G abschätzen zu können, wurden mathematisch-statistische Regressionen dieser Werte gegen die Zeit durchgeführt (Abb. 4). Die Regressionen erfolgten ähnlich der Vorgehensweise von Martin und Crawford (1987), die 16 Oberflächenwässer im Südwesten von Indiana (USA) auf ihre statistischen Gemeinsamkeiten hin untersuchten. Aus den Ergebnissen leiteten sie Vorhersagen zur Gewässerqualität ab. Während Martin und Crawford (1987) ihre Vorhersagen auf geochemische und physikalische Parameter im Rahmen der gemessenen Zahlenwerte basieren lassen, ohne deren zeitliche Variation zu untersuchen, soll im vorliegenden Fall hauptsächlich eine zeitliche Vorhersage getroffen werden. Prinzipiell handelt es sich bei dieser Vorgehensweise um eine Black-Box-Methode, da kein Wissen über das System selbst einfließt.

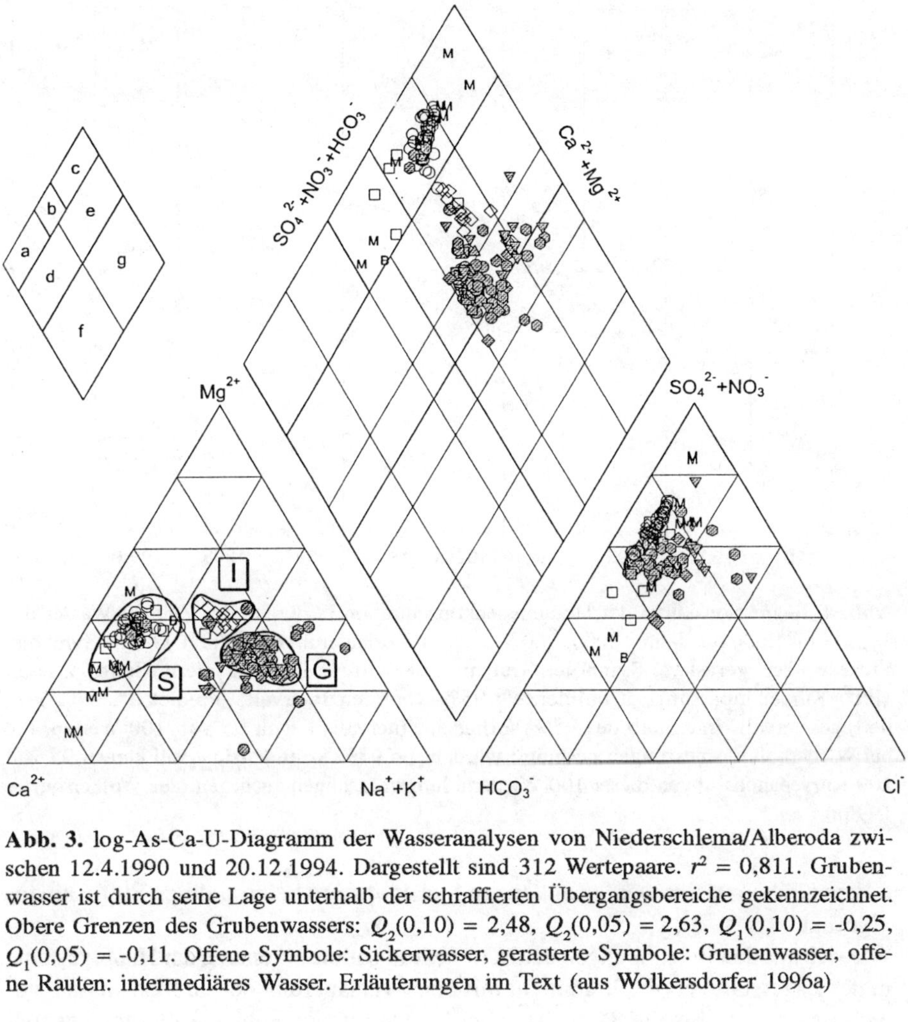

Abb. 3. log-As-Ca-U-Diagramm der Wasseranalysen von Niederschlema/Alberoda zwischen 12.4.1990 und 20.12.1994. Dargestellt sind 312 Wertepaare. $r^2 = 0{,}811$. Grubenwasser ist durch seine Lage unterhalb der schraffierten Übergangsbereiche gekennzeichnet. Obere Grenzen des Grubenwassers: $Q_2(0{,}10) = 2{,}48$, $Q_2(0{,}05) = 2{,}63$, $Q_1(0{,}10) = -0{,}25$, $Q_1(0{,}05) = -0{,}11$. Offene Symbole: Sickerwasser, gerasterte Symbole: Grubenwasser, offene Rauten: intermediäres Wasser. Erläuterungen im Text (aus Wolkersdorfer 1996a)

Da das Flutungswasser frühestens im Jahre 2000 bis zum Niveau des Markus-Semmler-Stollens angestiegen sein wird, erstrecken sich die Prognosen bis zum Ende des Jahres 2000. Um die Veränderung eines Parameters im Untersuchungszeitraum 1991 bis 1994 als Grundlage für die Prognose seiner künftigen zeitlichen Veränderung bis zum Jahr 2000 verwenden zu können, wurden folgende Annahmen getroffen, die auf den Ergebnissen der hier vorgestellten Untersuchungen beruhen:

- Stoffmobilisation wird bis zum Ende des Prognosezeitraums in der gleichen Größenordnung bleiben wie bisher;
- ausreichend großes Stoffreservoir;
- pH-, Eh-Wert und Temperatur werden sich nicht signifikant ändern;
- Art und Intensität des Stofftransports im Grubengebäude bleibt etwa gleich;

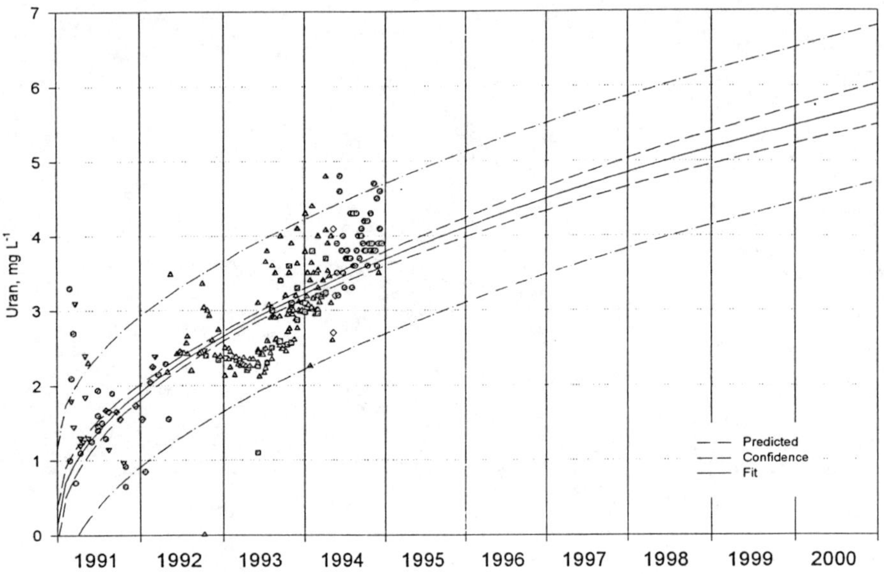

Abb. 4. Regressionskurve der Uranmassenkonzentration bezüglich der Zeit für Wasser des Typs G bis Ende des Jahres 2000. 260 Wertepaare. Erläuterungen im Text. Offene Symbole: Sickerwasser, gerasterte Symbole: Grubenwasser, offene Rauten: intermediäres Wasser. „Fit": Kurvenanpassung, „Confidence": 95%-Konfidenzintervall, „Predicted": 95%-Vorhersageintervall. Innerhalb des 95%-Vorhersageintervalls liegen 95 von 100 Werten, die bei Wiederholungsmessungen bestimmt würden. Im 95%-Konfidenzintervall kämen 95 von 100 Kurvenanpassungen dieser 100 Wiederholungsmessungen zu liegen (aus Wolkersdorfer 1996a)

- dem Grubenwasser werden außer den Sickerwässern keine anderen Stoffe hinzugefügt.

Wie sich aus den Berechnungen der Nettoneutralisationspotentiale der Hauptgesteine in der Lagerstätte ergibt, muß nicht mit einer Versauerung des Grubenwassers gerechnet werden (Tabelle 2). Es ist daher berechtigt, von keiner Änderung des pH-Werts auszugehen.

Die chemisch-thermodynamischen Gleichgewichtsberechnungen mit WATEQ4F (Version 2.0, 30.10.1991, Standarddatensatz) zeigen, daß die Karbonate, Gips und einige andere Mineralphasen im Grubenwasser gesättigt sind. Bei den Uran- und Arsenmineralen ist gegenüber dem Grubenwasser durchweg eine Untersättigung festzustellen (Tabelle 3).

Zwischen 1991 und 1994 haben sich die Sättigungskoeffizienten vieler Phasen asymptotisch einem Wert genähert, den sie gegen Ende des Bearbeitungszeitraums (Dezember 1994) nahezu erreicht haben. Tendenziell verlaufen die meisten Kurven in Richtung einer chemisch-thermodynamischen Gleichgewichtseinstellung (Wolkersdorfer 1996b).

Tabelle 2. Säureproduktionspotential (APP), Neutralisationspotential (NP) und Nettoneutralisationspotential (Net NP) von Gesteinen der Lagerstätte Niederschlema/Alberoda. MgO, CaO, $S\text{-}SO_4^{2-}$ und CO_2 aus Zetzsche (1994). Mit * gekennzeichnete Werte nach Wildner (1995, pers. Mitt.). APP, NP und Net NP in g kg^{-1} $CaCO_3$. ud homogener Metadiabas (Oberdevon); td gebänderter Metadiabas (Oberdevon); sk Hornfels (Kontaktmetamorphit); ks/l Alaun- und Kieselschiefer (Untere Graptolithenschiefer, Silur); ks/k Ockerkalk (Silur); ds Dunkle Phyllite (Gräfenthal-Gruppe); s Helle Phyllite (Phycoden-Folge); qs Hauptquarzit (Gräfenthal-Gruppe); G Granit; Kb/Kh Lamprophyr. MgO und CaO wurden ihrem Verhältnis und dem CO_2-Gehalt entsprechend in $MgCO_3$ und $CaCO_3$ umgerechnet (aus Wolkersdorfer 1996a)

		du	td	sk	ks/l	ks/k	ds	s	qs	G	Kb/Kh
MgO	%	5,30	4,30	1,70	1,68	5,70	2,94	2,11	1,30	0,64	4,14
CaO	%	8,40	11,75	0,59	1,64	28,88	0,95	0,51	0,56	1,28	5,84
S(ges)	%	0,2*	0,4*	0,05*	1,7*	1,2*	0,2*	0,1*	—	0,1*	0,2*
$S\text{-}SO_4^{2-}$	%	<0,10	<0,10	<0,10	<0,1	<0,1	<0,1	<0,1	—		
CO_2	%	0,18	0,34	0,30	0,18	25,25	0,51	0,45	0,38	0,3*	6,43
Pyrit	%	0,3*	0,7*	—	3*	2*	0,3*	0,2*	—	0,2*	0,3*
$MgCO_3$	%	0,3	0,4	0,7	0,3	16,4	1,3	1,2	—	0,4	9,6
$CaCO_3$	%	0,3	0,8	0,2	0,3	70,8	0,3	0,2	—	0,6	11,6
APP		6	13	2	53	38	6	3	—	3	6
NP		6	12	11	6	903	18	16	—	11	230
Net NP		0	-1	9	-47	865	12	13	—	8	224

Hydrodynamik

Obwohl die Mineralisation innerhalb des Grubengebäudes lokal stark variiert, sind die Zusammensetzung und die physikochemischen Parameter des Grubenwassers lediglich zeit- und teufen-, weniger hingegen ortsabhängig. In den Bereichen mit geringen Schwankungen der Parameter deutet dies auf eine gute Durchmischung des Grubenwassers hin. Um diese Hypothese zu belegen, wurden folgende Untersuchungen vorgenommen:

- wiederholte Messungen physikochemischer Parameter in verschiedenen Bergwerksschächten (Temperatur, pH-, Eh-Werte, elektrische Leitfähigkeit);
- zwei Triftversuche mit *Lycopodium clavatum*;
- Messung der Strömungsgeschwindigkeit in einigen Schächten.

Zudem erfolgte an einem schematisierten Modell mit zwei Schächten, drei Sohlen und einem Pumpensumpf eine numerische Simulation der Strömungsvorgänge im Bergwerk Niederschlema/Alberoda.

Die physikochemischen Messungen in den sieben Schächten zeigen, daß Änderungen in den physikochemischen Parametern des Grubenwassers in den Schächten in gleicher Weise stattfinden. Dies ist deutlich an den ähnlichen Temperaturverläufen erkennbar, aber auch an den Leitfähigkeits- oder pH-Messungen zu sehen. In jedem Schacht können zwei Schachtwasserkörper und, soweit die Messung

Tabelle 3. Minerale und Phasen, die aufgrund ihrer Sättigungskoeffizienten entscheidend für die chemische Zusammensetzung des Grubenwassers sind. SI: Sättigungskoeffizient. X: Mineral wurde für die Lagerstätte Niederschlema/Alberoda bereits beschrieben. $Mn_3(AsO_4)_2 \cdot 8H_2O$ kommt als Mineral nicht vor; Mangan-Hörnesit ist $(Mn, Mg)_3 (AsO_4)_2 \cdot 8H_2O$ (Strunz 1982) . —[1] Phase kommt nicht als Mineral vor. Berechnungen der Sättigungskoeffizienten mit WATEQ4F (Version 2.0, 30.10.1991) und dessen Standarddatensatz (aus Wolkersdorfer 1996a)

Mineral	Formel	Beschrieben	SI
Calcit	$CaCO_3$	X	+0,5 ... +1
Dolomit	$CaMg(CO_3)_2$	X	0 ... +2
Magnesit	$MgCO_3$		0 ... +0,5
Siderit	$FeCO_3$	X	± 0
Strontianit	$SrCO_3$		-1,4 ... -0,4
Rhodochrosit	$MnCO_3$	X	± 0
Huntit	$CaMg_3(CO_3)_4$		± 0
Gips	$CaSO_4$	X	-1 ... -0,5
Baryt	$BaSO_4$	X	+0,4
Coelestin	$SrSO_4$		-1 ... -0,6
Jarosit	$KFe_3[(OH)_6 \vert (SO_4)_2]$		-2 ... +2
Alunit	$KAl_3[(OH)_6 \vert (SO_4)_2]$		0 ... +2
Fluorit	CaF_2	X	-0,5
Goethit	FeOOH	X	+8
Gibbsit	$Al(OH)_3$		+2
—[1]	$CuFe_2O_4$		+16
—[1]	$Fe_3(OH)_8$		0 ... +4
Quarz	SiO_2	X	+0,4 ... +0,6
Greenalit	$Fe_2[(OH) \vert Si_4O_{10}]$		± 0
Hydroxiapatit	$Ca_5[OH \vert (PO_4)_3]$	X	-1 ... +5
Mansfieldit	$AlAsO_4.2H_2O$		-5
Skorodit	$FeAsO_4.2H_2O$	X	-4 ... -3
Mangan-Hörnesit	$Mn_3(AsO_4)_2.8H_2O$		-4
Ianthinit	b-$[UO_2 \vert (OH)_2]$		-4
Schoepit	$[UO_2 \vert (OH)_2].H_2O$		-4
Rutherfordin	$[UO_2 \vert CO_3]$		-5 ... -3
Na-Autunit	$Na_2[UO_2 \vert PO_4]_2$	X	-4

tief genug hinabreichte, ein Sumpfwasserkörper unterschieden werden. Während letzterer nur lokale Bedeutung für das Strömungsgeschehen hat, sind die ersteren das Teilresultat der großräumigen konvektiven Strömungsverhältnisse (Abb. 5).

Charakteristisch für den unteren Schachtwasserkörper sind relativ gleichbleibende Werte in den physikochemischen Parametern, was auf gute konvektive Durchmischung zwischen den Schächten hindeutet. Im oberen Schachtwasserkörper hingegen ändern sich die Werte zur Wasseroberfläche hin graduell. Konvektive Strömung ist im allgemeinen durch regelmäßige oder unregelmäßige Änderung der Strömungsrichtung und beispielsweise der Temperatur gekennzeichnet. („Oszilla-

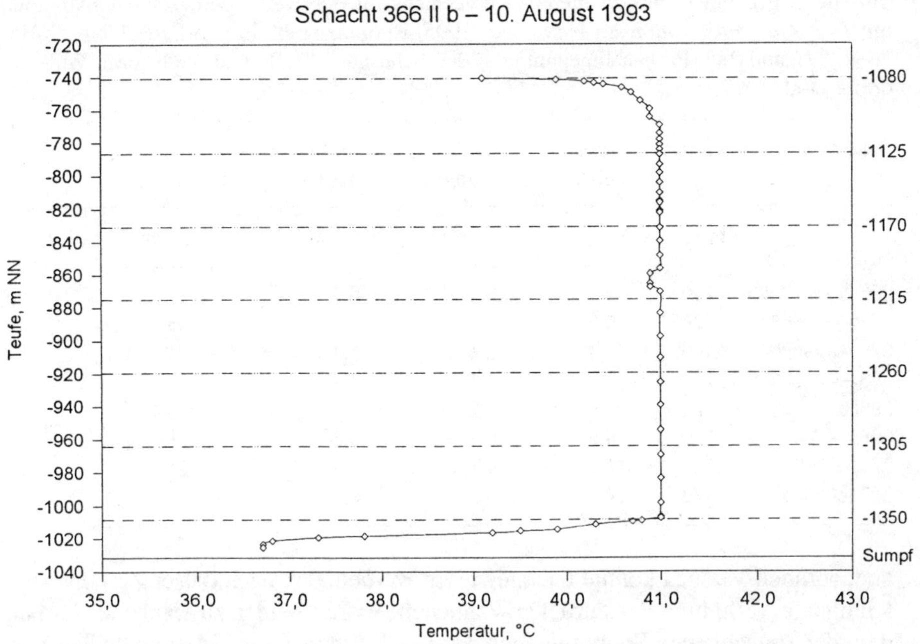

Abb. 5. Temperaturprofil des 10. August 1993 im Schacht 366 II b des Bergwerks Niederschlema/Alberoda. Oberhalb der letzten vollständig überfluteten Sohle (-1125) fällt die Temperatur kontinuierlich zur Oberfläche hin ab („oberer Schachtwasserkörper"), wohingegen sie zwischen den Sohlen -1350 und der letzten vollständig überfluteten Sohle konstant bleibt („unterer Schachtwasserkörper"). Das Wasser unterhalb der Sohle -1350 („Sumpfwasserkörpfer") hat noch die ursprüngliche Temperatur der Sickerwässer, da der Sumpfwasserkörper nicht in die großräumige Konvektion eingebunden ist. Die Temperaturerniedrigung im Niveau der Hauptsohle -1215 ist durch Turbulenzen im Niveau der Schwenkbühnengrube und durch seitlich zufließendes Wasser bedingt (aus Wolkersdorfer 1996a)

tion"; Gebhart et al. 1988). Alle stationären Messungen in den Schächten des Bergwerks Niederschlema/Alberoda zeigen im unteren Wasserkörper derartige Temperatur- oder auch Leitfähigkeitsoszillationen.

Temperaturschichtungen in gefluteten Bergwerken untersuchte Uerpmann (1980; die Namen der Bergwerke unterlagen aufgrund der damaligen Aufgabenstellung der Geheimhaltung). Er beobachtete in ergänzenden Laborversuchen Strömungsgeschwindigkeiten von 6 bis 30 m min^{-1}, die in Zonen gleichbleibender Temperatur auftraten. In den Zonen der Temperatursprünge hingegen war der Transport durch Diffusion bestimmt, lag somit um Größenordnungen unter den vorgenannten Geschwindigkeiten, und erklärt, warum zwischen Sumpfwasserkörper und Schachtwasserkörper kein Temperaturausgleich stattfinden kann.

Bei den beiden Triftversuchen im Bergwerk Niederschlema/Alberoda wurden eingefärbte Bärlappsporen (*Lycopodium clavatum*) mittels speziell konstruierter Sonden an unterschiedlichen Stellen im Bergwerk freigesetzt. Im ersten, 49 Tage

Tabelle 4. Ergebnisse des zweiten Tracerversuchs im Bergwerk Niederschlema/Alberoda mit *Lycopodium clavatum* im November 1995. Sporenzugabe in den Schächten 296IIb, 366b, 371 und 383, Probenahmepunkte in den Schächten 296IIb und 366b (nach Wolkersdorfer et al. 1997)

Fließweg	Länge	Gesamt zeit	16%-Quantil	mittlere Geschwindigkeit	64%-Quantil
	m	h	m min^{-1}	m min^{-1}	m min^{-1}
296IIb –> 296IIb	216	14,1	0,3	0,5	1,6
366b –> 296IIb	776	16,2	1,0	1,6	5,0
371 –> 296IIb	2159	13,1	3,4	5,7	18,1
383 –> 296IIb	736	15,8	1,1	1,8	5,7
296IIb –> 366b	780	12,8	1,2	2,0	6,4
366b –> 366b	220	14,9	0,3	0,5	1,6
371 –> 366b	2723	11,9	4,7	7,9	25,0
383 –> 366b	173	14,5	0,2	0,4	1,3

andauernden Versuch konnte nachgewiesen werden, daß nach dieser Zeit das zahlenmäßige Verhältnis der zurückgewonnenen Sporen beider zugegebener Farben dem der zugegebenen Sporenmengen entsprach. Im zweiten, 14 Tage langen Versuch zeigte sich, daß die Strömungsgeschwindigkeit des Wassers zwischen 1 und 8 m min^{-1} betrug und daß sowohl die Sporen von weit entfernten (2.700 m) als auch nahegelegenen Zugabepunkten (170 m) nach weniger als 16 Stunden aufgefunden werden konnten (Wolkersdorfer 1996a, Wolkersdorfer et al. 1997: dort mit detaillierter Beschreibung des Sporentriftversuchs und der Auswertung).

Aus beiden Versuchen läßt sich folgern, daß alles Wasser innerhalb des Untersuchungsbereichs bereits nach wenigen Tagen gut durchmischt ist. Die hohen Strömungsgeschwindigkeiten legen eine gute konvektive Durchmischung nahe und erklären damit die chemischen Ähnlichkeiten der Wasseranalysen in den unterschiedlichen Schächten (Tabelle 4).

Modellierung der Strömungsverhältnisse

Zur Modellierung der Strömungsverhältnisse im Bergwerk Niederschlema/Alberoda wurde das Programm FIDAP 7.52 der Firma fdi (Bensheim) verwendet. Es erlaubt die numerische Modellierung von Fluidstömen und Transportvorgängen, nicht aber chemischer Reaktionen, auf der Grundlage von Finite-Element-Berechnungen (Computational Fluid Dynamics CFD). Wegen der komplexen Grubengeometrie des Bergwerks beschränkte sich die Modellierung auf einen Teilbereich des Grubengebäudes mit zwei Schächten (einschließlich Sumpf) und drei Sohlen. Ziel dieses Modells war es, die gemessenen physikochemischen Parameter, vor allem den Temperatursprung im Schachtsumpf, und die Temperaturschwankungen im Niveau der Füllorte zu verstehen.

Die Ergebnisse zeigen, daß sich unter den derzeitigen Temperaturverhältnissen temperaturabhängige Wasserkreisläufe über zwei oder mehrere Sohlen ausbilden. Die Schachtsümpfe und der Bereich oberhalb der letzten gefluteten Sohle sind nicht in die großräumigen Konvektionskreisläufe eingeschlossen. Auch zeigte sich, daß die Fließrichtung des Wassers nicht von dem Gefälle der Strecken ins Feld hinein oder aus ihm hinaus abhängig ist, sondern ausschließlich von der Wasserdichte. Im Bereich der Schwenkbühnengruben der Füllorte kann es zur Ausbildung kleinräumiger Konvektionszellen kommen.

Bei den numerischen Modellierungen wurden Strömungsgeschwindigkeiten von 3 bis 36 m/min^{-1} ermittelt (Hähne gelangte mit 1-10 m min^{-1} zu ähnlichen Ergebnissen; pers. Mitt. 1997). Regelmäßig traten die hohen Geschwindigkeiten in den horizontalen Strecken mit einem gegenüber den Schächten kleinen Durchmesser auf, die kleinen Geschwindigkeiten hingegen in den vertikalen Schächten. Diese gegenüber den Triftversuchen höheren Geschwindigkeiten erklären sich vor allem daraus, daß im Modell kein Strecken- und Schachtverbau modelliert wurde. Vielmehr wurden im Modell Röhren mit einer Wandrauhigkeit verwendet, die der von Beton entspricht. Darüber hinaus mußte auf eine Modellierung turbulenter Strömung verzichtet werden, da die Rechenkapazität der verwendeten Workstation (SUN Workstation, 64 MB Hauptspeicher) für dieses einfache Modell nicht ausreichte (nach einer Erniedrigung der Zellenzahl kam das Modell zwar zum Laufen, entsprach aber nicht mehr den geometrischen Vorgaben, so daß die Ergebnisse nicht mit herangezogen werden können).

Stoffmobilisierung

Zur überschlägigen Abschätzung der kurz- bis mittelfristig mobilisierbaren Schadstoffmengen wurde davon ausgegangen, daß das Wasser im Grubengebäude die Schadstoffe in einer maximal 1 mm dicken Verwitterungsrinde der gesamten verfügbaren Kontaktfläche vollständig mobilisiert und seine Strömungsgeschwindigkeit hinreichend groß ist, um stets einen Konzentrationsgradienten in die Lösung hinein aufrecht zu erhalten (Wolkersdorfer 1996a). Die Dicke der Verwitterungsrinde ergab sich aus Beobachtungen an Handstücken und offenen Strecken im Bergwerk Niederschlema/Alberoda.

Als verfügbare Kontaktflächen wurden zur Abschätzung der Schadstoffmengen das im Bergwerk verbliebene Haufwerk, die Oberfläche der Grubenräume (Schächte, Strecken, Abbauräume) und die Trennfugen im Bereich der Auflockerungszone um die Grubenräume angesehen.

Betreffend der Reinigung des Grubenwassers stellt sich die Frage, welche Zeit notwendig ist, um das gesamte Grubenwasser einschließlich der maximal lösbaren Schadstoffe auf ein annehmbares Niveau zu reinigen. Diese Zeit ist vor allem davon abhängig, bis zu welcher Sohle das Grubenwasser ansteigen soll und ob das Wasser aktiv oder passiv zur Wasserbehandlungsanlage geleitet wird. Derzeit ist geplant, bis zur Sohle -60 (ca. 270 m NN) zu fluten und das Grubenwasser über eine Wasserhaltung im Schacht 208 nach Übertage zur Wasserbehandlungsanlage zu pumpen (Rudolph 1997).

Unter vereinfachenden Annahmen bei der Berechnung der maximal mobilisierbaren Schadstoffmengen (Tabelle 5) und bei Vermeidung von technischen Barrieren im Grubengebäude errechnen sich Reinigungszeiten, die je nach Schadstoff zwischen mehreren Jahrzehnten und Jahrhunderten liegen. Dies steht im scheinbaren Widerspruch zur Reinigungsdauer des Grubenwassers in Pöhla, wo bereits nach weniger als zwei Jahren keine Wasserreinigung mehr notwendig war, da das austretende Grubenwasser die Qualitätskriterien erfüllte (pers. Mitt. S. Hurst, Dr. Wolters, beide Sächsisches Staatsministerium für Umwelt und Landesentwicklung Dresden). Da die Grubengeometrie des Bergwerks Niederschlema/Alberoda jedoch weitaus komplexer ist als die in Pöhla, kann nicht davon ausgegangen werden, daß sich die Schadstoffe nach Flutungsende ebenso rasch verringern und damit eine Reinigungsanlage für Niederschlema/Alberoda nur für kurze Zeit notwendig wäre. Insbesondere die im Tracerversuch nachgewiesene Konvektion läßt eine schnelles Absinken der Schadstoffgehalte unwahrscheinlich werden.

Um den Schadstoffaustrag und -transport aus den tieferliegenden Bereichen des Bergwerks Niederschlema/Alberoda zu unterbinden, wäre ein möglichst vollständiger Verschluß des Grubengebäudes unterhalb der letzten zu flutenden Sohle notwendig. Über Erfahrungen des Verschlusses eines Bergwerks in der Tschechischen Republik berichten Kipko et al. (1993). Dort konnte der Schadstoffaustrag und die

Tabelle 5. Mobilisierbare Schadstoffvorräte im Bergwerk Niederschlema/Alberoda in t, letzte Stelle gerundet (aus SDAG Wismut 1991; Wolkersdorfer 1996a). Für das Haufwerksmaterial wurde eine Korngröße von 5 cm und eine Dicke der Verwitterungsrinde von 0,1 cm angenommen. In der Verwitterungsrinde befinden sich dann etwa 11 % der mobilisierbaren Stoffmengen. „Haufwerksmaterial" bezeichnet die gesamten Elemente im Haufwerksmaterial, „davon mobilisierbar" die in der Verwitterungsrinde des gebrochenen Materials und „Auflockerungszone" die in der Auflockerungszone um die Grubenbaue vorhandenen Elemente

Element	Haufwerks-material	davon mobilisierbar	Auflocke-rungszone	Summe M_{max}, t
	t	t	t	t
Uran	7000	810	20	830
Arsen	11000	1270	100	1370
Nickel und Kobalt	630	70	260	340
Wismut	70	10	10	20
Zink	1000	120	310	430
Kupfer	700	80	100	180
Blei	300	40	60	100
Antimon	300	40	10	50
Selen	50	10	10	20
Radium 226	0,001	0,0001	$2{,}74 \cdot 10^{-7}$	0,0001

Wassertemperatur signifikant reduziert werden, was auf einen *unterbrochenen Wasserkreislauf* hindeutet. Wesentlich beim Verschluß ist, die oberhalb der Vertikalverschlüsse zusitzenden Sickerwässer nicht in die konvektiven Kreisläufe im darunterliegenden Grubengebäude einzubeziehen. Dazu ist es nicht notwendig, *alle* vertikalen Verbindungen zu unterbrechen, sondern nur die hydraulisch wirksamsten. Obwohl im Bergwerk Niederschlema/Alberoda Mauern gesetzt wurden, um den Schadstoffaustausch zu stoppen (z.B. Sohle -990 oder -540), ist dort ein Wasserkreislauf möglich. Offensichtlich greift das Grubenwasser die Mauern an, da beim zweiten Tracerversuch Sporen auch durch vermeintlich abgemauerte Bereiche flossen. Der Tracerversuch belegte somit, daß der im Bergwerk Niederschlema/Alberoda praktizierte horizontale Verschluß durch Abmauern der Füllorte unwirksam ist.

Schlußfolgerungen und Zusammenfassung

Die Ergebnisse der hydrogeochemischen und hydraulischen Untersuchungen haben ergeben:

- Angetrieben durch die große Temperaturdifferenz des Gebirges bilden sich offene und geschlossene Konvektionskreisläufe mit Strömungsgeschwindigkeiten zwischen 1 und 8 m min^{-1} aus.
- Die Schadstoffgehalte im Grubenwasser des Bergwerks erhöhen sich im Verlauf der Flutung bis zu ihrer Sättigungskonzentration.
- Eine Versauerung des Grubenwasser ist wegen des positiven Nettoneutralisationspotentials nicht zu erwarten.
- Mit einer weitergehenden starken Zunahme der Massengehalte im Grubenwasser ist nicht zu rechnen, da sich viele Mineralphasen bereits ihrer Sättigung nähern.

Sollte kein vertikaler Verschluß des Grubengebäudes durchgeführt werden, muß das abzuführende Wasser in der Wasserbehandlungsanlage gereinigt werden. Hierbei fallen voraussichtlich über mehrere Jahrzehnte fortdauernd viele Jahrestonnen an hochtoxischen Aufbereitungsrückständen an.

Durch eine Unterbindung der konvektiven Strömung im Grubengebäude mittels vertikaler Verschlüsse in den hydraulisch wirksamen Schächten (vgl. Scott und Hays 1975) könnte auf eine Wasserbehandlungsanlage verzichtet werden, zumindest wäre der Anfall von Aufbereitungsrückständen ungleich geringer.

Um Fragen im Zusammenhang mit der technischen Machbarkeit und der wirtschaftlichen Optimierung des Verschlusses und der Wasserbehandlung zu beantworten, sind verschiedene hier getroffene Annahmen zu überprüfen. Unsicherheit besteht vor allem in Hinblick auf die Abschätzung des Vorrates an leicht mobilisierbaren Schadstoffen und damit verbunden der Dauer einer möglichen Wasserbehandlung.

Danksagung

Wir danken allen Mitarbeitern der Wismut GmbH, die uns bei dem Projekt hilfreich unterstützt haben. Für die hilfreichen Anmerkungen danken wir Prof. M. Veselic, M. Huch und einem anonymen Rezensenten. Die Arbeit wurde finanziell gefördert von der Deutschen Forschungsgemeinschaft (DFG) Bonn und der Wismut GmbH Chemnitz. Ch. Wolkersdorfer erhielt ein Stipendium der Hanns-Seidel-Stiftung München.

Anmerkung

1 Geänderte Version eines Vortrages auf der Tagung der Deutschen Geologischen Gesellschaft 1996 in Bonn zum Thema „Geologische Stoffkreisläufe und ihre Veränderung durch den Menschen".

Literatur

Allan RJ (1995) Impact of Mining Activities on the Terrestial and Aquatic Environment with Emphasis on Mitigation and Remedial Measures. In: Salomons W, Förstner U, Mader P. Heavy metals – Problems and Solutions. 119-140, Springer Berlin

Büder W, Schuppan W (1992) Zum Uranerzbergbau im Lagerstättenfeld Schneeberg-Schlema-Alberoda im Westerzgebirge. Schriftenreihe Gesellschaft Deutscher Metallhütten- und Bergleute, 64, 203-221 Clausthal-Zellerfeld

Gebhart B, Jaluria Y, Mahajan RL, Sammakia B (1988) Buoyancy-Induced Flows and Transport. 1001 S., Springer Berlin

Harlass E, Schützel H (1965) Zur paragenetischen Stellung der Uranpechblende in den hydrothermalen Lagerstätten des westlichen Erzgebirges. Z.f.angew.Geol., 11, 569-582 Berlin

Hölting B (1996) Hydrogeologie Einführung in die Allgemeine und Angewandte Hydrogeologie. 5. Aufl., 441 S., Enke Stuttgart

Kipko EJ, Spichak YN, Polozov YA, Kipko AE, Hepnar P (1993) Grouting of Old Flooded Workings at M. Mayerova Mine in Czechoslovakia. Mine Water and the Environment, 12, 21-26 Wollongong

Lange G, Mühlstedt P, Freyhoff G, Schröder B (1991) Der Uranerzbergbau in Thüringen und Sachsen – ein geologisch-bergmännischer Überblick. Erzmetall, 44, 162-171 Weinheim

Martin JD, Crawford CG (1987) Statistical analysis of surface-water-quality data in and near the coal-mining region of southwestern Indiana, 1957-1980. U.S. Geological Survey Water-Supply Paper, 2291, 1-89 Washington

Meinel G (1993) Mögliche Beziehungen zwischen Uranlagerstätten und der Kratonisierung am Beispiel Thüringens. Geowiss. Mitt. von Thüringen, 1, 59-63 Weimar

Reik G (1996) Abschlußbericht zum Forschungsvorhaben „Hydrogeochemische und hydrodynamische Prozesse bei der Flutung von Uranbergwerken am Beispiel der Lagerstätte Niederschlema/Alberoda (Sachsen)" gefördert durch die Deutsche Forschungsgemeinschaft unter dem Förderzeichen Re 920/1-2. 29 S., Unveröffentlichter Bericht Causthal

Rudolph C (1997) Die untertägige Sanierung der abgebauten Uranerzlagerstätte Niederschlema-Alberoda als komplexer Sanierungsprozeß. Glückauf, 133, 250-254 Essen

Runge W, Böttcher J (1994) Stillegung und Sanierung des ostdeutschen Uranerzbergbaus. Atomwirtschaft Atomtechnik, 39, 194-190 Düsseldorf

Schuppan W, Büder W, Lange G (1994) On Uranium mineralization in the vein deposits of the Western Erzgebirge, Germany. Monograph Series on Mineral Deposits, 31, 191-207 Berlin

Scott RL, Hays RM (1975) Inactive and abandoned Underground Mines – Water Pollution Prevention and Control. 338 S. U.S. Environmental Protection Agency, EPA-440/9-75-007, Washington D.C.

SDAG Wismut (1991) Untersuchungen zur Bewertung und Begutachtung der Flutung des Lagerstättenteils bis zur Sohle -990. ohne S., Interne Projektskizze Chemnitz

Strunz H (1982) Mineralogische Tabellen. 8. Aufl., 621 S., Akademische Verlagsanstalt Leipzig

Uerpmann EP (1980) Hydrogeologische Fragen bei der Endlagerung radioaktiver Abfälle. 128 S., Dssertation TU Clausthal Clausthal

Viehweg M (1995) Regionale Verteilung der Uranlagerstatten Sachsens und Thüringens. Z. geol. Wiss., 23, 547-552 Berlin

Wolkersdorfer C (1995) Die Flutung des ehemaligen Uranbergwerks Niederschlema/Alberoda der SDAG Wismut. Z. geol. Wiss., 23, 795—808 Berlin

Wolkersdorfer C (1996a) Hydrogeochemische Verhältnisse im Flutungswasser eines Uranbergwerks – Die Lagerstätte Niederschlema/Alberoda. Clausthaler Geowissenschaftliche Dissertationen, 50, 1-216 Clausthal

Wolkersdorfer C (1996b) Hydrogeochemical investigations of an abandoned uranium mine in the Erzgebirge/Germany. Applied Geochemistry, 11, 237-241 Oxford

Wolkersdorfer C, Trebušak I, Feldtner N (1997) Development of a Tracer Test in a flooded Uranium Mine using *Lycopodium clavatum*. In: Kranjc A. Tracer Hydrology 97. 377-385, Balkema Rotterdam

Zentralinstitut für Physik der Erde (1989) Silicic Magmatism and Metallogenesis of the Erzgebirge. Veröffentlichungen des Zentralinstituts für Physik der Erde, 107, 1-316 Berlin

Zetzsche C (1994) Bestimmung regionaler Clarkewerte für die Lithosphäre und die Hydrosphäre im Gebiet Schlema-Alberoda. ohne S. Unveröffentlichter Abschlußbericht zum Vertrag 1/39-2/00151/93 Freiberg

Management von Boden und Fluß-Sedimenten: Belastung

Erstellung und Anwendung digitaler Bodenbelastungskarten

Heinz Neite, Volker Thiele und Kathrin Heidbrink

Vorbemerkungen

In digitalen Bodenbelastungskarten wird im Maßstab 1:50 000 die flächenbezogene Verbreitung potentieller Schadstoffe (Schwermetalle, PAK, PCB) in Oberböden durch Interpolation punktbezogener Meßwerte abgeschätzt. Dabei werden Daten über Stoffgehalte in Böden mit Daten über Belastungsursachen (Bodenausgangsgesteine, Überschwemmungen, Immissionen, Nutzungen) verknüpft. Für die Bearbeitung digitaler Bodenbelastungskarten wurde speziell angepaßte Software für die Datenerfassung und -verarbeitung sowie die räumliche Interpolation und kartographische Darstellung entwickelt. Diese werden in erster Linie den für Bodenschutz zuständigen kommunalen Behörden zur Verfügung gestellt. Digitale Bodenbelastungskarten können insbesondere für die sich aus der Bodenschutzgesetzgebung ergebenden Aufgaben zum Umgang mit schädlichen Bodenveränderungen eingesetzt werden.

Einleitung und Zielsetzung

Digitale Bodenbelastungskarten enthalten Angaben über persistente Schadstoffe (z.B. Schwermetalle, PAK, PCB) in Oberböden der Nutzungsarten Acker, Grünland (jeweils A-Horizonte) und Wald (A-Horizont und organische Auflage). In digitalen Bodenbelastungskarten wird im Maßstab 1:50 000 in einem vorher festgelegten Untersuchungsgebiet, z.B. einem Kreis oder einer kreisfreien Stadt, die Verbreitung der Schadstoffe flächenbezogen dargestellt. Dabei werden flächenhafte Belastungsursachen, die sich aus Bodenausgangsgesteinen, Nutzungen, Überschwemmungen oder Immissionen ergeben, berücksichtigt.

Digitale Bodenbelastungskarten wurden als ein Modul des Bodeninformationssystems (BIS NRW) im Landesumweltamt Nordrhein-Westfalen entwickelt. Zur Datenerfassung, Datenverarbeitung, räumlichen Interpolation und Darstellung der Daten in Karten werden speziell angepaßte Datenbankensysteme und GIS-Werkzeuge benötigt. Die Methode zur Erstellung digitaler Bodenbelastungskarten wird seit 1995 in ausgewählten Untersuchungsgebieten des Landes Nordrhein-Westfalen getestet und eingesetzt. Dies sind insbesondere die Stadt Neuss und der Oberbergische Kreis.

Mit Hilfe digitaler Bodenbelastungskarten werden für die kommunale Verwaltung Grundlagen bereitgestellt, die für Aufgaben des Bodenschutzes und zur Beantwortung anderer bodenschutzrelevanter Fragen wesentlich sind. Insbesondere können damit die sich aus der Bodenschutzgesetzgebung ergebenden Aufgaben zum Umgang mit schädlichen Bodenveränderungen im Sinne von § 2 des Bundes-Bodenschutzgesetzes vorbereitet werden. In einem ersten Schritt werden großräumige Verdachtsflächen auf schädliche Bodenveränderungen erfaßt. Weitere Anwendungsbereiche sind:

- die Ermittlung und Abgrenzung von Gebieten mit einheitlichen regionalen und lokalen Hintergrundwerten,
- die Ermittlung und Abgrenzung von Gebieten mit niedrigen Stoffgehalten in Böden für Fragen der Abfallverwertung,
- die Kennzeichnung besonders belasteter Böden im Rahmen der Bauleitplanung,
- die Darstellung der Umgebungssituation bei Altlast-Verdachtsflächen und
- die Beurteilung der stofflichen Bodenbelastung im Einflußbereich geplanter Anlagen.

Nachfolgend werden die für digitale Bodenbelastungskarten zu berücksichtigenden Einflußfaktoren der stofflichen Bodenbelastung beschrieben, die methodischen Grundlagen zur räumlichen Interpolation von Punktdaten dargestellt, die Daten- und Kartengrundlagen genannt, die benötigte Rechnerausstattung angegeben, die wesentlichen Arbeitsschritte der Bearbeitung beschrieben und Anwendungsbereiche vorgestellt.

Allgemeine Grundlagen

Auswahl der zu erfassenden Stoffe

In digitalen Bodenbelastungskarten werden die Stoffgehalte in Böden erfaßt, von denen Beeinträchtigungen der Bodenfunktionen ausgehen können. Neben der Human-, Zoo- und Phytotoxizität ist die Persistenz der Stoffe und damit das Anreicherungsvermögen sowie deren Verbreitung in Böden wichtig. Für digitale Bodenbelastungskarten sind daher folgende anorganische und organische Stoffe in Böden zu untersuchen:

- Anorganische Stoffe (Metalle), insbesondere As, Cd, Cr, Cu, Hg, Ni, Pb, Tl und Zn.
- Bei der Untersuchung der Böden mit Multielementanalysegeräten (z.B. ICP) können ggf. zusätzlich die Metalle Sb, Be, Bi, Co, V und Sn bestimmt werden. Für die genannten Stoffe sind grundsätzlich die Gesamtgehalte durch einen Königswasseraufschluß oder mit vergleichbaren Methoden zu erfassen.
- Organische Stoffe, insbesondere PAK (16 nach EPA) und PCB (Nr. 28, 52, 101, 138, 153, 180).

- Sollten Informationen über großräumige Einträge in den Untersuchungsgebieten zu weiteren organischen Stoffe wie z.B. PCDD/F vorliegen, sind diese zusätzlich zu berücksichtigen.

Einflußfaktoren der stofflichen Belastung

Zur Aufnahme in digitale Bodenbelastungskarten sind die Ursachen für räumlich darstellbare und regelhaft auftretende stoffliche Belastungen und deren Einfluß flächenbezogen darzustellen. Hierzu zählen die Bodennutzung (Nutzungseinfluß), Überflutungen (Überschwemmungseinfluß), regionale und lokale Immissionen (Immissionseinfluß) und bei anorganischen Stoffen zusätzlich die oberflächennahen Gesteine (Einfluß der Bodenausgangsgesteine).

Die Einflußfaktoren können nicht immer trennscharf anthropogenen oder natürlichen Quellen zugeordnet werden. Oft sind gleitende Übergänge vorhanden, die bei einzelnen Stoffen von ganz unterschiedlicher Bedeutung sein können. Sie bestimmen die räumlichen Verteilungsmuster der Stoffe sowohl horizontal im Oberbodenhorizont als auch vertikal im Bodenprofil. Die Vielzahl der Quellen läßt sich vereinfacht über die Ausbreitungsmedien erfassen, die den Eintrag der Stoffe in die Böden bedingen. Hier sind neben direkten Verunreinigungen durch den Menschen das Bodenausgangsgestein, das Wasser und die Luft zu nennen. Ferner ist bei allen Medien die Entfernung zur Schadstoffquelle von Bedeutung. Sie bestimmt den Grad der Verdünnung und damit die Einträge in die Böden.

Aufgrund der verschiedenen Eintrags- und Expositionsbedingungen entstehen sowohl punktuelle als auch flächenhafte Belastungen. Durch die Bodenbewirtschaftung (bei ackerbaulicher und gärtnerischer Nutzung) werden die Stoffe nicht nur an der Oberfläche, sondern auch in der Tiefe verteilt und damit verdünnt, ggf. zusätzlich durch Erosion horizontal verlagert.

Die zu erfassenden organischen Stoffe werden fast ausschließlich durch menschliche Aktivitäten eingetragen, so daß die räumlichen Verteilungsmuster in den Böden keinen Bezug zum Ausgangsgestein aufweisen. Sie spiegeln eher die regionalen Emissions- und Depositionsbedingungen wieder und sind daher fast ausschließlich auf die Oberböden begrenzt. Das bedeutet, daß der Bodennutzung und dem Überschwemmungseinfluß auf den jeweiligen Flächen eine hohe Bedeutung für die Verteilung der Stoffgehalte in den Oberböden zukommt. In Tabelle 1 werden die genannten Einflußfaktoren hinsichtlich ihrer Bedeutung für die Gehalte der Stoffe in Böden bewertet.

Räumliche Interpolation von Punktdaten

Die konventionelle Darstellung stofflicher Belastungen von Böden beschränkte sich darauf, in Karten Probennahmepunkte durch Farbe, Größe oder Textzusatz hinsichtlich des Belastungsgrades bzw. der Meßwerte zu kennzeichnen. Zur Konstruktion flächendeckender Karten wurden die Daten über die Stoffgehalte in Oberböden,

Tabelle 1. Angabe der in digitalen Bodenbelastungskarten zu erfassenden Stoffe sowie räumlich darstellbare Einflußfaktoren der Bodenbelastung und ihre Bedeutung für die Stoffgehalte (++ sehr bedeutend, + bedeutend, o wechselnd bedeutend, – unbedeutend, ? keine Aussage möglich)

Einflußfaktoren	anorganische Stoffe (Metalle)									organische Stoffe	
	As	Cd	Cr	Cu	Hg	Ni	Pb	Tl	Zn	PAK	PCB
Gestein	o	o	+	++	+	++	o	++	++	–	–
Bodennutzung	+	+	+	+	+	+	+	+	+	++	+
Überschwemmungen	o	o	o	o	o	o	o	o	o	o	o
Immissionen (bezogen auf Grünland)	?	++	o	+	?	o	++	?	++	++	+

die auf der Basis punktbezogener Meßwerte an Probennahmestellen beruhen, räumlich interpoliert.

Aufgrund ihrer plausiblen und nachvollziehbaren Ergebnisse werden für klimatologische, geologische und bodenkundliche Fragestellungen geostatistische Methoden, wie z.B. das Kriging-Verfahren, eingesetzt (Streit 1981, Heinrich 1992, Wackernagel und Hudson 1992, Akin 1992, Pilz 1992). Ziel der raumbezogenen Interpolation auf der Basis geostatistischer Verfahren ist die bestmögliche Schätzung der zu erwartenden Werte anhand einer Stichprobe. Geostatistische Verfahren können nur angewendet werden, wenn die folgenden Annahmen erfüllt sind (vgl. Heinrich 1992):

- stochastische Verteilung der Werte (Verteilung durch zufällige Fehler),
- Autokorrelation, Persistenz, Stetigkeit (räumliche Stetigkeit, keine systematischen Sprünge) und
- keine zeitlichen Komponenten.

Der Ansatz, durch geostatistische Verfahren die punktuell gewonnenen Meßwerte der Stoffgehalte in Böden in die Fläche zu übertragen, ist durchaus problematisch, weil die Annahme der Persistenz und Stetigkeit an den Grenzen zwischen unterschiedlichen oberflächennahen Gesteinen, unterschiedlichen Bodennutzungen und Gebieten mit bzw. ohne Überschwemmungen nicht erfüllt ist. Da die Ursachen dafür aber bekannt sind, können durch entsprechende Korrekturen (= Effektbereinigung) Persistenz und Stetigkeit hergestellt werden.

Vor der eigentlichen Interpolation müssen im Rahmen der Effektbereinigung die Einflußfaktoren (oberflächennahe Gesteine, Bodennutzung, ggf. Überschwemmung) ermittelt werden. Die Korrektur wird für jeden in die Interpolation eingehenden Probennahmepunkt und für jeden zu betrachtenden Stoff mit der folgenden Formel durchgeführt:

$$S_B = (S - G)^* \, NF^* \, ÜF \qquad \text{(Gleichung 1)}$$

wobei S_B = Stoffgehalt im Oberboden, bereinigt um die Einflußfaktoren Gesteine, Bodennutzung und Überschwemmung; S = Stoffgehalt im Oberboden; G = Stoffgehalte der Gesteine; NF = Nutzungsfaktor; ÜF = Überschwemmungsfaktor ist.

Zunächst werden die Stoffgehalte der oberflächennahen Gesteine von den an den Probennahmepunkten gemessenen Stoffgehalten subtrahiert. Nach der Ermittlung der für die weitere Korrektur notwendigen Nutzungs- und Überschwemmungsfaktoren können nach o.g. Formel die Stoffgehalte bereinigt bzw. standardisiert werden, um dann im nächsten Schritt die Interpolation durchzuführen.

Die räumliche Interpolation führt zu verschiedenen Ergebniskarten (vgl. Abb. 1). In der ersten Ergebniskarte werden die geschätzten Stoffgehalte flächenbezogen dargestellt, wobei die Einflußfaktoren Gesteine, Überschwemmung und Bodennutzung berücksichtigt sind. Das Ergebnis ist eine standardisierte Werteoberfläche in Form eines Rasters, in dem für jede Rasterzelle von 50 m x 50 m ein durch die Interpolation ermittelter Wert vorliegt. Parallel zu dieser Karte wird durch Klassifizierung der Semivarianzen der Schätzgüte (niedrig, mittel, hoch) die zweite Ergebniskarte als Karte der Schätzgüte generiert.

Durch Rückrechnen der Korrekturen aus der Effektbereinigung (= Effektberücksichtigung) zeigt sich in der Karte der geschätzten Stoffgehalte ein reales Bild der stofflichen Bodenbelastung (3. Ergebniskarte). Die Berechnung (Gleichung 2) erfolgt durch Umformen der Gleichung 1 schrittweise für jede Rasterzelle. Für die Rückrechnung werden im gleichen Rasterformat die Karten der oberflächennahen Gesteine, der Nutzungen und der Überschwemmungsgebiete benötigt.

$$S = \frac{S_D}{NF*UF} + G \qquad \text{(Gleichung 2)}$$

Die Klassifizierung der geschätzten bereinigten Stoffgehalte in Böden (2. Ergebniskarte) anhand der regionalen Hintergrundwerte (< 50. Perzentil, 50. bis 90. Perzentil, > 90. Perzentil) liefert die Karte der geschätzten Bodenbelastung (4. Ergebniskarte). Durch Verschneidung dieser Karte mit der Karte der Schätzgüte (2. Ergebniskarte) und entsprechender Klassifizierung bezüglich des Untersuchungsbedarfes (niedrig, mittel, hoch) entsteht die Karte des Untersuchungsbedarfes (5. Ergebniskarte), die für die Meßnetzplanung für ergänzende Bodenuntersuchungen im betrachteten Untersuchungsgebiet benötigt wird.

Daten- und Kartengrundlagen

Datengrundlage für digitale Bodenbelastungskarten sind Angaben über Stoffgehalte in Böden und deren Einflußfaktoren. Für die Berücksichtigung der Einflußfaktoren werden Informationen über die Schwermetallgehalte der oberflächennahen Gesteine, die Bodennutzung und von Überschwemmungsgebieten herangezogen. Für Auswertungen sind darüber hinaus Informationen zu weiteren Belastungsquellen

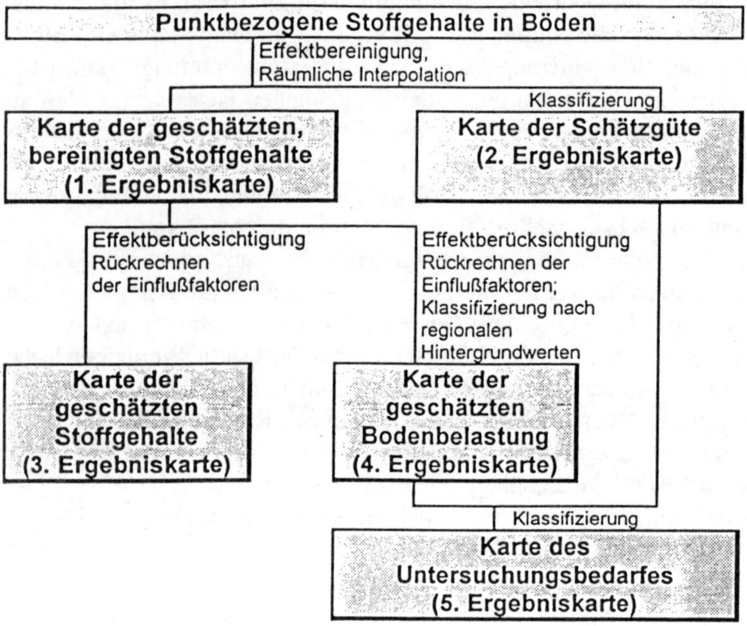

Abb. 1. Ergebniskarten der räumlichen Interpolation von Daten über Stoffgehalte in Böden

erforderlich, wie Daten und Karten zu Altlastenverdachtsflächen, Emittentenstandorten, Klärschlammverwertungsflächen, Bergbaugebieten, Halden, Erzgängen oder Immissionsgebieten. Topographische Karten werden als Hintergrund für die kartographische Darstellung benötigt. Tabelle 2 gibt einen Überblick über die benötigten Informationsgrundlagen. Alle Informationsgrundlagen müssen digital vorliegen. Vorhandene analoge Grundlagen müssen digitalisiert bzw. in Datenbanken organisiert werden.

Nachfolgend werden Einzelheiten zur Beschaffung und Aufbereitung der Daten- und Kartengrundlagen beschrieben.

- Daten über Stoffgehalte in Böden von Nordrhein-Westfalen werden im Fachinformationssystem Stoffliche Bodenbelastung (FIS StoBo) bereitgestellt (Neite 1997). Der komplette Datenbestand des FIS StoBo wird im Landesumweltamt verwaltet. Zur Erfassung dieser Daten wurde ein DV-Baustein entwickelt, mit dessen Hilfe die Daten in eine ACCESS-Datenbank im FIS StoBo-Format aufgenommen werden können. Für die Erstellung digitaler Bodenbelastungskarten wird zunächst geprüft, welche Daten zusätzlich zu denen des FIS StoBo für das Untersuchungsgebiet vorliegen. Diese Daten werden mit dem Erfassungsbaustein aufgenommen und in das FIS StoBo eingestellt. Anschließend werden die Daten aus dem FIS StoBo für das Untersuchungsgebiet selektiert und in den Datenbankbaustein für die Erstellung digitaler Bodenbelastungskarten integriert. Dieser Datenauszug ist die Ausgangsbasis für die weiteren Arbeitsschritte zur Erstellung digitaler Bodenbelastungskarten.

Tabelle 2. Übersicht über die zur Erstellung digitaler Bodenbelastungskarten benötigten Daten- und Kartengrundlagen. Angabe der Datenquellen, der datenführenden Stellen und des benötigten Datentyps

Bezeichnung	Datenquellen	datenführende Stellen	Datentyp
Stoffgehalte in Böden	FIS StoBo	Landesumweltamt, Kommunen	Datenbank-Tabelle
Bodennutzung	ATKIS	Landesvermessungsamt	Karte im Vektorformat
oberflächennahe Gesteine	digitale Bodenkarte 1:50 000, geologische Karten, Schwermetallgehalte der Gesteine	Geologisches Landesamt Datenbank-Tabelle	Karte im Vektorformat
Überschwemmungsgebiete	Karten und Verzeichnisse der Überschwemmungsgebiete	Staatliche Umweltämter, Kommunen	Karte im Vektorformat
Hintergrundwerte	FIS StoBo	Landesumweltamt	Datenbank-Tabelle
Siedlungsbereich	Flächennutzung	Kommunen	Karte im Vektorformat
Topographie	topographische Karten (TK 50, DGK 5)	Landesvermessungsamt	Karte im Rasterformat
Altlast-Verdachts flächen	Karten und Verzeichnisse der Standorte	Kommunen, Staatliche Umweltämter	Datenbank-Tabelle*
Emittentenstandorte	Karten und Verzeichnisse der Standorte	Landesumweltamt, Kommunen	Datenbank-Tabelle*
Klärschlammverwertungsflächen	Klärschlammkataster	Kommunen	Karte im Vektorformat
Bergbaugebiete, Halden und Erzgänge	Karten und Verzeich nisse der Standorte	Kommunon, Borgämter	Datenbank-Tabelle*
Immissionen	Immissionskataster	Kommunen, Staatliche Umweltämter, Landes umweltamt	Karte im Vektorformat

* ggf. ergänzt um Karten im Vektorformat

- Das Amtliche Topographisch-Kartographische Informationssystem (ATKIS) enthält bundeseinheitlich den digitalen topographischen Datenbestand über die dreidimensionale Struktur (Topographie) der Erdoberfläche. Die topographischen Objekte sind im Vektorformat gespeichert. Neben den Geometrien sind in der Datenbank des ATKIS die Informationen über die Art der Objekte und über ihre Darstellung in einer topographischen Karte abgelegt. Die Daten werden im Maßstab 1:5.000 erfaßt und für den Nutzer im Maßstab 1:25.000 aufbereitet. Für die Erstellung digitaler Bodenbelastungskarten werden die Informationen über die Bodennutzung benötigt. Die Karte der Bodennutzungen wird erzeugt, indem die Geometrien und die weiteren Informationen zur Bodennutzung extrahiert und in ein Verfahren der Automatisierten Liegenschaftskarte (ALK GIAP-Verfahren) überführt werden.

- Die Stoffgehalte in Böden sind unterschiedlicher Herkunft. Insbesondere Schwermetalle können bereits in hohen Konzentrationen im Ausgangsgestein der Bodenbildung vorhanden sein. Sie gelangen während der Prozesse der Bodenbildung in den Boden. Diese geogen bedingten Schwermetallgehalte werden seit langem von den anthropogen eingetragenen Schwermetallgehalten überlagert. Die gemessenen Schwermetallgehalte in Oberböden entsprechen daher immer der Summe der geogen bedingten Grundbelastung und der anthropogen bedingten Zusatzbelastung. Die Kenntnis der Schwermetallgehalte oberflächennaher Gesteine ist eine Grundlage für die Effektbereinigung, die wiederum Voraussetzung für die Interpolation mittels geostatistischer Verfahren zur Ableitung des Flächenbezugs aus den punktbezogenen Daten ist. Zur Effektbereinigung müssen die Probennahmepunkte den oberflächennahen Gesteinen zugeordnet und diesen Daten über Schwermetallgehalte zugewiesen werden. Zur Effektberücksichtigung werden die Informationen über Flächen gleicher Schwermetallgehalte in Form einer thematischen Karte im gleichen Rasterformat wie die Ergebniskarten benötigt. Aus der Bodenkarte 1:50 000 (BK 50) des Geologischen Landesamtes NRW werden die Einheiten der oberflächennahen Gesteine unter genetischen Gesichtspunkten aggregiert. Den aggregierten Flächeneinheiten werden aus einer Datenbank, die ebenfalls beim Geologischen Landesamt vorgehalten wird, die Schwermetallgehalte der oberflächennahen Gesteine zugeordnet.
- Die Abgrenzung von Überschwemmungsflächen liegt bei den zuständigen Fachbehörden häufig noch nicht digital vor. Zur Erstellung der Karte der Überschwemmungsgebiete werden neben der Karte der gesetzlich festgelegten Überschwemmungsgebiete außerdem historische Karten, die Bodenkarte sowie andere topographische Karten zur Erfassung der aktuellen Überschwemmungsflächen hinzugezogen und digital aufbereitet. Auf Basis der Datenlage muß von Fall zu Fall entschieden werden, welche Karten für das Untersuchungsgebiet relevant sind.
- Nach einer Empfehlung der Bund/Länder-Arbeitsgemeinschaft Bodenschutz (LABO 1998) werden zur Charakterisierung von Hintergrundwerten und deren Verteilung die 50. und 90. Perzentile angegeben. Die Hintergrundwerte werden nach Ausgangsgesteinen, Nutzungsarten und siedlungsstrukturellen Gebietstypen differenziert. Für die Bewertung der flächenbezogenen stofflichen Bodenbelastung werden die Ergebnisse der Interpolation wie folgt eingeteilt: geringe Belastung < 50. Perzentil, mittlere Belastung 50. bis 90. Perzentil, hohe Belastung > 90. Perzentil der regionalen Hintergrundwerte.
- Digitale Bodenbelastungskarten werden außerhalb von Siedlungsbereichen für naturnahe Nutzungen (Acker, Grünland, Wald) im Maßstab 1:50 000 (im Einzelfall ist eine Darstellung bis 1:20 000 möglich) aufgestellt. Aufgrund dieser Rahmenbedingungen sind die Anwendungsmöglichkeiten dieses Kartenwerks im Siedlungsbereich, der häufig kleinräumig gegliedert ist und daher im Maßstab 1:50 000 nicht ausreichend aufgelöst werden kann, eingeschränkt. In den Siedlungsbereichen mit überwiegend anthropogen geprägten Böden kann die stoffliche Belastung z.B. in großmaßstäblichen Stadtbodenkarten dargestellt werden.
- Die topographischen Karten dienen bei der Visualisierung der Ergebnisse als Kartenhintergrund. Für diesen Zweck sind digitale Karten im Rasterformat am

besten geeignet. Die Karten im Maßstab 1:50 000 (TK 50) werden zur Darstellung der Ergebniskarten eingesetzt. Die Deutsche Grundkarte im Maßstab 1:5000 (DGK 5) wird für die Meßnetzplanung und die Probennahme als Hintergrundkarte verwendet. Beide Kartenwerke liegen für NRW flächendeckend digital im Rasterformat vor.

- Altlast-Verdachtsflächen (Altablagerungen und Altstandorte) und Emittentenstandorte werden in digitalen Bodenbelastungskarten nachrichtlich (z.B. mit Symbolen) dargestellt. Angaben bezüglich ihrer Eigenschaften werden in einer ACCESS-Tabelle abgelegt. Auch Informationen über landwirtschaftlich genutzte Flächen, auf denen Klärschlamm verwertet wurde, werden zur Bewertung vorhandener stofflicher Bodenbelastungen herangezogen. Diese Flächen werden von den Kommunen in Klärschlammkatastern erfaßt und liegen z.T. in Karten vor. Informationen über Flächen, auf denen in der Vergangenheit oberirdisch Bergbau betrieben wurde oder auf denen Bergehalden angelegt wurden, sowie Flächen mit oberirdisch austretenden Erzgängen werden ebenfalls zur Bewertung vorhandener stofflicher Bodenbelastungen benötigt. Diese Flächen werden nachrichtlich (z.B. mit Symbolen) dargestellt und alle relevanten Angaben in einer ACCESS-Tabelle abgelegt. Informationen über Stoffeinträge in Böden über den Luftpfad (die in Immissionskatastern vorliegen) werden ebenfalls zur Bewertung von vorhandenen Bodenbelastungen benötigt.

Hard- und Software

Die Erstellung digitaler Bodenbelastungskarten wird mit Datenverarbeitungs-(DV)-gestützten Bausteinen und Werkzeugen durchgeführt. In Tabelle 3 sind die benötigten DV-Bausteine und Werkzeuge des Fachinformationssystems Stoffliche Bodenbelastung (FIS StoBo) und des Moduls Digitale Bodenbelastungskarten (BBK) aufgeführt sowie die Funktionen genannt, die damit erfüllt werden können. In einer weiteren Spalte ist die für die Bearbeitung erforderliche Software angegeben.

Die DV-Werkzeuge zur Erstellung digitaler Bodenbelastungskarten sind in unterschiedlichen DV-Umgebungen lauffähig. So ist die Erstellung der Karten mit bereits aufbereiteten Datengrundlagen auf einem leistungsstarken PC möglich. Dabei werden folgende Ausstattungsmerkmale empfohlen:

- Betriebssysteme: MS WINDOWS 3.1 bzw. 3.11, WINDOWS 95 oder Windows NT 4.0.
- Prozessor: Pentium; Arbeitsspeicher: 32 MB RAM; Festplatte: 2 GB; Graphikkarte: Auflösung: 1024 x 768, Speicher: 2 MB, Farben: 16 Mio.

Tabelle 3. Liste der DV-Bausteine und Werkzeuge sowie Angabe der Funktionen und der Software, die für das Fachinformationssystems Stoffliche Bodenbelastung (FIS StoBo) und für die Bearbeitung von digitalen Bodenbelastungskarten (BBK) benötigt werden

Bausteine/ Werkzeuge	Funktionen	Software
Fachinformationssystem Stoffliche Bodenbelastung (FIS StoBo)		
Erfassungsbaustein für Daten	Erfassung von Daten über Stoffgehalte in Böden	MS ACCESS
Erfassungsbaustein für Metainformationen	Erfassung von Informationen über die Datenherkunft und Verwendung	MS WINWORD
Werkzeuge zur Daten verwaltung	Verwaltung und Pflege der Daten	MS ACCESS (INGRES)
Selektions- und Auswertebaustein	Selektion, Visualisierung und Auswertung der Daten	MS WINWORD, MS EXCEL, SICAD/SD, ODBC-Treiber
Bodenbelastungskarten (BBK)		
Datenverwaltung	Verwaltung der Daten- und Kartengrundlagen sowie der Ergebniskarten	MS ACCESS
Werkzeuge zur Aufbereitung der Kartengrundlagen	Digitalisieren, Konvertieren und Erstellen der ALK-GIAP-Verfahren	ALK GIAP, ARC INFO
Datenbankbaustein	Datenverwaltung, Validierung der Daten, Berücksichtigung der Einflußfaktoren	MS ACCESS
Baustein zur Ermittlung des Untersuchungsbedarfes	räumliche Interpolation, Erstellung der Ergebniskarten, Meßnetzplanung	keine
Werkzeug zur Visualisierung der Ergebnisse	Visualisierung und Auswertung der Ergebnisse in Form thematischer Karten	SICAD/SD, ARC VIEW

Arbeitsschritte zur Erstellung digitaler Bodenbelastungskarten

In digitalen Bodenbelastungskarten wird die Verbreitung der stofflichen Bodenbelastung flächenbezogen dargestellt. Die dazu notwendigen Arbeitsschritte sind in Abb. 2 schematisch dargestellt. Die Grundlage liefern punktbezogen gewonnene Daten über Stoffgehalte in Böden, die im Fachinformationssystem Stoffliche Bodenbelastung (FIS StoBo) vorgehalten werden oder aus Untersuchungsprogrammen zur Ermittlung der stofflichen Belastung von Böden stammen. In einem ersten Schritt wird das Untersuchungsgebiet festgelegt. Nach der Beschaffung und Aufbereitung der erforderlichen Daten- und Kartengrundlagen sowie der Bereitstellung der notwendigen DV-Bausteine und Werkzeuge wird wie oben beschrieben die räumliche Interpolation vorliegender validierter Daten durchgeführt. Ziel dieses Bearbeitungsschrittes ist es, den Bedarf für eine ergänzende Meßnetzplanung und ggf. erforderliche Untersuchungen zu ermitteln. Im einzelnen sind die in Abb. 2 dargestellten Arbeitsschritte bei der Erstellung digitaler Bodenbelastungskarten durchzuführen, die nachfolgend erläutert werden.

- Digitale Bodenbelastungskarten werden für naturnahe Nutzungen (Acker, Grünland, Wald) in den Außenbereichen der Kreise oder Städte im Maßstab 1:50 000 erstellt. Das Untersuchungsgebiet kann von den zuständigen Stellen beispielsweise anhand ihrer Verwaltungsgrenzen festgelegt werden. Das Gebiet sollte aus Gründen der Darstellung im Maßstab 1:50 000 mindestens 50 km^2 groß sein. Siedlungsbereiche sind, wenn sie keine naturnahen Böden aufweisen, nicht Bearbeitungsgebiete der digitalen Bodenbelastungskarte. Sie können ggf. nach der Methodik der Stadtbodenkartierung im Maßstab 1:5000 kartiert werden, um den Aufbau, die Zusammensetzung und die Eigenschaften anthropogen geprägter Böden zu erfassen und diese Böden hinsichtlich planungsrelevanter Fragestellungen zu bewerten.
- Für ein Untersuchungsgebiet werden die in Tabelle 2 genannten Daten- und Kartengrundlagen sowie die in Tabelle 3 angegebenen DV-Bausteine und Werkzeuge für die weiteren Bearbeitungsschritte benötigt.
- Die Daten über Stoffgehalte in Böden, die für die Erstellung digitaler Bodenbelastungskarten verwendet werden, müssen bestimmten Qualitätsanforderungen, z. B. bzgl. der genauen Herkunft der Bodenproben (Untersuchungsprogramm) und deren analytischer Untersuchung (Probennahmetechnik, Probenvorbereitung, Analysevorschriften mit Bestimmungsgrenzen) erfüllen. Geeignet sind nur Daten, die neben den Angaben zu Stoffgehalten weitere Informationen zur Identifikation (Datum der Entnahme, eindeutige Probennummer), zum Raumbezug (Rechts- und Hochwert), zu bodenkundlichen Parametern (pH-Wert, Skelettanteil, Bodenart, Raumgewicht, Gehalt an organischer Substanz) und anderen Parametern (aktuelle Nutzungsart, Entnahmetiefe oder -horizont, oberflächennahes Gestein, Lage im Überschwemmungsgebiet, Verdacht auf Bodenbelastungen) aufweisen.
- Voraussetzung für die räumliche Interpolation von Punktdaten über Stoffgehalte in Böden ist die Berücksichtigung der räumlich abgrenzbaren Einflußfaktoren Nutzung, Gesteine und Überschwemmung. Hierfür wird eine Effektbereinigung aller Datensätze durchgeführt (vgl. Kapitel zu Allgemeinen Grundlagen).
- Die räumliche Interpolation der Daten über Stoffgehalte in Böden erfolgt nach der Kriging-Methode (s.o.). Als erstes Ergebnis dieses geostatistischen Verfahrens werden flächenbezogene geschätzte Stoffgehalte und die Schätzgüte ermittelt. Ein Bedarf für zusätzliche Untersuchungen besteht insbesondere in den Gebieten, für die eine unzureichende Schätzgüte ermittelt wurde (dies sind im allgemeinen Gebiete, die bisher wenig beprobt wurden) und für die, nach einem Vergleich mit Hintergrundwerten, eine hohe Belastung (Gehalte liegen über dem 90. Perzentil der regionalen Hintergrundwerte) nachgewiesen wurde. Anhand der bis zu diesem Arbeitsschritt durchgeführten Auswertungen kann entschieden

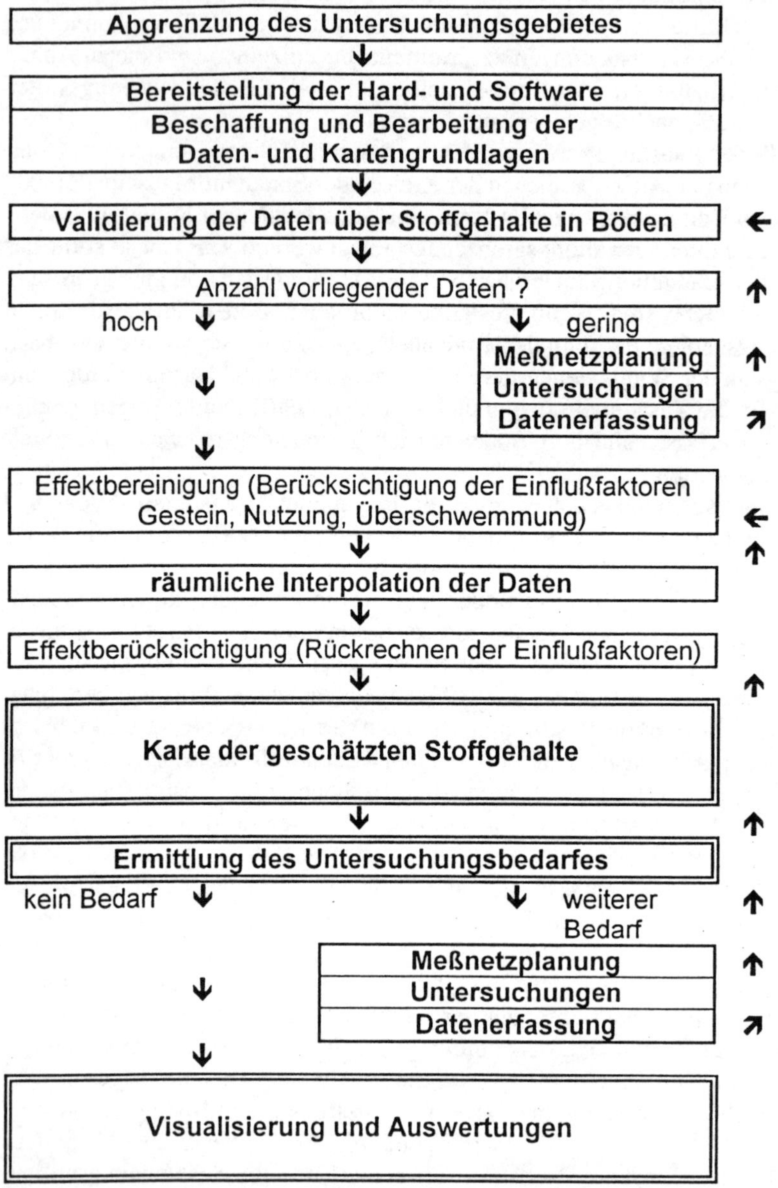

Abb. 2. Arbeitsschritte zur Erstellung digitaler Bodenbelastungskarten

werden, ob eine zusätzliche Meßnetzplanung und ergänzende Untersuchungen im Untersuchungsgebiet erforderlich sind.

- Ziel einer Meßnetzplanung auf Grundlage der Karte des Untersuchungsbedarfes ist die Verdichtung der Probennahmestandorte in bisher wenig untersuchten Gebieten und eine genauere Abgrenzung von Gebieten, für die eine hohe Belastung ausgewiesen wurde. Die Beprobungsdichte richtet sich in erster Linie nach dem ermittelten Untersuchungsbedarf. Aus statistischer Sicht sollte pro 4 km^2 mindestens ein Meßpunkt vorhanden sein.
- Nach den Vorgaben der Meßnetzplanung können an ausgewiesenen Probennahmestandorten Bodenuntersuchungen durchgeführt werden. Für die Auswahl der Probennahmestandorte sowie die Probennahme, Probenaufbereitung und Analytik werden einheitliche Arbeitsschritte und Methoden angewandt (Heidbrink und Sopczak 1998).

Anwendungsbereiche digitaler Bodenbelastungskarten

Erfassung von großräumigen Verdachtsflächen auf schädliche Bodenveränderungen

Auf Grundlage der Karte der geschätzten Stoffgehalte können Flächen mit Beeinträchtigungen der Bodenfunktionen ausgewiesen und abgegrenzt werden, deren Böden Stoffgehalte aufweisen, die im Vergleich mit Prüfwerten für die Wirkungspfade Boden-Mensch oder Boden-Pflanze als belastet eingestuft werden müssen (Ermittlung von Flächen mit schädlichen Bodenveränderungen i.S.d. § 2 BBodSchG, mit Ausnahme von Altlasten bzw. Altablagerungen und Altstandorten i.S.d. § 28 LAbfG).

Darstellung der geschätzten Stoffgehalte in Böden

Als Ergebnis der räumlichen Interpolation vorliegender punktbezogener Daten über Stoffgehalte in Böden können für jeden Stoff die geschätzten Gehalte flächenbezogen im Maßstab 1:50 000 angegeben werden. In Abb. 3 sind beispielhaft die geschätzten Zinkgehalte (Königswasserextraktion, mg/kg Trockensubstanz) in Oberböden am Beispiel der Stadt Neuss dargestellt. Die hier erkennbaren Stoffverteilungen zeigen ein regelhaftes Bild. Der Westen und Süden des Untersuchungsgebietes weist demnach Zinkgehalte auf, die im Durchschnitt unterhalb von 200 mg/kg liegen. Höhere Konzentrationen in Oberböden zeigen sich hauptsächlich im Bereich des Neusser Hafens sowie in den Überschwemmungsgebieten des Rheins und seiner Nebenflüsse. Neben den anthropogenen Quellen wie Abwassereinleitungen und Emissionen aus Gewerbe- und Industriebetrieben gelten auch metallreiche (= erzhaltige) Sedimente als Ursache für die Anreichung in den Auenbereichen. Eine Auffälligkeit der Zinkgehalte bildet ein Gebiet im Südosten der

Stadt. Dabei handelt es sich um den Standort einer ehemaligen Zinkhütte. Die höheren Zinkgehalte in den Oberböden sind auf Depositionen zinkhaltiger Stäube zurückzuführen.

Der Anwendungsbereich dieser Ergebniskarte ist auf den Maßstab 1:50 000 begrenzt. Eine Vergrößerung der Karte ist, bedingt durch die als Informationsgrundlage herangezogene digitale Bodenkarte 1:50 000, nicht zulässig. Aufgrund des vorgegebenen Maßstabes zeigt die Karte der geschätzten Stoffgehalte daher keine kleinräumigen Bodenbelastungen auf.

Durch weitergehende Auswertungen können die Ergebnisse der geschätzten Stoffgehalte in Böden unter Berücksichtigung der genannten Darstellungsmöglichkeiten u.a. für die nachfolgend genannten Anwendungsbereiche genutzt und in Form weiterer Auswertungskarten dargestellt werden.

Ermittlung und Abgrenzung von Gebieten mit einheitlichen regionalen und lokalen Hintergrundwerten

Auf Grundlage der Karte der geschätzten Stoffgehalte kann eine Klassifizierung nach den regionalen Hintergrundwerten für NRW zur räumlichen Darstellung von Gebieten mit hoher, mittlerer und geringer Belastung vorgenommen werden. Die dafür heranzuziehenden regionalen Hintergrundwerte sind in den Tabellen 4a und 4b angegeben. In Abb. 4 wurden die geschätzten Zinkgehalte für Böden aus der Abb. 3 nach den regionalen Hintergrundwerten (50. und 90. Perzentilwerte) für die Stadt Neuss klassifiziert und Gebiete mit hoher, mittlerer und geringer Belastung flächenbezogen dargestellt.

Auf Grundlage der Karte der geschätzten Stoffgehalte lassen sich unter Berücksichtigung der Immissions-, Gesteins-, Nutzungs-, Überschwemmungseinflüsse die bisherigen Abgrenzungen der regionalen Hintergrundwerte überprüfen und ggf. darüber hinausgehende differenziertere lokale Hintergrundwerte ermitteln und darstellen.

Regionale und lokale Hintergrundwerte können bei der ursachenbezogenen Einzelfall-Beurteilung herangezogen werden. Dabei geht es vor allem um die Frage, ob die ermittelten Stoffgehalte der Böden auf der zu beurteilenden Fläche sich aus dem Belastungsniveau ihrer Umgebung hervorheben und ob die Stoffgehalte der zu beurteilenden Fläche Ursache z.B. einer Grundwasser- oder Luftbelastung sind bzw. sein können.

Kennzeichnung besonders belasteter Böden im Rahmen der Bauleitplanung

Nach § 5 Abs. 3 Nr.3 des Baugesetzbuches (BauGB) sollen im Flächennutzungsplan für bauliche Nutzungen vorgesehene Flächen gekennzeichnet werden, deren Böden erheblich mit umweltgefährdenden Stoffen belastet sind. Dies ist der Fall, wenn die Belastung nach Art, Beschaffenheit oder Menge gesundheits-, boden-,

Abb. 3. Bodeninformationssystem NRW. Digitale Bodenbelastungskarte Stadt Neuss: Geschätzte Zinkgehalte in Oberböden – 3. Ergebniskarte. Grundlage: Daten über Stoffgehalte in Oberböden, Berechnung unter Einbeziehung der Anteile von Ausgangssubstrat, Bodennutzung und Überschwemmung (Landesumweltamt NRW 1998)

Tabelle 4a. Hintergrundwerte für anorganische Stoffe in Böden Nordrhein-Westfalens (Datengrundlage für Acker und Grünland: FIS StoBo; für Wald: Boden-Zustandserhebung)

	Perzentile	Cd [mg/kg]	Cr [mg/kg]	Cu [mg/kg]	Ni [mg/kg]	Pb [mg/kg]	Zn [mg/kg]
Acker (A-Horizont)							
Typ 0	50	0,42	25	12	12	30	67
	90	0,77	39	22	24	52	119
Typ I	50	0,53		16		44	108
	90	1,00		34		96	245
Typ II	50	0,40		14		29	66
	90	0,80		26		50	111
Typ III	50	0,40		11		27	60
	90	0,70		18		44	99
Grünland (A-Horizont)							
Typ 0	50	0,63	28	18	25	56	127
	90	1,41	48	46	54	130	333
Typ I	50	0,92		21		79	179
	90	1,91		58		213	494
Typ II	50	0,76		17		61	123
	90	1,21		36		117	216
Typ III	50	0,50		16		43	105
	90	1,31		43		107	304
Wald Auflage (Oh)							
Typ 0	50	0,66	38	36	21	337	117
	90	1,21	56	67	33	568	191
Typ I	50	0,62		42		375	128
	90	1,21		81		604	217
Typ II	50	0,70		35		335	120
	90	1,26		59		532	188
Typ III	50	0,62		32		272	93
	90	1,17		58		511	132
Wald (A-Horizont)							
Typ 0	50	0,23	48	16	16	108	64
	90	0,77	82	32	37	205	132
Typ I	50	0,25		19		132	78
	90	0,60		42		221	149
Typ II	50	0,26		17		137	63
	90	0,90		31		211	123
Typ III	50	0,14		9		66	40
	90	0,76		18		101	118

Typ 0 landesweite Hintergrundwerte, ohne Differenzierung nach Gebietstyp (Siedlungsstruktur); Typen I-III regionale Hintergrundwerte; Typ I Ballungskerne und solche Kreise, die im weiterem Einflußbereich von Erzabbaugebieten liegen; Typ II Großstadtrandbereiche und Bereiche, in denen geogen in geringem Umfang erhöhte Schwermetallgehalte im Boden zu finden sind; Typ III Ländliche Gebiete sowie Gebiete außerhalb des Einflußbereiches vorrangiger Belastungsursachen; bei der Berechnung der Hintergrundwerte für die Gebietstypen I-III wurden Daten aus den Städten Aachen, Stolberg, Mechernich, Eschweiler und Duisburg nicht berücksichtigt (vgl. Erläuterung); Angabe der Gesamtgehalte (Acker, Grünland: Königswasserextraktion, Wald: Mikrowellen-Druckaufschluß (HNO_3, H_2O_2, Hcl)); n >> 100

Tabelle 4b. Hintergrundwerte für organische Stoffe in Böden Nordrhein-Westfalens (Datengrundlage für Acker, Grünland und Wald: FIS StoBo)

	Perzentile	B(a)P [µg/kg]	n	PCB (6 Kongenere) [µg/kg]	n
Acker (A-Horizont)					
Typ 0	50	44	322	–	
	90	200	322	–	
Typ I	50	–		6,5	61
	90	–		43,8	61
Typ II	50	60	238	–	
	90	260	238	–	
Typ III	50	25	94	4,5	41
	90	70	94	10,1	41
Grünland (A-Horizont)					
Typ 0	50	210	82	–	
	90	830	82	–	
Typ I	50	–		4,3	28
	90	–		12,6	28
Typ II	50	400	25	–	
	90	730	25	–	
Typ III	50	150	56	1,8	71
	90	940	56	3,9	71
Wald (A-Horizont)					
Typ 0	50	25	53	–	
	90	640	53	–	
Typ I	50	–	–		
	90	–	–		
Typ II	50	71	31	–	
	90	640	31	–	
Typ III	50	23	20	–	
	90	360	20	–	

Typ 0 landesweite Hintergrundwerte, ohne Differenzierung nach Gebietstyp (Siedlungsstruktur); Typen I-III regionale Hintergrundwerte; Typ I hohe Siedlungsdichte, Kernzone, sehr starker industrieller Besatz, Schwerpunkte der industriellen Entwicklung des Landes; Typ II mittlere Besiedlungsdichte, mittlerer industrieller Besatz; Typ III geringe Siedlungsdichte, Klein- und Mittelstädte in ländlicher Umgebung, kaum Industrie, starke landwirtschaftliche oder forstwirtschaftliche Prägung

Erläuterung zu den in Tabelle 4a differenzierten Gebietstypen:

Typ I – Kreise: Aachen, Ennepe-Ruhr-Kreis, Hochsauerlandkreis, Märkischer Kreis; kreisfreie Städte: Düsseldorf, Essen, Krefeld, Mönchengladbach, Mülheim, Oberhausen, Remscheid, Solingen, Wuppertal, Bonn, Köln, Bottrop, Gelsenkirchen, Bochum, Dortmund, Hagen, Herne

Typ II – Kreise: Mettmann, Neuss, Viersen, Düren, Erftkreis, Euskirchen, Oberbergischer-Kreis, Rheinisch-Bergischer-Kreis, Rhein-Sieg-Kreis, Recklinghausen, Olpe, Siegen-Wittgenstein, Unna; kreisfreie Städte: Leverkusen, Bielefeld, Hamm

Typ III – Kreise: Kleve, Wesel, Heinsberg, Borken, Coesfeld, Steinfurt, Warendorf, Gütersloh, Herford, Höxter, Lippe, Minden-Lübbecke, Paderborn, Soest; kreisfreie Städte: Münster

Die Städte Duisburg, Aachen und Eschweiler, sowie Teile der Städte Stolberg und Mechernich weisen aufgrund besonderer geogener oder anthropogener Einflüsse zum Teil stärkere Anreicherungen verschiedener Stoffe auf und lassen sich daher nicht den 3 Gebietstypen zuordnen.

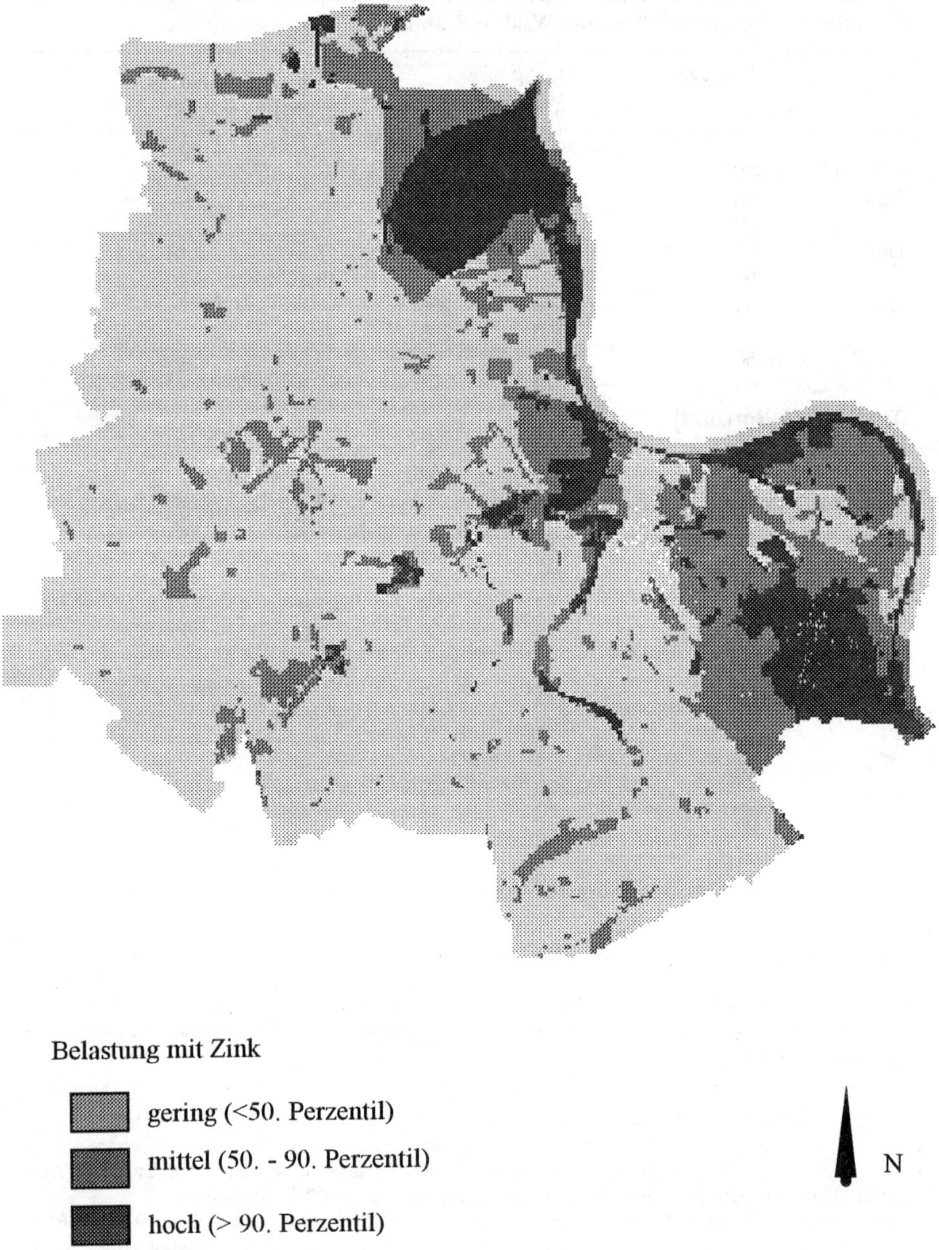

Abb. 4. Bodeninformationssystem NRW. Digitale Bodenbelastungskarte Stadt Neuss: Stoffbelastung mit Zink – 4. Ergebniskarte. Grundlage: Karte der geschätzten Stoffgehalte, klassifiziert auf Basis der regionalen Hintergrundwerte (Landesamt NRW 1998)

luft- oder wassergefährdend ist. Darüber hinaus sind nach § 9 Abs. 5 Nr.3 BauGB ebenfalls alle im Geltungsbereich eines Bebauungsplans gelegenen Flächen zu kennzeichnen. Zweck dieser Kennzeichnung ist eine „Warnfunktion" für die weiteren Planungsstufen, insbesondere für den verbindlichen Bauleitplan.

Zur Feststellung eines konkreten Bodenbelastungsverdachtes im Rahmen der Nachforschungspflicht können auf Grundlage der Karte der geschätzten Stoffgehalte Flächen als besonders belastet ausgewiesen und gekennzeichnet werden, wenn deren Böden Stoffgehalte aufweisen, die im Vergleich mit Prüfwerten für die Wirkungspfade Boden-Mensch oder Boden-Pflanze als belastet eingestuft werden müssen.

Da die Karte der geschätzten Stoffgehalte im Maßstab 1:50 000 erstellt wird, können in erster Linie Informationen über besonders belastete Flächen für den Flächennutzungsplan herangezogen werden. Als Informationsgrundlage für den Bebauungsplan ist die Karte in diesem Maßstab nur eingeschränkt geeignet.

Ermittlung und Abgrenzung von Gebieten mit niedrigen Stoffgehalten in Böden für Fragen der Abfallverwertung

Auf Basis der Karte der geschätzten Bodenbelastung können solche landwirtschaftlich genutzten Flächen als gering belastet ausgewiesen und abgegrenzt werden, deren Böden Stoffgehalte aufweisen, die unter dem 50. Perzentil der regionalen Hintergrundwerte liegen (vgl. Tabelle 4). Diese Flächen eignen sich z.B. für die Verwertung von Klärschlamm und Biokompost.

Darstellung der Umgebungssituation bei Altlasten-Verdachtsflächen

Zur Beurteilung der stofflichen Belastung der Böden einer Altlasten-Verdachtsfläche nach ihrer Ursache können zur Abgrenzung lokale Hintergrundwerte der Umgebung herangezogen werden. Diese können der Karte der geschätzten Stoffgehalte entnommen und ggf. in einem bestimmten Radius um die zu beurteilende Fläche dargestellt werden.

Beurteilung der stofflichen Bodenbelastung im Einflußbereich geplanter Anlagen

Zur Beurteilung der stofflichen Belastung der Böden im Einflußbereich einer geplanten Anlage im Rahmen der Umweltverträglichkeitsprüfung (§ 12 UVPG) können lokale Hintergrundwerte herangezogen und ggf. in einem bestimmten Radius um die zu beurteilende Fläche dargestellt werden. Im Anhang 1 der allgemeinen Verwaltungsvorschrift zur Ausführung des UVP-Gesetzes (UVPVwV vom 18.9.1995) werden als Orientierungshilfe die Gehalte einiger anorganischer (Metalle) und organischer Stoffe (Benzo(a)pyren, PAK-Gesamt) angegeben. Liegen die ermittelten

Stoffgehalte der Böden einer geplanten Anlage über den lokalen Hintergrundwerten und über den in der Tabelle der UVPVwV angegebenen Werten, ist eine Einzelfallprüfung vorzunehmen.

Literatur

Akin H (1992) Möglichkeiten und Grenzen der geostatistischen Verfahren in der Praxis – dargestellt am Beispiel einer Roll-Front-Uranerzlagerstätte. In Peschel GJ (Hrsg.) Anwendung geostatistischer Verfahren. Beiträge zur Mathematischen Geologie und Geoinformatik, Band 3, Verlag Sven von Loga, S. 61-71

LABO (1998) Hintergrundwerte für organische und anorganische Stoffe in Böden. Hrsg.: Bund/ Länder-Arbeitsgemeinschaft Bodenschutz. 2. Auflage. 113 S.

Heidbrink K, Sopzcak D (1998) Digitale Bodenbelastungskarten Leitfaden Probennahme und Analytik von Böden. Landesumweltamt Nordrhein-Westfalen, 29 S. + Anhang

Heinrich U (1992) Zur Methodik der räumlichen Interpolation mit geostatistischen Verfahren – Untersuchungen zur Validität flächenhafter Schätzungen diskreter Messungen kontinuierlicher raumzeitlicher Prozesse. Deutscher Universitäts-Verlag. 123 S.

Neite H (1997) Informationssystem zur stofflichen Belastung von Böden in Nordrhein-Westfalen. Bodenschutz, Heft 1/1997, S. 10-13

Pilz J (1992) Ausnutzung von a-priori-Kenntnissen in geostatistischen Modellen. In: Peschel, G J. (Hrsg.) Anwendung geostatistischer Verfahren. Beiträge zur Mathematischen Geologie und Geoinformatik, Band 3, Verlag Sven von Loga, S. 2-11

Streit U (1981) Kriging – eine geostatistische Methode zur räumlichen Interpolation hydrologischer Informationen. Wasserwirtschaft 71, Heft 7/8, S. 219-223

Wackernagel H, Hudson G (1992) Kriging mit externer Drift am Beispiel von Temperaturmessungen aus Schottland. In Peschel GJ (Hrsg.) Anwendung geostatistischer Verfahren. Beiträge zur Mathematischen Geologie und Geoinformatik, Band 3, Verlag Sven von Loga, S.15-24

Zeitliche Dynamik von anthropogen angereicherten Schadstoffen in rezenten Flußsedimenten[1]

Marcell Schorer und Almut Nagel

Vorbemerkungen

Über die zeitliche Dynamik der Schadstoffgehalte in rezenten Flußsedimenten im Jahresverlauf liegen bisher nur wenige Untersuchungen vor. Diese Untersuchungen sind aber notwendige Voraussetzung einerseits für das Systemverständnis des Schadstofftransports und -verbleibs, andererseits für eine repräsentative Probennahme. In einem kleinen Einzugsgebiet südlich von Trier (Olewiger Bach) wurde die zeitliche Dynamik von ausgewählten organischen und anorganischen Schadstoffen innerhalb eines Jahres in rezenten Sedimenten untersucht.

An zwei Meßstellen wurden in wöchentlichen Abständen Sedimentproben entnommen und auf Nährstoffe (Ca, Mg, K, PO_4), organische Substanz (C_{org}, N, Proteine, Kohlenhydrate, ATP), Schwermetalle (Zn, Cu, Pb, Fe, Mn), PAK und PCB analysiert. An einer Meßstelle wurden in einzelnen Kampagnen die wöchentlichen Proben mit täglich entnommenen Proben verglichen, um chemische Veränderungen (Remobilisierung bzw. Anreicherung von Schadstoffen) nach der Ablagerung zu überprüfen.

Die Ergebnisse zeigen, daß einerseits die Variabilität der Schadstoffkonzentrationen im Sediment im Jahresverlauf signifikant hoch ist, andererseits die Schwankungen der Schadstoffgehalte nicht zufällig verlaufen. Im Einzugsgebiet sind für die Schadstoffgehalte im Sediment die Abflußverhältnisse dominierend. Die Bedeutung unterschiedlicher Einleiter auf die Schadstoffgehalte konnte ebenso nachgewiesen werden wie die Mischung unterschiedlich belasteten Materials. Biogeochemische Veränderungen scheinen bei frisch abgelagerten Sedimenten innerhalb einer Woche unbedeutend zu sein, während Sorptionsvorgänge an organischen Oberflächen von Feststoffpartikeln zu einer Schadstoffanreicherung führen können. Für die Beurteilung der Gewässerbeschaffenheit durch Sedimentanalysen stellt sich durch unsere Ergebnisse die Frage, zu welchen Zeitpunkten im Jahresverlauf eine repräsentative Probennahme im Rahmen eines Monitoringprogramms erfolgen kann.

Problemstellung

Für den Transport von hydrophoben Schadstoffen in Flüssen spielt die Adsorption an Partikeloberflächen eine entscheidende Rolle (u.a. Means et al. 1980, Karickhoff 1981). Sedimente und Schwebstoffe bilden in natürlichen Fließgewässern ein dynamisches System des Partikeltransports. Nach methodischen Kriterien sind Schwebstoffe im Gegensatz zu Flußsedimenten Feststoffe, „die durch das Gleichgewicht der Vertikalkräfte in Schwebe gehalten werden" (DIN 4049, Teil 3). Da hydrophobe Umweltchemikalien bevorzugt an Sediment- bzw. Schwebstoffpartikeln transportiert werden, wurde schon vor Jahren deren enorme Bedeutung als Träger- und Transportmedium für hydrophobe Schadstoffe erkannt (u.a. Karickhoff et al. 1979, Voice und Weber 1983, Gschwend und Wu 1985, Kayal und Connell 1990).

Flußsedimente nehmen damit in der aquatischen Umwelt eine zentrale Stellung als mögliche Senke für hydrophobe Schadstoffe ein. Die Partikeloberflächen liegen aber in natürlichen aquatischen Systemen nicht frei vor, sondern sind zumindest zum Teil von lebender und toter organischer Substanz bedeckt (u.a. Frimmel und Christman 1988, Characklis und Marshall 1990, Flemming et al. 1996). Es ist seit längerer Zeit bekannt, daß diese organische Substanz auf den Partikeln für Sorptionsprozesse der Schadstoffe einen äußerst wichtigen Faktor darstellt (u.a. Urey et al. 1976, Baugham und Paris 1981, Karickhoff 1981, Tsezos und Bell 1989). Die organische Substanz, insbesondere die dazu gehörenden Biofilme, weisen aber keine inerte chemische Struktur auf. Sie repräsentieren ein dynamisches System, in dem sich durch verändernde Umweltbedingungen eine Änderung des Sorptionsvermögens einstellen kann. Das teilwese Abbrechen von Biofilmbruchstücken in die Wassersäule oder das Aufbrechen von Bindungsstellen (z.B. durch Autolyse) kann zu einer Remobilisierung von Schadstoffen führen (u.a. Flemming et al. 1990, Flemming et al. 1996). Ein weiterer wichtiger Faktor für den Transport von partikelgebundenen Schadstoffen ist die hydrodynamische Resuspendierung von Flußsedimenten während sich verändernder Wasserstände und der Transport in der Wassersäule als Schwebstoffe. Damit können Flußsedimente als temporäre Senke, aber auch als potentielle Quelle für Schadstoffe fungieren.

Vergleichende Untersuchungen zur Sedimentbelastung durch Umweltschadstoffe werden immer wieder für Aussagen zur Gewässergüte eingesetzt. Es wird dabei von einer gewissen zeitlichen Konstanz der Schadstoffgehalte im Sediment ausgegangen. Während über räumliche Verteilungsmuster schadstoffbelasteter Flußsedimente eine Fülle von Informationen vorliegt (u.a. Herrmann 1981, Readman et al. 1987, Eisenreich et al. 1989, Hellmann 1992), überrascht der Mangel an detaillierten Untersuchungen zum zeitlichen Aspekt des Schadstoffverhaltens in Flußsedimenten im Jahresverlauf, obwohl bekannt ist, daß Flußsedimente im Bergland hochdynamische Systeme darstellen. Es scheint allgemein angenommen zu werden, daß Flußsedimente entweder keiner zeitlichen Veränderung, einem einheitlichen Jahreszyklus oder einem Zufallsprozeß in ihren Schadstoffgehalten unterliegen.

Zu Beginn unserer Untersuchungen stellten wir uns folgende Fragen:

- Können Muster im Jahresverlauf in Flußsedimenten aufgezeigt werden?
- Wenn ja, welche Prozesse sind verantwortlich für die Dynamik der Flußsedimente bzw. für die an die Flußsedimente sorbierten Schadstoffe?
- Welche Folgerungen können aus unseren Untersuchungen für die Sediment- und Wasserqualität gezogen werden?
- Kann eine Empfehlung für den Zeitpunkt einer Probenentnahme bei vergleichenden Sedimentuntersuchungen gegeben werden?

Wir sind diesen Fragen nachgegangen und haben die wöchentlichen bzw. täglichen Veränderungen der Schadstoffgehalte im Sediment untersucht.

Untersuchungsgebiet

Das Untersuchungsgebiet umfaßt das Einzugsgebiet des Olewiger Bachs mit einer Größe von ca. 40 km^2 und ist am Nordrand des Hunsrück südlich von Trier gelegen (Abb. 1). Die Basis der im Untersuchungsgebiet anstehenden Schichtenfolge bilden im wesentlichen unterdevonische Hunsrückschiefer der Ems-Unterstufe. Die vorwiegend reinen bis schwach sandigen Tonschiefer werden stellenweise von Quarz- und Diabasgängen durchzogen (Wagner 1983). Besonders im nördlichen Teil des Untersuchungsgebiets lagern dem unterdevonischen Untergrund pleistozäne calziumreiche Terrassenbildungen der Mosel auf (Müller 1976). Die Talniederungen des Olewiger Baches werden weitgehend durch Auenmaterial verfüllt.

Das Abflußverhalten (Abb. 2) ist als typisches pluviales Regime der atlantisch geprägten Mittelgebirge zu betrachten: Kurze und hohe Abflußspitzen während der sommerlichen Niedrigwasserperiode durch einzelne konvektive Niederschläge im Gegensatz zu langandauernden und flachgipfligen Ganglinien während der winterlichen, zyklonalen Wetterlagen.

Die Landnutzung im Einzugsgebiet ist einerseits durch Ackerbau und Grünlandnutzung, andererseits auf den etwas steileren Hanglagen durch Forstwirtschaft geprägt. Siedlungseinflüsse machen sich hauptsächlich im nördlichen Teil des Einzugsgebietes (Stadtgebiet Trier) bemerkbar. Diffuse und direkte Einleitungen von mehreren zum Teil stark befahrenen Straßen bzw. kleineren Gewerbeflächen und Abwässer von Einzelgehöften ohne Anschluß an die Kanalisation beeinflußen die Wasserqualität.

Der Olewiger Bach wurde als Untersuchungsgebiet ausgewählt, da der vorliegende Beitrag ein Teilproblem aus einem Langzeitvorhaben zum Stofftransport in Fließgewässern der Abteilung Hydrologie der Universität Trier behandelt und aus mehreren Voruntersuchungen in diesem Einzugsgebiet Ergebnisse zur zeitlichen Veränderung des Stofftransportes an Schwebstoffen, an Sedimenten und in der gelösten Phase vorliegen (u.a. Strunk 1992, Symader und Strunk 1992, Symader et al. 1992, Schorer et al. 1994a). Darüber hinaus ist ein Einzugsgebiet mit erheblichen Siedlungseinflüssen geradezu prädestiniert, um die zeitliche Dynamik von anthropogen angereicherten Schadstoffen zu untersuchen.

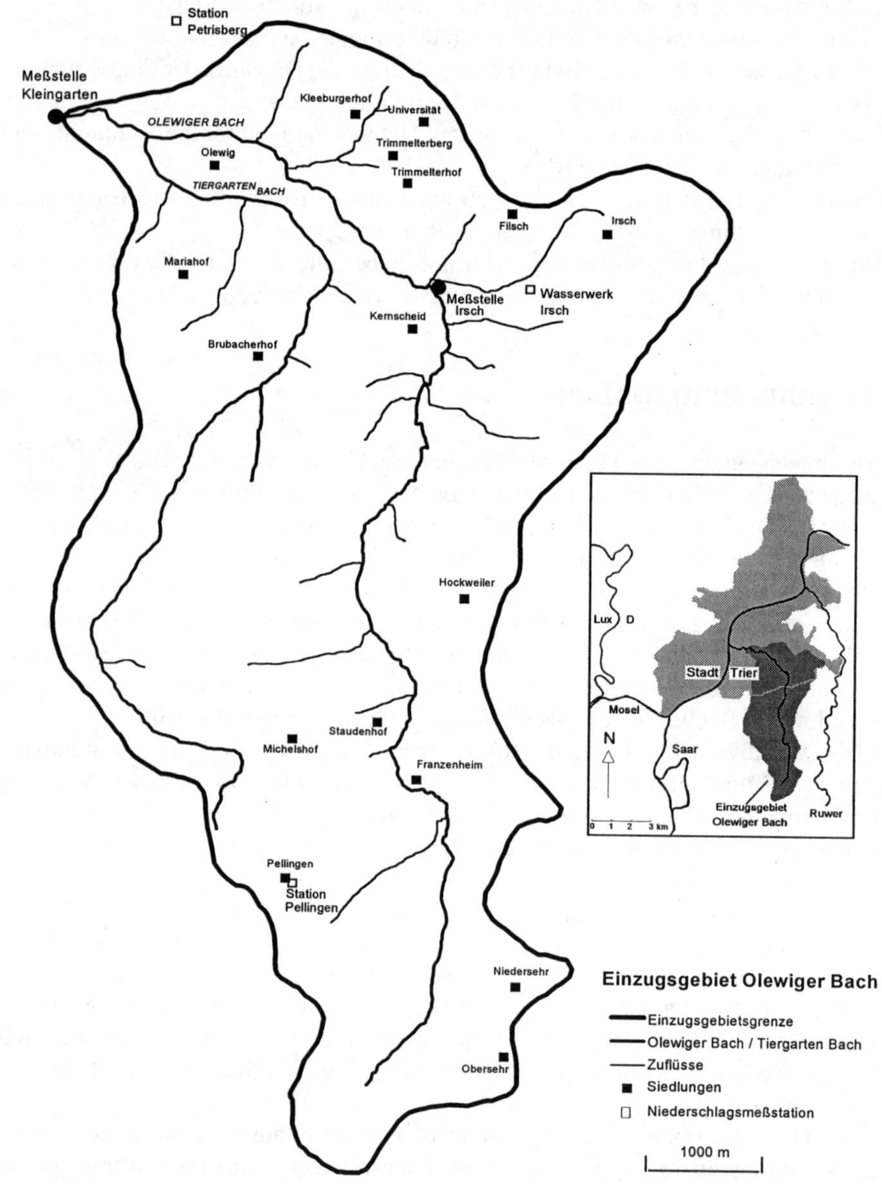

Abb. 1. Untersuchungsbebiet Olewiger Bach

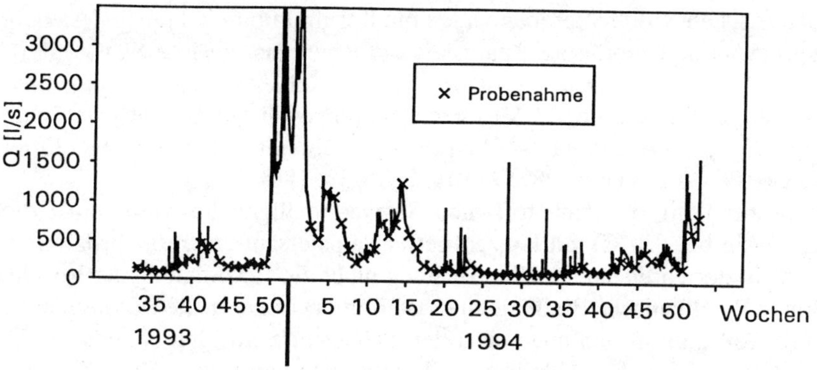

Abb. 2. Abfluß Olewiger Bach mit den wöchentlichen Probennahmen

Material und Methoden

Probennahme

Zur Beprobung wurden Betonplatten mit einer strukturierten Oberfläche ausgebracht, deren Oberflächen dem Bachbett angepaßt waren. Um den dynamischen Prozeß der Schadstoffanreicherung im Sediment und den Verbleib der Schadstoffe im Gewässer zu erfassen, ist es notwendig, in zeitlich engen Intervallen zu beproben (Symader et al. 1994). Aus diesem Grund wurde während des Zeitraums August 1993 bis Januar 1995 das abgelagerte Material in wöchentlichen Abständen jeweils vollständig entnommen. Durch die wöchentliche komplette Entnahme des abgelagerten Sedimentes von den ausgelegten Platten wurden Wechselwirkungen mit dem Untergrund unterbrochen und biogeochemische Veränderungen nach der Ablagerung minimiert. Das Einbringen der Sedimentationsflächen in den Gewässergrund brachte keine grundlegenden Störungen der natürlichen Ablagerungsbedingungen mit sich. Ein methodischer Vergleich mit frei abgelagerten Sedimenten an derselben Probennahmestelle zeigte, daß die Unterschiede sowohl in der Korngrößenzusammensetzung als auch in den chemischen Gehalten zu vernachlässigen sind (Schorer 1993). Um Veränderungen während des Ablagerungszeitraums innerhalb einer Woche zu erfassen, wurden in einzelnen Kampagnen neben den wöchentlichen an einer Probennahmestelle auch in täglichen Abständen Sedimentproben entnommen (Standort Kleingarten, siehe Abb. 1).

Analytik

Von den frischen Sedimentproben wurde die Kornfraktion < 63 µm abgesiebt, gefriergetrocknet und gemörsert. Analysiert wurde auf ausgewählte Nährstoffe (Ca, Mg, K, PO_4), die organische Substanz (C_{org}, N, Kohlenhydrate, Proteine, ATP), Schwermetalle (Zn, Cu, Pb, Fe, Mn) sowie auf polycyclische aromatische Kohlenwasserstoffe (16 PAK der US-EPA priority pollutant list) und polychlorierte Biphenyle (PCB-Congenere 28, 52, 101, 138, 153, 180).

Zur Bestimmung der Nährstoff- und Schwermetallgehalte wurde ein Druckaufschluß (5h bei 170°C) mit konzentrierter Salpetersäure in Teflonbehältern gewählt, da in der vorliegenden Untersuchung nicht die Bestimmung der Residualfraktion (z.B. silikatische Bindung im Kristallgitter), sondern die Bestimmung der Dynamik der anthropogen angereicherten Schadstoffe im Flußsediment im Vordergrund stand. Nach dem Abkühlen auf Raumtemperatur wurden die aufgeschlossenen Proben über einen mit 2 m HNO_3 vorgespülten Blaubandfilter in einen ebenfalls mit 2 m HNO_3 vorgespülten 50 ml Meßkolben abfiltriert und mit Reinstwasser aufgefüllt. Bis zur Messung wurden die Aufschlüsse in Polyethylen-Fläschen bei -25°C aufbewahrt.

Die Kohlenstoff- und Stickstoffbestimmungen erfolgten mit einem Elementaranalysator. Für die analytische Bestimmung der PAKs und PCBs wurde 2,5 g Probe mit internem Standard versetzt (deuteriertes Anthracen, deuteriertes Benzo(a)-anthracen, Benzo(b)chrysen und PCB 209) und in einer Soxhletapparatur für acht Stunden mit Lösungsmittel (Aceton/Hexan 1:1) extrahiert. Nach der Einengung der Lösungsmittel am Rotationsverdampfer wurden die Extrakte säulenchromatographisch gereinigt und auf ein definiertes Volumen im Stickstoffstrom eingeengt. Die Identifizierung und Quantifizierung erfolgte nach gaschromatographischer Trennung am massenselektiven Detektor im selected-ion-monitoring-mode (PAK) bzw. am Elektroneneinfangdetektor (PCB). Die Gerätebedingungen des gaschromatographischen Nachweises sind in Tabelle 1 beschrieben.

Ergebnisse und Diskussion

Schadstoffdynamik im Jahresgang

- *Zeitraum August bis Dezember 1993*

Zu Beginn der Meßreihe in der 33. Woche (August) waren die Gehalte für die organische Substanz, die Schwermetalle und die organischen Mikroschadstoffe auf gleichmäßig hohem Niveau (Abb. 3). Um die 40. Woche 1993 führten die ersten Herbstniederschläge zu erhöhten Abflüssen (vgl. Abb. 2), die über mehrere Wochen anhielten. Durch die veränderten hydrodynamischen Bedingungen wurden die abgelagerten, an organischem Material und Schadstoffen angereicherten Sedimentschichten zum Teil resuspendiert und durch schwächer kontaminiertes Material ersetzt. Die Quellen dieses Materials waren zum größten Teil kleinere Ufer-

Tabelle 1. Gaschromatographische Bedingungen zur Analyse der organischen Mikrostoffe

	Hewlett Packard 5890 II (Gaschromatograph) und 5970 B (Massenselektiver Detektor mit Direct Interface	Varian 3400 (Gaschromatograph) mit Elektroneneinfang detektorDetektor)
Trennsäule	DB 5ms, 25 m * 0,25 mm I.D. Filmdicke 0,25 µm	DB 5,60 m * 0,32 mm I.D. Filmdicke 0,25 µm
Trägergas	Helium (0,9 ml/min)	Helium (1,8 ml/min)
Injektion	1,0 µl, Splitlos (1,0 min)	1,0 µl, Splitlos (0,8 min)
Injektor	270°C	260°C
Säule	80°C (1 min), mit 15°C auf 180°C (1 min), mit 3°C auf 280°C (20 min)	100°C (1 min), mit 6°C/min auf 280°C (30 min)
Interface	250°C	–

bankabbrüche in den landwirtschaftlich genutzten Auenbereichen des südlichen Einzugsgebiets mit sehr geringen Schadstoffgehalten (Strunk 1992, Symader und Strunk 1992, Schorer et al. 1994a).

Für die außergewöhnlich hohen Gehalte an organischem Kohlenstoff und Stickstoff zum Ende des Jahres 1993 war ein verstopftes Kanalisationsrohr im Einzugsgebiet (Stadtteil Trier-Kernscheid, ein Siedlungsgebiet ohne Industrieanteile) verantwortlich. Das durch einen Überlauf in den Olewiger Bach eingeleitete Abwassermaterial (ca. 300 m oberhalb der Probennahmestelle Irsch) bestand hauptsächlich aus organischen Flocken, das sich aufgrund seiner geringen Dichte schnell über die gesamte Fließstrecke des Vorfluters verteilte und sich in Zonen geringer Fließgeschwindigkeiten absetzte. Darüber hinaus setzte aufgrund der erhöhten Nährstoffbelastung ein verstärktes Wachstum der Biozönose ein. Die Belastung an Schwermetallen und organischen Schadstoffen stieg dagegen nicht in dem Maße wie die Parameter für die organische Substanz.

Da das überlaufende Kanalisationsrohr einen Stadtteil mit Siedlungsgebiet ohne Industrieanteile entsorgt, war die Belastung der Abwässer mit Schadstoffen nicht allzu hoch. Nach der Beseitigung der Einleitung sanken die Gehalte aller untersuchten Parameter nur langsam wieder ab, da bei anhaltend geringen Abflüssen nur wenig neues mineralisches Partikelmaterial in das Gewässer eingeleitet wurde und aus den beruhigten Gewässerzonen immer wieder Abwasserflocken resuspendierte und nach kurzer Fließstrecke wieder abgelagert wurden.

- *Zeitraum Dezember 1993 bis Februar 1994*

Das katastrophale hundertjährliche Hochwasser zum Jahreswechsel 1993/94, durch langanhaltende Niederschläge geringer Intensität verursacht, resuspendierte das gesamte abgelagerte Sediment, das mit Schadstoffen angereichert war, in die Wassersäule. Zum Teil fand eine Ausräumung bis zum anstehenden Gestein im Bachbett statt. Das abgelagerte Material wurde durchmischt und zum weitaus größten

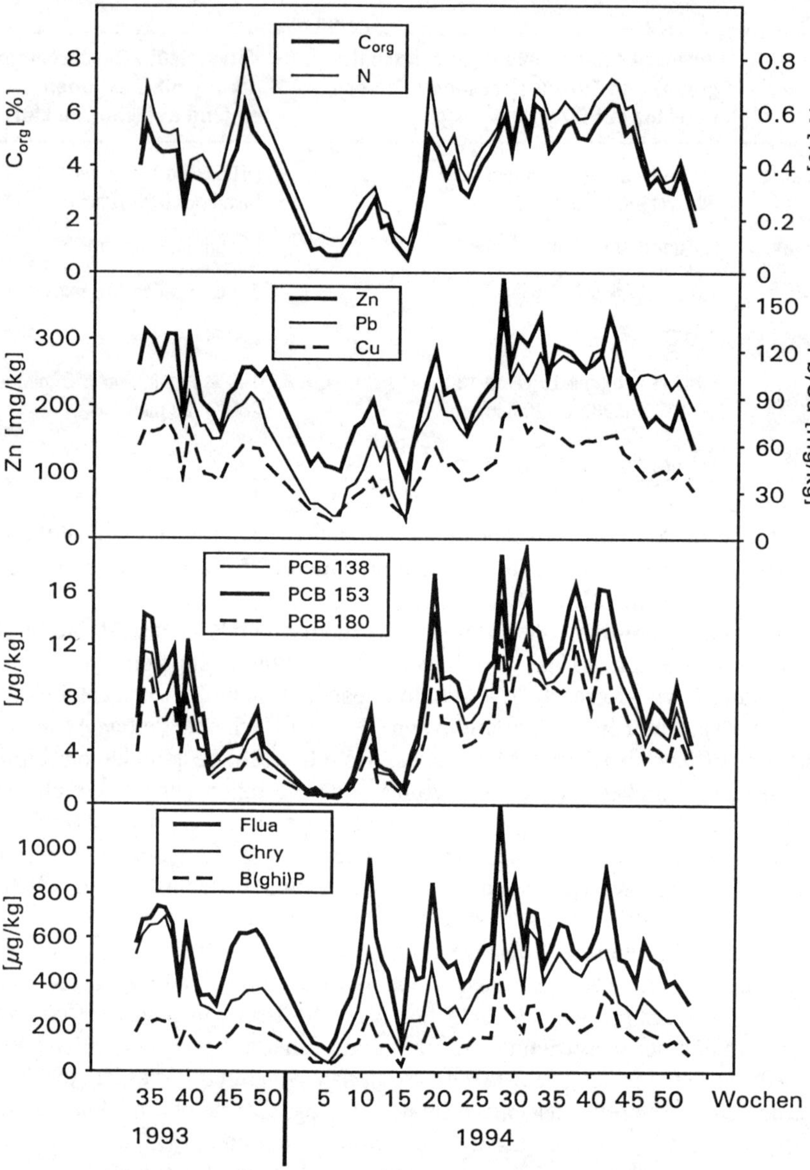

Abb. 3. Zeitliche Dynamik der organischen Substanz und ausgewählter Schadstoffe an der Meßstelle „Kleingarten", 1993/94

Teil aus dem Einzugsgebiet transportiert. Schadstoffquellen, wie z.B. Direkteinleitungen von Straßenabspülungen, erschöpften sich innerhalb der über mehrere Tage andauernden Niederschläge relativ schnell (Strunk 1992, Symader und Strunk 1992). Aus diesem Grund stand während der auslaufenden Hochwasserwelle (5. Woche 1994, Anfang Februar) aus diesen Quellen kein schadstoffangereichertes Partikelmaterial mehr zur Verfügung. Dagegen wurde zur gleichen Zeit Bodenmaterial mineralischer Zusammensetzung aus den landwirtschaftlich genutzten Auenbereichen des Einzugsgebietes relativ beständig eingetragen. Dieses mineralische Feststoffmaterial mit geringen Schadstoffgehalten wurde während des ablaufenden Astes der Hochwasserwelle wegen der sich vermindernden Transportkraft des Bachs abgelagert und führte zu niedrigen Schadstoffgehalten im Sediment. Ein Korngrößeneffekt als Erklärung für die zeitlichen Veränderungen der Schadstoffgehalte konnte durch Korngrößenanalysen ausgeschlossen werden (Abb. 4).

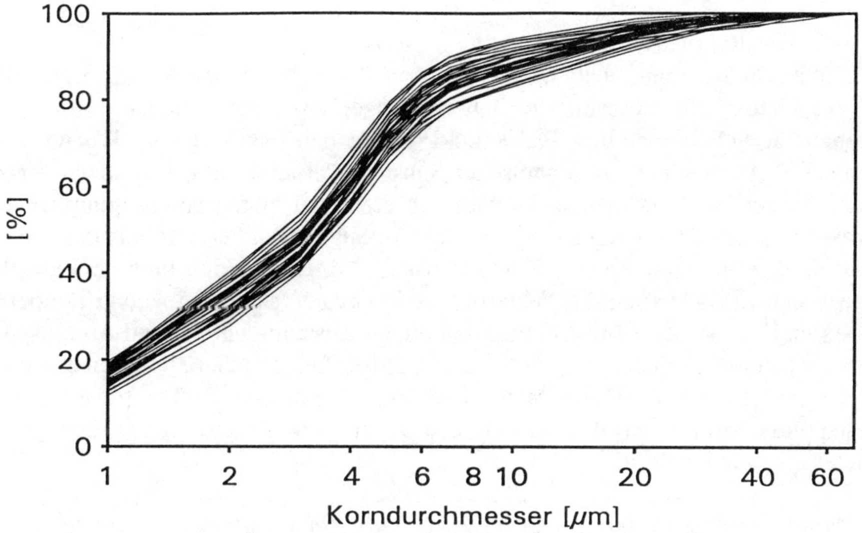

Abb. 4. Korngrößenverteilung der Sedimentproben, Fraktion < 63 µm

- *Zeitraum Februar bis April 1994*

Sinkende Abflüsse im weiteren Jahresverlauf (8.-11. Woche) führten sehr schnell zu einer erhöhten biologischen Aktivität (gemessen als ATP-Gehalt) und einem Anstieg der Schadstoffbelastung im Sediment. Die einzelnen untersuchten Schadstoffklassen (Schwermetalle, PAK, PCB) zeigten ein weitgehend paralleles zeitliches Verhalten (vgl. Abb. 3). Einzelne Schadstoffe, wie z. B. Fluoranthen, wurden stärker angereichert, während andere Schadstoffe, wie z. B. Zink, Kupfer und Blei, nur in einem ähnlichen Ausmaß anstiegen wie die organische Substanz.

Die nachfolgende Abflußerhöhung zwischen der 12. und 16. Woche (Mitte März bis Mitte April) hatte ähnliche Auswirkungen wie die Hochwasserwelle zum Jahreswechsel mit einer teilweisen Ausräumung der abgelagerten Sedimente und einer damit verbundenen Absenkung sämtlicher Schadstoffgehalte zur Folge.

• *Zeitraum April bis Juni 1994*
Verminderter hydraulischer Streß und geringere Trübung mit niedrigen Schwebstoffgehalten, verursacht durch anhaltend geringe Wasserstände, führten um die 18. Woche (Ende April) bei gleichzeitig erhöhter Sonneneinstrahlung und guter Nährstoffversorgung zu einem schnellen Wachstum an Biomasse. Zeitgleich stiegen die Gehalte der Schadstoffe mit der organischen Substanz an.

Verglichen mit den Schwermetallen schwankten die organischen Schadstoffe – vor allem die PCBs im Flußsediment – während dieses Zeitabschnitts wesentlich stärker. Während der Niedrigwasserperiode im Sommer stiegen die Gehalte an Schwermetallen, PCB und PAK parallel zu den Meßwerten für die organische Substanz an. Unterbrochen wurde dieser Anstieg der Schadstoffgehalte nur durch ein kleineres, über mehrere Wochen andauerndes Hochwasser zwischen der 21. und 24. Woche (Ende Mai bis Mitte Juni), das wiederum einen Teil der belasteten Sedimente ausräumte.

• *Zeitraum Juli bis Dezember 1994*
Während der Sommermonate waren immer wieder Einbrüche der Schadstoffgehalte zu verzeichnen, die einzelnen Abflußerhöhungen zuzuordnen sind. Die höchsten Gehalte an Schwermetallen, PAKs und PCBs fanden sich in der 28. Woche (Anfang Juli). Die Gehalte an organischer Substanz variierten dagegen nur in geringem Ausmaß und verblieben bis zum Einsetzen der ersten länger andauernden Wasserstandserhöhung um die 45. Woche (Anfang November) auf hohem Niveau. Erst die über mehrere Tage anhaltende erhöhte Abflußsituation führte bei gleichzeitig sich verschlechternden Witterungsbedingungen (stark absinkende Temperaturen und verminderte Einstrahlung) zu einem Zusammenbruch und Abtransport der Biozönose. Gleichzeitig wurden die schadstoffangereicherten Sedimente teilweise aus dem Bachbett ausgeräumt. Das verbleibende Sediment wurde mit unbelastetem Feststoffmaterial vermischt, das aus den Auenbereichen des Einzugsgebietes eingetragen wurde.

• *Zusammenfassende Interpretation der Schadstoffdynamik im Jahresgang*[2]
Mischungsprozesse von unbelastetem (Böden und Uferbänke) und belastetem Erosionsmaterial (Straßen, Regenrückhaltebecken) spielen im Verlauf des Jahres die zentrale Rolle für die sich daraus ergebenden Schadstoffgehalte im Sediment. Damit kann gezeigt werden, daß in Abhängigkeit von den hydrologischen Bedingungen unterschiedliche Feststoff- und Schadstoffquellen aktiviert werden.

Im Winter führen über Tage bis Wochen anhaltende Abflußerhöhungen zur Erosion von Boden- und Uferbankmaterial aus den landwirtschaftlich genutzten Flächen in den Vorfluter und zu einer teilweisen bis vollständigen Resuspendierung der abgelagerten Sedimente je nach Dauer und Höhe des Abflußereignisses. Im Sommer dagegen erfolgt bei nur einige Stunden andauernden Hochwasserereignissen durch den Oberflächenabfluß ein vermehrtes Abschwemmen von Schadstoffen von versiegelten Flächen (Strunk 1992). Außerdem sind im Sommer die Resuspendierung und der Transport von Sedimentablagerungen im Flußbett geringer, da dann die Transportkapazität der fließenden Welle durch hohe Schwebstoffgehalte bereits gesättigt ist. Dieses veränderte Abflußverhalten von spitzen und zeitlich kurzen Hochwasserwellen im Sommer – gegenüber flachen, langandauernden Hochwasserwellen im Winter – ist klimatisch bedingt und kann, von Jahr zu Jahr unterschiedlich, in seinem zeitlichen Auftreten zwischen April und Juni variieren.

Darüber hinaus bestimmen Veränderungen der Interzeption, des Wasserverbrauchs durch die Vegetation, des Zustands des Bodenwasserspeichers und der Niederschlagsintensität maßgeblich, welche Teile des Einzugsgebiets wieviel Wasser und wieviele Partikel liefern. Als Folge dieser klimatisch/hydrologischen Gegebenheiten spülen sommerliche Starkniederschlagsereignisse Feststoffmaterial, das in seinen Schadstoffgehalten stark erhöht ist, durch Oberflächenabfluß von versiegelten Flächen in das Gewässer ein,

Verglichen mit den Schwermetallen zeigen die organischen Schadstoffe im Jahresverlauf im Flußsediment grundsätzlich eine höhere Variabilität. Es findet entweder eine selektive Sorption einzelner Stoffe, wie z.B. der PAKs oder PCBs, aufgrund sich verändernder physikochemischer Verhältnisse an den Sediment- bzw Biofilmoberflächen statt oder die materialliefernden Quellen verändern sich im Laufe der Zeit in ihrer Schadstoffzusammensetzung. Als weitere Ursache könnten sich Quellen unterschiedlicher Schadstoffzusammensetzung bei sich verändernden Abflußgeschehen unterschiedlich schnell erschöpfen.

Der parallele Verlauf der Schadstoffgehalte mit der Biomasse während und nach Hochwasserereignissen legt die Vermutung nahe, daß es sich um Anreicherungen von Schadstoffen in der Biomasse handelt. Es ist aber nicht auszuschließen, daß eine zeitgleiche Verlagerung von Feststoffpartikeln mit hohen Schadstoffkonzentrationen und organischer Substanz stattfand. Untersuchungen zur Sorption von Schadstoffen an Biofilmen im Olewiger Bach und in anderen Fließgewässern belegen aber eindeutig, daß der Einfluß der Biosorption ein wichtiger Faktor für die Akkumulation der Schadstoffe in Flußsedimenten ist (Eisele und Schorer 1997, Schorer et al. 1997, Schorer und Eisele 1997). Eine erhöhte biologische Aktivität führt nicht in jedem Fall zu einem verstärkten Abbau von organischen Schadstoffen. Sie kann in aquatischen Ökosystemen ebenso zu einer Anreicherung von anorganischen und organischen Schadstoffen in der organischen Substanz führen (zusammengefaßt in Baugham und Paris 1981, Flemming et al. 1996).

Kurzfristige Schadstoffdynamik

Um nähere Kenntnisse über die Veränderung der Sedimentzusammensetzung und vor allem der biogeochemischen Veränderungen im Sediment innerhalb des von uns gewählten Ablagerungszeitraumes von einer Woche zu erhalten, wurden parallel zu den wöchentlichen Proben in mehreren Kampagnen täglich Proben entnommen. Ein Vergleich der täglichen mit den wöchentlichen Proben mit dem Ziel, Veränderungen der Schadstoffgehalte nach der Sedimentation durch biologische, chemische oder physikalische Prozesse innerhalb einer Woche zu erfassen, ist nur dann sinnvoll, wenn grundsätzlich gleiches Material gesammelt wird. Andere Fehlerquellen sollten weitgehend ausgeschlossen werden, beziehungsweise zumindest in ihrer Größe erfaßt werden. Aus diesem Grund wurden verschiedene Methoden zur Überprüfung eingesetzt.

Die räumlichen Ablagerungsbedingungen für Sedimente in kleinen bis mittleren Fließgewässern variieren stark. Deshalb wurden Anfang Juni und Mitte Juli 1994 Parallelproben (= Parallelprobe in Abb. 5) zu den Wochenproben entnommen, die sich auf gesondert ausgelegten Probennahmeplatten für eine tägliche Beprobung abgelagert hatten. Die Ergebnisse zeigen, daß an diesen Probennahmestellen die Veränderungen der Ablagerungsbedingungen auf kleinem Raum nicht von Bedeutung sind (Abb. 5). Die Kontrolle der Korngrößen unterstreicht dies zusätzlich, da die Korngrößenverteilungen der Parallelproben genau den Verteilungen der Wochenproben entsprechen.

Um die Gehalte der täglichen mit den wöchentlichen Proben vergleichen zu können, wurde das gesamte auf den Sedimentfallen abgelagerte Sediment an jedem Probennahmetag vollständig entnommen. Es erfolgte ein statistischer Vergleich der Tagesproben mit der Wochenprobe anhand der ermittelten Gehalte an Nährstoffen und Schwermetallen. Da nicht an jedem Tag die gleiche Menge an Sedimentmaterial abgelagert wird, ist es sinnvoll, nicht das arithmetische, sondern das gewichtete Mittel der Tagesproben über eine Probennahmewoche zu berechnen. Das gewichtete Mittel der Konzentrationen der Tagesproben ergibt sich aus dem jeweiligen prozentualen Gewichtsanteil der Tages- an der Wochenprobe (= Gewichtete Probe in Abb. 5).

Die mathematische Mittelwertbildung der täglichen Proben hat aber die Schwierigkeit, daß für jeden berechneten Wochenwert die Analysenschwankungen von sieben Einzelmessungen zum Tragen kommen. Zur weiteren Absicherung wurde deshalb eine gewichtsanteilige Materialmischprobe der täglichen Sedimente erstellt und zusätzlich analysiert (= Mischprobe in Abb. 5).

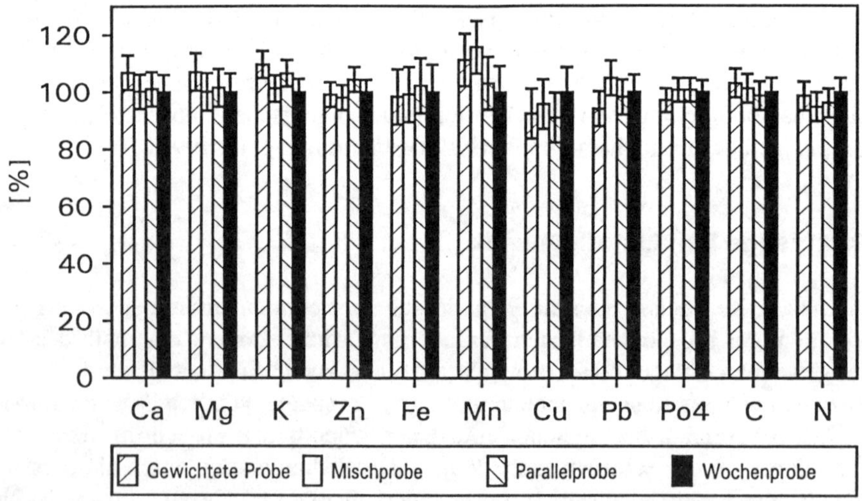

Abb. 5. Vergleich unterschiedlicher Beprobungs- bzw. Analysestrategien bezogen auf die Wochenprobe (= 100%) (Erläuterungen im Text)

Vergleicht man die anteiligen gewichteten Mittel der Tagesproben mit der Materialmischprobe oder der Wochenprobe, so ergeben sich nur geringe Unterschiede, die innerhalb der Analysenschwankungen liegen (vgl. Abb. 5). Eine statistische Überprüfung des gewichteten Mittels der täglichen Werte, der Werte der Materialmischprobe und der Parallelprobe über einen t-Test für unabhängige Stichproben (Irrtumswahrscheinlichkeit: $\alpha = 5\%$) mit den Werten der Wochenprobe ergibt keinen signifikanten Unterschied der Mittelwerte. Da weder die Werte der Elementkonzentrationen normalverteilt sind, noch die Unabhängigkeit der Ereignisse aufgrund des starken jahreszeitlichen Zyklusses gegeben ist, darf im strengen statistischen Sinne Teststatistik nicht angewendet werden. Bortz (1993) bestätigt jedoch, daß der t-Test für unabhängige Stichproben auf Verletzungen der Voraussetzungen robust reagiert, besonders wenn gleichgroße Stichproben aus ähnlichen, möglichst ein-gipflig-symmetrisch verteilten Grundgesamtheiten verglichen werden.

• *Zeitraum 1.-7.6.1994 (1 Woche)*
Die tägliche Beprobung brachte zeitliche Strukturen zum Vorschein, die nicht erwartet wurden. In Abb. 6 sind die Konzentrationen ausgewählter Elemente und die Niederschlags-Abfluß-Situation einer Woche im Juni 1994 dargestellt. Die drei Hochwasserwellen führen jeweils zu einem deutlichen Materialeintrag in das Gewässer. Nach den Hochwasserwellen lagen die Probenmengen zwischen 35 g und 55 g (bei Niedrigwasser zwischen 1 und 3 g).

Die Gehalte von Zink und Blei stiegen als Folge der Hochwasserabflüsse zunächst an und wurden zum 5. Juni durch das dritte Abflußereignis abgesenkt. Calcium zeigte ein ähnliches Muster wie Zink und Blei. Die Gehalte am 3. und 4. Juni stiegen aber wesentlich stärker an, während die Absenkung am 5. Juni nur das Niveau zum Wochenbeginn erreichte. Eisen verhielt sich zu Calcium gegenläufig. Die Kohlenstoffgehalte wurden mit den Hochwasserereignissen stufenweise bis auf etwa die Hälfte der Gehalte des Wochenbeginns abgesenkt.

• *Zeitraum 12.-26.7.1994 (2 Wochen)*
Abbildung 7 zeigt einen zweiwöchigen Ausschnitt aus der Sommerperiode 1994. Die im Einzugsgebiet ungleich verteilten Niederschläge des 14. Juli, die vermehrt auf die Flächen der Hochterrassen mit calciumreichen Moselsedimenten fielen (Station Petrisberg 13,2 mm), führten zu erhöhten Konzentrationen an diesem Tracerelement. Da diese Hochflächen zusätzlich stark besiedelt sind, können anthropogene Schwermetalle wie Zink, Kupfer und Blei (z.B. von Dach- und Straßenabspülungen) in das Gewässer eingetragen werden (Merian 1984, Kummert und Stumm 1989). Im landwirtschaftlich geprägten südlichen Teil des Einzugsgebietes war der Niederschlag am 14. Juli mit 5,0 mm dagegen gering.
Die Anteile an organischer Substanz im Sediment wurden durch die Abflußerhöhung des 14. Juli kaum verändert. Geringe hydrodynamische Belastungen durch Wasser-standserhöhungen um wenige Zentimeter führten kaum zu einer Beeinträchtigung oder gar dem kompletten Zusammenbruch der Biozönose.

Das Abflußereignis eines sommerlichen konvektiven Niederschlags am 18. Juli trug in der auslaufenden Hochwasserwelle größere Mengen an relativ schadstoff-

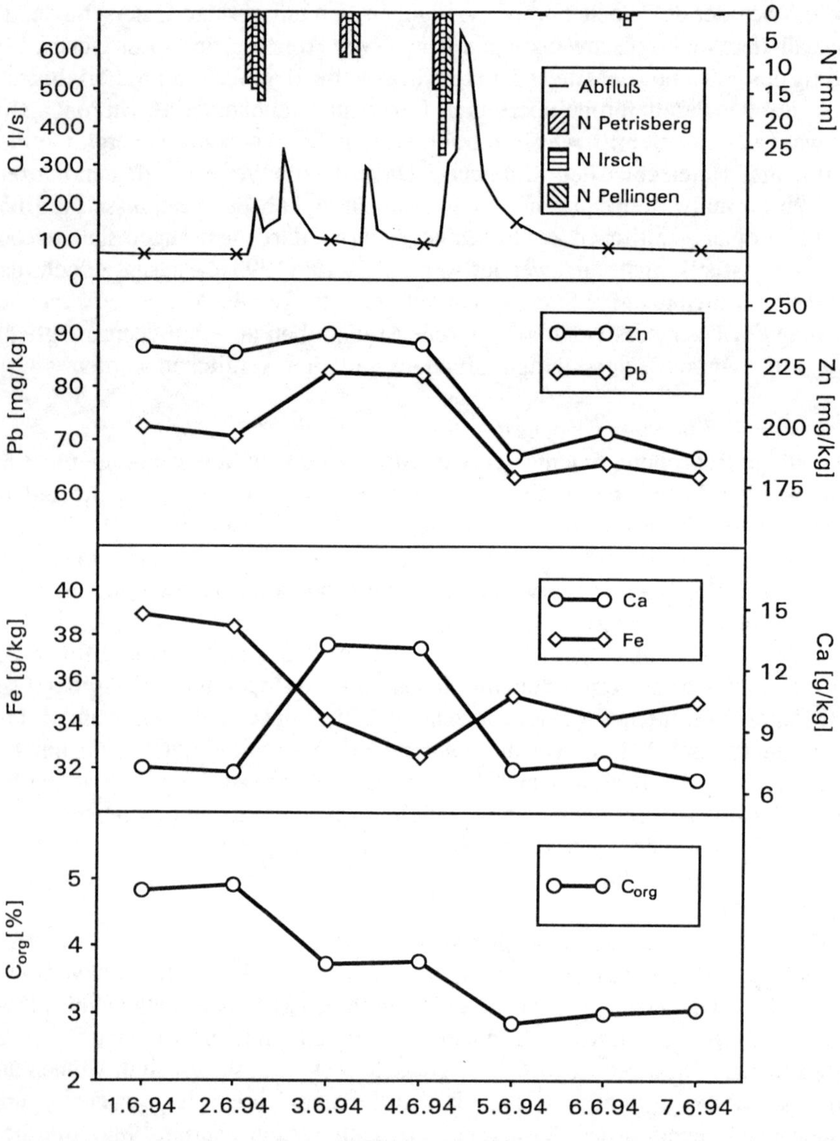

Abb. 6. Vergleich der Dynamik von Zink, Blei, Calcium, Eisen und organischem Kohlenstoff im Sediment (tägliche Probennahme) sowie Niederschlags- und Abflußsituation im Einzugsgebiet für die Woche 1.-7.6.1994

Das Abflußereignis eines sommerlichen konvektiven Niederschlags am 18. Juli trug in der auslaufenden Hochwasserwelle größere Mengen an relativ schadstoffunbelastetem Material ein. Die Verteilung der Niederschläge im Einzugsgebiet entsprach der vom 14. Juli mit dem Schwerpunkt im nördlichen anthropogen belasteten Teil des Einzugsgebiets. Demnach wäre ein ähnliches Muster der Elementverteilung im Sediment mit hohen Calcium-, Zink- und Bleigehalten zu erwarten gewesen. Es wurde aber nicht nur ein deutliches Absinken der Gehalte an diesen Elementen, sondern auch an organischer Substanz beobachtet. Ursache für dieses Verhalten war die größere Niederschlagsmenge im Vergleich zur Niederschlagssituation am 14. Juli: An der Station Petrisberg fielen am 18. Juli mit 46 mm fast viermal soviel Niederschlag wie am 14. Juli.

Im südlichen (landwirtschaftlich genutzten) Teil des Einzugsgebiets fielen mit 13,2 mm ebenfalls nicht unerhebliche Mengen an Niederschlag, die aufgrund der längeren Transportstrecke und damit längeren Transportzeit die Probennahmestelle während des ablaufenden Hochwasserwellenastes erreichten. Die bei sinkendem Wasserstand nachlassende Transportkraft führte zur Ablagerung eines Teils der transportierten Feststoffe mit geringen Gehalten an Zink und Blei bzw. höheren Gehalten an Kalium und Eisen.

Die Gehalte an organischer Substanz im Sediment nahmen bei den stark erhöhten Abflüssen des 18. Juli ebenfalls deutlich ab, da autochthone und benthische organische Anteile mit der Welle ausgetragen wurden. Da ein Teil der Schadstoffe wie Zink und Blei an der organischen Substanz sorbiert ist (Eisele und Schorer 1997, Schorer und Eisele 1997, Schorer et al. 1997), führte der Austrag an organischer Substanz zusätzlich zu einer Absenkung dieser Elemente im Sediment.

Die anhaltenden Niedrigwasserbedingungen nach dem 18. Juli führten relativ schnell zu einer Erholung der Biozönose. Die langsam ansteigenden Gehalte an Calcium, Zink und Blei könnten auf vermehrte Biosorption zurückzuführen sein. Am 24. Juli kam es wiederum zu geringen Niederschlägen im Einzugsgebiet. Es ist auch hier davon auszugehen, daß über den Kleeburger Bach geringe Anteile an Schadstoffen ins Gewässer eingetragen wurden, da die Gehalte an Blei und Calcium anstiegen, obwohl keine Abflußerhöhung festzustellen war.

• *Zusammenfassende Interpretation der kurzfristigen Schadstoffdynamik*

Die Inhaltsstoffe der Sedimentproben spiegeln die Niederschlags- und Abflußmuster der näher untersuchten Wochen im Juni und Juli 1994 deutlich wider. Zur Interpretation der Gehalte benötigt man Vorkenntnisse über das Einzugsgebiet. Die erhöhten Calciumeinträge z.B. stammen aus den kleineren Seitentälern des Olewiger Baches im nördlichen Teil des Einzugsgebiets. Die bodenbildenden Ablagerungen dieser Seitentäler stammen vorherrschend von calciumreichen Sedimenten der Moselhochterrasse. Gleichzeitig sind diese Flächen stark mit Straßen und Siedlungen (Trierer Stadtteile) bebaut. Ein großer Anteil an Straßenabspülungen wird hier direkt in den Vorfluter geleitet. Calcium kann in diesem Zusammenhang als Tracer für Materialeinträge aus dem nördlichen, anthropogen belasteten Teil des Einzugsgebietes gelten. Erhöhte Eisen- und Kaliumgehalte dagegen stammen vornehm-

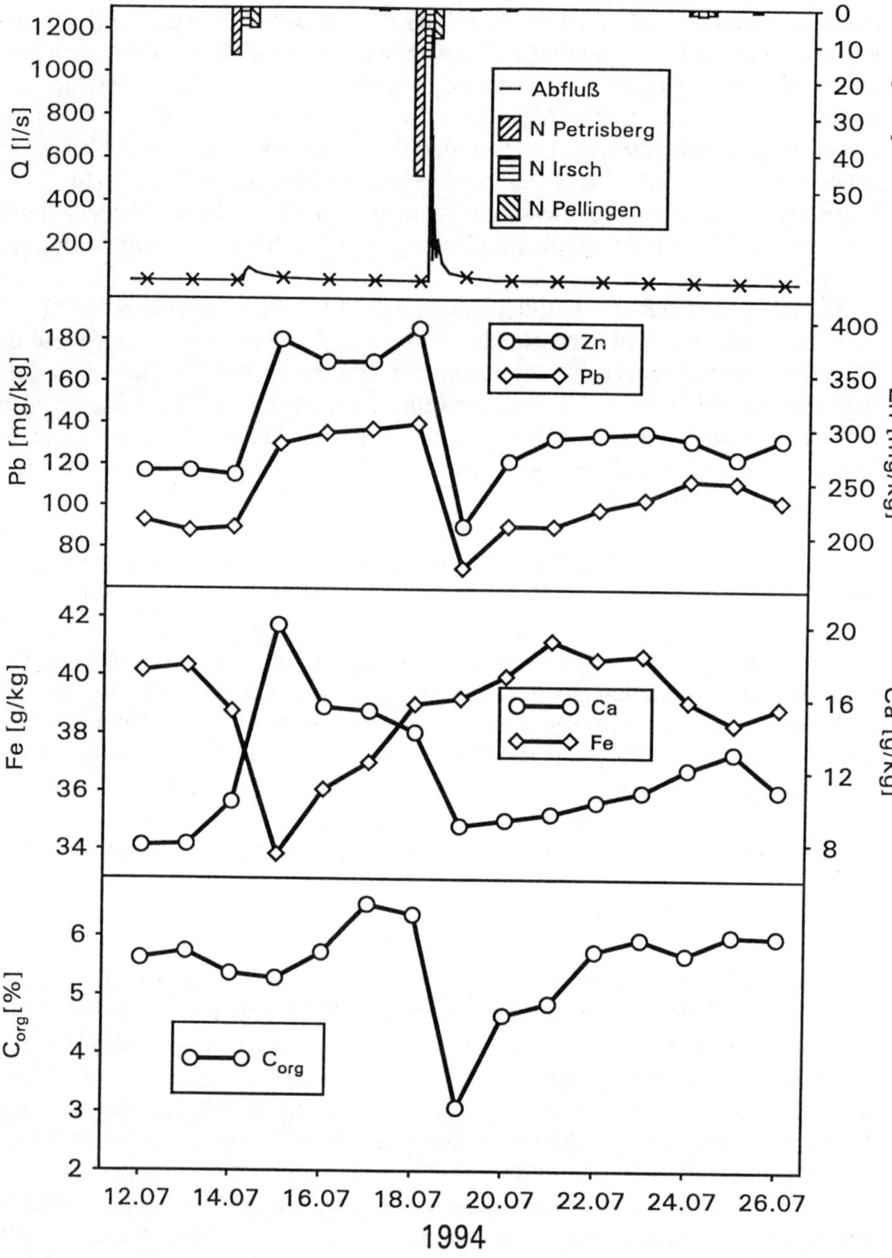

Abb. 7. Vergleich der Dynamik von Zink, Blei, Calcium, Eisen und organischem Kohlenstoff im Sediment (tägliche Probennahme) sowie Niederschlags- und Abflußsituation im Einzugsgebiet für die Woche 12.-26.7.1994 (2 Wochen)

Das in der ersten Juni-Woche beobachtete Verhalten der Schadstoffgehalte konnte auch in der zweiwöchigen Untersuchung im Juli bestätigt werden. So kann der zeitliche Verlauf der Schadstoffe Zink, Blei und Kupfer insbesondere im beobachteten zweiwöchigen Zeitraum im Juli 1994 mit einer Mischung von zwei unterschiedlichen Ausgangsmaterialien erklärt werden.

Geringe Niederschläge in der Vegetationszeit auf landwirtschaftliche Flächen beeinflussen den Wasserstand im Vorfluter nur gering. Im Gegensatz dazu führen schon geringe Niederschläge auf versiegelte Flächen zu Oberflächenabfluß und erhöhen durch Direkteinleitung den Wasserstand, aber auch die Schadstoffbelastung im Vorfluter (Abb. 7, 14. Juli).

Untersuchungen während des zeitlichen Verlaufs von Hochwasserwellen im Einzugsgebiet des Olewiger Bachs zeigten, daß zum Beginn stärkerer Abflußereignisse Feststoffe mit hohen Schadstoffgehalten aus den schadstoffbelasteten Seiteneinzugsgebieten des nördlichen Teils des Einzugsgebiets in den Olewiger Bach transportiert werden. Überstieg der Oberflächenabfluß eine gewisse Menge, dann waren die zur Verfügung stehenden Partikel- und Schadstoffquellen relativ schnell ausgeräumt und erschöpft. Das belastete Feststoffmaterial wurde nur zu einem geringen Teil abgelagert. Der weitaus größte Anteil wurde, wie z.B. am 18. Juli, aus dem Einzugsgebiet in den nächsten Vorfluter – die Mosel – transportiert (Strunk 1992, Schorer et al. 1994a).

Die Absenkung der organischen Anteile im Sediment in der Juni-Woche ist nur zum Teil auf den Eintrag von mineralischen Partikeln zurückzuführen. Sie beruht vielmehr auf dem zu beobachtenden Zusammenbrechen bzw. Abreißen des biologischen Aufwuchses und dem Abtransport der autochthonen organischen Substanz durch das letzte Hochwasserereignis (4. Juni). Diese Beobachtung bestätigt sich in der zweiwöchigen Untersuchung, in der die Abflüsse vom 14. Juli eine geringe Beeinträchtigung, die Abflüsse vom 18. Juli aber eine drastische Absenkung des organischen Anteils erkennen lassen.

Durch den Vergleich in Abb. 5 von Wochen-, Parallel-, Misch- und gewichteter Probe konnte gezeigt werden, daß im Olewiger Bach die Veränderung der Schadstoffgehalte nach der Sedimentation durch biologische, physikalische oder chemische Prozesse (z.B. Rücklösung, Fällung, etc.) in rezenten Flußsedimenten mit Lagerzeiten innerhalb einer Woche als unbedeutend einzuschätzen sind.

Schlußfolgerungen

Flußsedimente in kleinen und mittleren Einzugsgebieten sind ein sehr dynamisches Transportmedium. Schwankungen der Schadstoffkonzentrationen können in der gleichen Größenordnung liegen wie die von gelösten oder an Schwebstoffe adsorbierten Schadstoffen. Die Ergebnisse zeigen sowohl im Jahresverlauf als auch in den ein- bzw. zweiwöchigen Untersuchungsperioden, daß die Schadstoffkonzentrationen der Sedimente im Olewiger Bach im zeitlichen Verlauf weder konstant sind, noch Zufallsprozessen unterliegen. Im Jahresverlauf oder während Niedrigwasserperioden findet keine generelle Anreicherung von Schadstoffen statt.

Die jahreszeitliche Veränderungen sowie die Struktur der Schadstoffkonzentrationen im Sediment können durch folgende Prozesse erklärt werden:

- Eintrag und Mischung von unterschiedlich belasteten Feststoffquellen in den Vorfluter je nach hydrologischer Situation,
- unterschiedliche Erschöpfbarkeit der schadstoffliefernden Quellen,
- Ausräumung der Sedimente durch winterliche Hochwasserwellen (bei katastrophalen Hochwässern zum Teil bis zum anstehenden Gestein),
- sporadische Einleitungen von punktuellen und diffusen Quellen und
- Anreicherung von Schadstoffen an organisches Material, vor allem in den Sommermonaten.

Es können Strukturen der Schadstoffgehalte im Jahresverlauf in Flußsedimenten aufgezeigt werden, die über ein weißes Rauschen[3] weit hinausgehen. Episodische Abflußereignisse stören das dynamische Gleichgewicht der Flußsedimente, und deren Effekt ist abhängig von der Dauer und der Höhe des Ereignisses und den Vorbedingungen im Sediment. Obwohl es nur eine begrenzte Anzahl an steuernden Prozessen gibt, kann sich deren Anteil am Gesamtprozeß von Fall zu Fall je nach hydrologischer Situation und Jahreszeit ändern. Dies führt im Zusammenhang mit den physikochemischen Eigenschaften insbesondere der organischen Schadstoffe zu einem komplexen zeitlichen Schadstoffmuster. Selbst kurzzeitige Veränderungen sind prozeßgesteuert, die bei Kenntnis der geologischen, hydrologischen und anthropogen überprägten Situation im Einzugsgebiet (Abfluß, Niederschlag, Liefergebiete) sehr gut zugeordnet werden können. Eine genaue Zuordnung ist besonders gut für Ereignisse oder Perioden möglich, in denen durch die konvektive Natur sommerlicher Niederschläge nur Teilbereiche des Einzugsgebiets zum Abfluß beitragen. Bei einer starken Überlagerung und Durchmischung einzelner Transportströme kann diese Quellenidentifizierung allerdings bis zur Unkenntlichkeit gestört werden.

Aus den vorgestellten Ergebnissen können wichtige Folgerungen für die Beurteilung der Gewässerqualität durch Analysen von Flußsedimenten gezogen werden. In kleinen und mittleren Einzugsgebieten genügt es nicht, sich nur auf räumliche oder jahresweise Vergleiche von Sedimenten zu beschränken. Empfehlungen für eine repräsentative Probennahme oder einzurichtende Monitoring-Programme können nur mit der Kenntnis über die zeitlichen Schadstoffmuster im Jahresverlauf gegeben werden. Daneben gibt es von Jahr zu Jahr Unterschiede aufgrund unterschiedlicher hydrologischer und klimatologischer Randbedingungen, was jede Generalisierung verhindert. Für ein einzurichtendes Monitoring-Programm muß zwischen den wichtigsten Einflußfaktoren wie z.B. Abfluß, Niederschlag etc. und den einzelnen Schadstoffgehalten ein funktionaler Zusammenhang (Modell) hergestellt werden mit dem Vorbehalt, daß unvorhersehbare Ereignisse (Einleitungen) die Ergebnisse verfälschen können. Die Genauigkeit einer Gewässerbeurteilung durch eine einmalig im Jahresverlauf genommene Sedimentprobe ist nicht besser als die Gewässerbeurteilung durch eine einzige analysierte Wasserprobe pro Jahr. Darüber hinaus ist es möglich, daß ein räumlicher „scale effect" existiert, der die Interpretation regionaler Schadstoffmuster noch verkompliziert.

Anmerkungen

1 Geänderte Version eines Vortrages auf der Tagung der Deutschen Geologischen Gesellschaft 1996 in Bonn zum Thema „Geologische Stoffkreisläufe und ihre Veränderung durch den Menschen".

2 Die Rolle der Biosorption kann nur im Zusammenhang mit den übrigen Faktoren wie Niederschlag, Abfluß etc. interpretiert werden. Daher wird sie nicht in einem getrennten Kapitel behandelt.

3 Damit ist hier gemeint, daß die Zeitreihen eindeutige Strukturen aufweisen. Strukturen bieten aber grundsätzlich die Möglichkeit einer Interpretation. Da es in der vorliegenden Arbeit vor allem um das Prozessverständnis der Schadstoffverteilung im Jahresgang geht, wird hier keine weitete Zufallsbetrachtung angestellt.

Literatur

Baugham GL, Paris DF (1981) Microbial bioconcentration of organic pollutants from aquatic systems. Crit. Rev. Microbiol. 8, S. 205-228, Cleveland

Bortz J (1983) Statistik für Sozialwissenschaftler.753 S., Springer, Berlin

Characklis WG, Marshall KC (1990) Biofilms. 796 S., New York

DIN4049 (1994) Teile 1-3. Deutsches Institut für Normung. Berlin

Eisele M, Schorer M (1997) Schadstoffsorption von Biofilmen in Fließgewässern. Kurzfassungen der Jahrestagung der Fachgruppe Wasserchemie 1997, S. 148-152, Karlsruhe

Eisenreich S, Capel PD, Robbins JA, Bourbonniere R (1989) Accumulation and diagenesis of chlorinated hydrocarbons in lacustrine sediments. Environ. Sci. Technol. 23, S. 1116-1126, Washington

Flemming CA, Ferris FG, Beveridge TJ, Bailey GW (1990) Remobilization of toxic heavy metals adsorbed to bacterial wall-clay composites. Appl. Environ. Microbiol. 56, S. 3191-3203, Washington

Flemming HC, Schmitt J, Marshall K (1996) Sorption properties of biofilms. Calmano W, Förstner U (Hrsg) Sediments and Toxic Substances, S. 115-157, Berlin

Frimmel FH, Christman RF (1988) Humic substances and their role in the environment. 271 S., Chichester

Gschwend PM, Wu S (1985) On the constancy of sediment-water partition coefficients of hydrophobic organic pollutants. Environ. Sci. Technol. 19, S. 90-96, Washington

Hellmann H (1992) Organische Spurenstoffe in Schwebstoffen und Sedimenten aus Bundeswasserstraßen unter besonderer Berücksichtigung der Feinkornfraktion. Z. Wasser Abwasser Forsch. 25, S. 343-352, Weinheim

Herrmann R (1981) Transport of polycyclic aromatic hydrocarbons through a partly urbanized river basin. Water, Air, Soil Pollut. 16, S. 445-467, Dordrecht

Karickhoff S W (1981) Semi-empirical estimation of sorption of hydrophobic pollutants on natural sediments and soils. Chemosphere 10, S. 833-846, Oxford

Karickhoff S W, Brown DS, Scott T A (1979) Sorption of hydrophobic pollutants on natural sediments. Wat. Res. 13, S. 241-248, Oxford

Kayal S, Connell D (1990) Partitioning of unsubstituted polycyclic aromatic hydrocarbons between surface sediments and the water column in the Brisbane River Estuary. Aust. J. Mar. Freshwater Res. 41, S. 443-456, Melbourne

Kummert R, Stumm W (1989) Gewässer als Ökosysteme – Grundlagen des Gewässerschutzes. 2.Aufl., 331 S., Stuttgart

Means JC, Wood SG, Hassett JJ, Banwart WL (1980) Sorption of polynuclear aromatic hydrocarbons by sediments and soils. Environ. Sci. Technol. 14, S. 1524-1529, Washington

Merian E (1984) Metalle in der Umwelt. Verbreitung, Analytik, biologische Relevanz. 722 S., Weinheim

Müller MJ (1976) Untersuchungen zur pleistozänen Entwicklungsgeschichte des Trierer Moseltales und der Wittlicher Senke. 185 S., Forschungen zur deutschen Landeskunde, Band 207, Selbstverlag, Trier

Readman JW, Mantoura RFC, Rhead MM (1987): A record of polycyclic aromatic hydrocarbon pollution obtained from accreting sediments of Tamar Estuary, UK. Sci. of the Total Environ. 66, S. 73-94, Amsterdam

Schorer M (1993) Zeitliche Varianz von ausgewählten Umweltchemikalien in Sedimenten des Olewiger Baches. Diplomarbeit Universität Trier, 91 S., Trier

Schorer M, Bierl R, Symader W (1994a) Zeitliche Veränderung von Schadstoffgehalten in Flußsedimenten. Vom Wasser 83, S. 117-126, Weinheim

Schorer M, Gasparini F, Schmitt J, Bierl R (1994b) Veränderung der biogeochemischen Sedimentbeschaffenheit in einem kleinen, städtisch beeinflußten Mittelgebirgsbach. DGL II, S. 829-833, Krefeld

Schorer M, Eisele M (1997) Accumulation of inorganic and organic pollutants by biofilms in the aquatic environment. Water, Air, and Soil Pollut. Jg.99,S. 651-659, Dordrecht

Schorer M, Symader W, Wilhelmi M, Fuchs ST, Hahn HH, Späth R, Flemming HC, Wuertz S (1997) Biofilme in Fließgewässern als dynamische Komponente bei der Schadstoffsorption – ein Verbundprojekt. Kurzfassungen der Jahrestagung der Fachgruppe Wasserchemie 1997, S. 143-147, Karlsruhe

Strunk N (1992) Case studies of variations in suspended matter transport in small catchments. Hydrobiologia 235/236, S. 247-255, Dordrecht

Symader W, Strunk N (1992) Determining the source of suspended particulate matter. IAHS Publ. 209, S. 177-185, Wallingford

Symader W, Bierl R, Hampe K, Strunk N (1992) Particle bound transport of environmental pol-lutants in flowing waters. 5th Int. Symp. on River Sedimentation, S. 579-587, Karlsruhe

Symader W, Schorer M, Bierl R (1994) Temporal variations of environmental pollutants in channel sediments. IAHS Publ. 224, S. 491-498, Wallingford

Tsezos K, Bell J P (1989) Comparison of the biosorption and desorption of hazardous organic pollutants by live and dead biomass. Wat. Res. 23, S. 561-568, Oxford

Urey JC, Kricher JC, Boylan JM (1976) Bioconcentration of four pure PCB isomers by Chlorella pyrenoidosa. Bull. Envir. Contam. Toxicol. 16, S. 81-85, New York

Voice T, Weber W (1983) Sorption of hydrophobic compounds by sediments, soils and suspended solids. Wat. Res. 17, S. 1433-1441, Oxford

Wagner W (1983) Geologie des Trierer Raumes. Mitt. Dtsch. Bodenkundl. Gesellsch. 37, S. 90-122, Oldenburg

Geogene und anthropogene Schwermetallgehalte in Schwebstoffen und Sedimenten von Havel und Spree[1]

Philipp Hoelzmann und Dirk Zellmer

Vorbemerkungen

Für eine Vielzahl chemischer Substanzen anthropogenen und natürlichen Ursprungs stellen die fluvial-limnischen Systeme wesentliche Transportwege und temporäre Senken dar. Im terrestrisch-limnologischen Stoffkreislauf bilden die Sedimente ein natürliches Puffer- und Filtersystem, das insbesondere während der letzten 150 Jahre seit dem Beginn der Industrialisierung über die Anreicherung von Schadstofffen verändert wurde. Die limnischen Sedimente von Havel und Spree bilden Kompartimente von bis zu 30 m Mächtigkeit (Pachur und Röper 1987), deren obere Abschnitte stark schadstoffbelastet sein können (Terytze 1993, Schettler 1992). Die vorliegenden Ergebnisse wurden im Rahmen einer systematischen Bestandsaufnahme zur Schwermetallkontamination der Havel- und Spreesedimente (Hoelzmann et al. 1997) gewonnen und werden im folgenden mit Schwebstoff- und Wasserproben verglichen.

Havel (341 Fließkilometer) und Spree (403 Fließkilometer) haben zusammen ein Einzugsgebiet von ca. 24 300 km^2. Mit Ausnahme des Oberlaufs der Spree (Mittelgebirgscharakter von Fließkilometer 0 bis 75) handelt es sich bei der Havel und dem Mittel- und Unterlauf der Spree um typische Tieflandflüsse. Die Spree hat bei ihrer Mündung in die Havel bei Berlin eine durchschnittliche Wasserführung von 39,3 m^{3}s^{-1}. Die Havel weist bei ihrer Mündung in die Elbe einen mittleren Abfluß von 95 m^{3}s^{-1} auf. Hauptsedimentationsgebiete für organikreiche, feindetritische Sedimente mit hohem Adsorptionsvermögen für Schwermetalle bilden die zahlreichen seenartigen Erweiterungen und Altarme beider Fließsysteme im Jungmoränengebiet der Weichselvereisung.

Havel und Spree lassen sich nach hydrologischen Gesichtspunkten und Industriestandorten in vier bzw. fünf Abschnitte untergliedern (vgl. Abb. 1 und Tabelle 1). Zur Bestimmung der aktuellen Belastungssituation der Sedimente wurden mittels Schlammgreifer Proben entlang der Fließstrecken entnommen (Beprobung 1993 und 1994). Nach der Charakterisierung der Sedimente (Bestimmung von Wassergehalt, Glühverlust, Gesamtschwefelgehalt, anorganischem und organischem Koh-lenstoffgehalt) erfolgte die Bestimmung der Schwermetallgehalte (Zn, Pb,

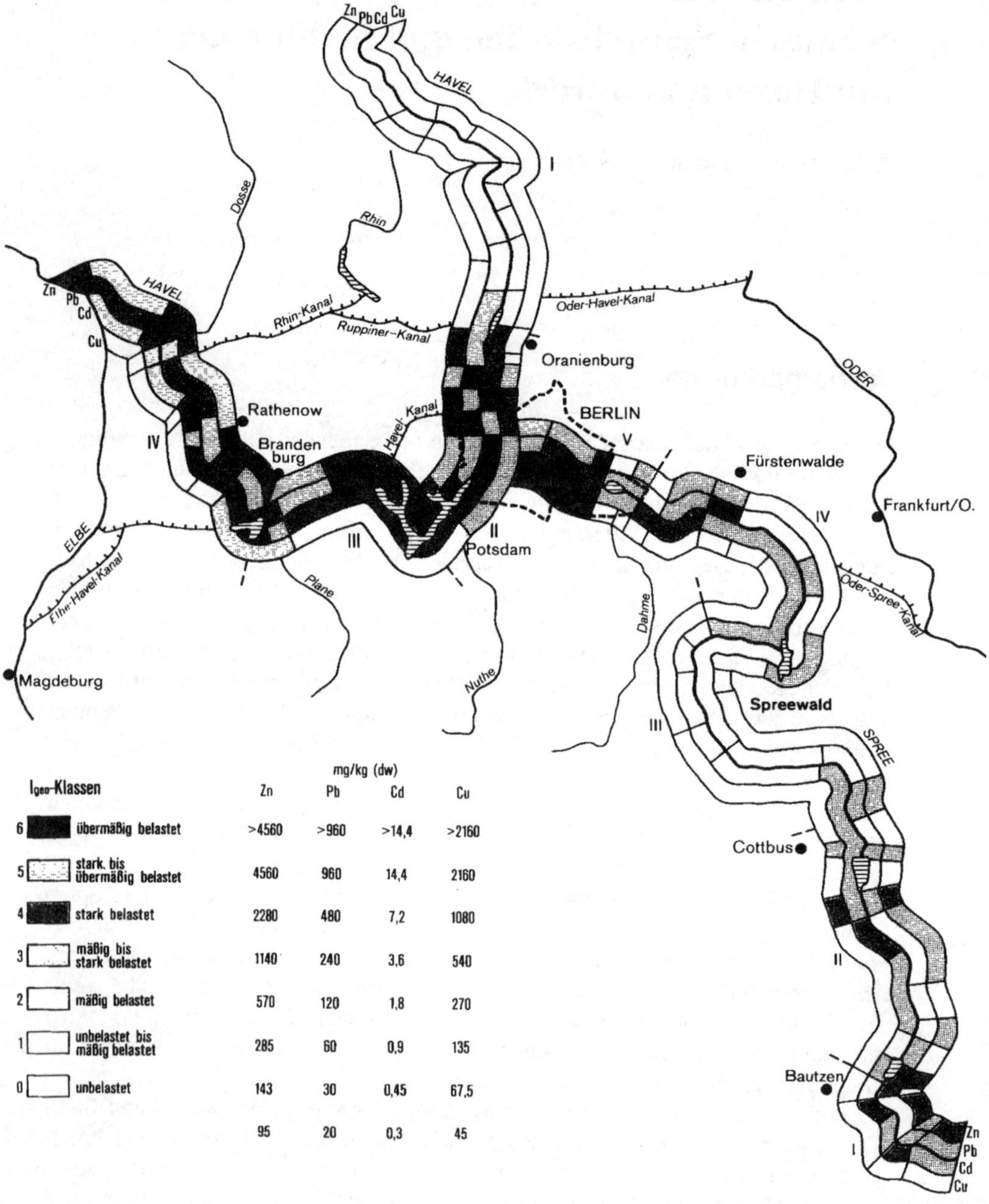

Abb. 1. Zn, Pb, Cd und Cu in den Sedimenten (<20 μm-Anteil) der Fließstrecke von Havel und Spree

Tabelle 1. Übersicht über das Einzugsgebiet von Havel und Spree

	Spree			Havel		
Einzugsgebiet Lauflänge mittlerer Abfluß	10 104 km2 403 km 39,3 m3/s			24 273 km2 341 km 95 m3/s		
	km	Region	mäßige bis übermäige Belastung für	km	Region	mäßige bis übermäßige Belastung für
Abschnitt I	0-75	Quelle – Bautzen	Zn, Pb, Cd	0-140	Oberhavel – Oranienburg	
Abschnitt II	75-188	Bautzen – Cottbus	Cd	140-196	Oranienburg – Berlin-Potsdam	Zn; Pb; Cd; Cu
Abschnitt III	188-238	Spreewald		196-255	Potsdam – Plaue	Zn; Pb; Cd; Cu
Abschnitt IV	238-363	Spreewald – Berlin	Zn; Pb; Cd	255-341	Plaue – Elbe	Zn; Pb; Cd
Abschnitt V	363-403	Berlin-Stadt	Zn; Pb; Cd; Cu			

Cd, Cu, Cr, Ni, Co und As; Königswasseraufschluß nach DIN 38414, Teil 7) am Gesamtmaterial (< 2 mm) und am Anteil < 20 µm. Um die Chronologie des Schadstoffeintrags erfassen zu können, wurden mit einem Tiefgefrierverfahren und einem Kernbohrgerät Sedimentkerne entnommen, die die Sedimente von der Gegenwart bis zu den spätpleistozänen Sanden umfassen. Die Ergebnisse werden zum Tongesteinsstandard nach Turekian und Wedepohl (1961), dem I_{geo}-Index nach Müller (1979) sowie zu lokal ermittelten Hintergrundwerten in Relation gesetzt.

Zur Beschreibung des aktuellen Stofftransports und zur Frachtberechnung werden an der LAWA-Meßstation 11007 Berlin-Sophienwerder (Spreemündung in die Havel) wöchentlich eigenständige Schwebstoff- und Wasserproben entnommen und auf die Schwermetalle Zn, Pb, Cd, Cu, Cr, Ni, Co und As sowie organische Umweltchemikalien untersucht. Die Ergebnisse werden mit der Zielvorgabe der LAWA für Schwebstoffe und mit den Schwermetallgehalten in den belasteten Sedimentationsbecken im Abstrom der Stadt verglichen.

Geogene und anthropogene Schwermetallgehalte der Sedimente

Die Übersichtsaufnahme der Schwermetallbelastung der Spree- und Havelsedimente (Fraktion < 20 µm) mittels Schlammgreifer zeigt eine Zonierung in kaum belastete und stark bis übermäßig belastete Gebiete (Hoelzmann 1995, Hoelzmann et al. 1995). Diese Zonierung beschränkt sich auf ein typisches Elementmuster: Zn, Pb, Cd und Cu zeigen teilweise hohe bis extreme Anreicherungen (I_{geo}-Klasse 3 und höher). Dagegen weisen die Mittelwerte und Mediane der Schwermetalle Cr, Ni, Co und As der jeweiligen Fließstrecken durchgehend nur geringe bis mäßige Belastungen (I_{geo}-Klasse 0 bis 2) auf; jedoch können die Maximalkonzentrationen punktuell hohe Kontaminationen bis I_{geo}-Klasse 4 erreichen (vgl. Tabellen 2 und 3).

Die geringsten Schwermetallgehalte für oberflächennahe Sedimente wurden für die Obere Havel bis Oranienburg sowie für den Spreewald nachgewiesen (Zn I_{geo}-Klasse 0 bis 2; alle übrigen gemessenen Schwermetalle I_{geo}-Klasse 0 bis 1). Als punktuelle Belastungsschwerpunkte der Spree werden die unmittelbaren Einzugsgebiete der Städte (Bautzen, Cottbus, Fürstenwalde: Zn, Pb, und Cd Ø I_{geo}-Klasse 3-4) ausgewiesen. Einzelne Industriekomplexe wie das KW Lübbenau und die ESPAG (Energiesynthesewerk Schwarze Pumpe AG) zeigen räumlich begrenzt stark erhöhte Konzentrationen.

Schadstoffsenken im Anstrom auf den Ballungsraum Berlin bilden der Müggelsee, der Dämeritzsee sowie der Lange See (Dahme). Maximale Anreicherungen gegen-

Tabelle 2. Statistische Parameter der Konzentrationsbereiche ausgewählter Schwermetalle und As im Einzugsgebiet der Spree (**fett** stark bis übermäßig belastet)

von bis Abschnitt	Quelle Bautzen Spree I bis km 75 n=9	Bautzen Cottbus Spree II bis km 188 n=22	Spreewald Spree III bis km 238 n=11	Spreewald Berlin Spree IV bis km 363 n=51	Berlin-Stadt Mündung Spree V bis km 403 n=8	Quelle Mündung Gesamt Spree km 0-403 n=101
Zn						
Mittelwert	940	550	300	600	2020	710
Median	1010	480	300	500	1950	530
Maximum	**1690**	**1190**	360	**2400**	**3090**	**3090**
Minimum	240	270	210	210	780	210
Standardabw.	730	230	40	200	820	560
Pb						
Mittelwert	290	90	60	140	320	150
Median	240	70	60	70	320	90
Maximum	**730**	160	70	**2550**	**560**	**2550**
Minimum	10	30	50	30	130	10
Standardabw.	240	30	10	380	160	280

Cd						
Mittelwert	3,2	2,3	0,8	2,6	**18,4**	3,7
Median	3,4	2,3	1,0	2,6	**14,7**	2,5
Maximum	4,8	5,2	1,3	5,1	**34,9**	34,9
Minimum	0,8	0,8	0,3	0,7	**8,4**	0,3
Standardabw.	1,2	1,0	0,4	0,8	9,3	5,2
Cu						
Mittelwert	120	150	70	70	**850**	160
Median	120	80	60	70	**1000**	70
Maximum	230	**900**	140	240	**1370**	**1370**
Minimum	10	50	30	20	140	10
Standardabw.	80	210	30	30	460	270
Cr						
Mittelwert	110	80	50	50	110	70
Median	120	70	60	50	90	60
Maximum	140	230	60	90	320	320
Minimum	60	40	20	30	30	30
Standardabw.	30	40	10	10	90	360
Ni						
Mittelwert	50	80	40	50	60	60
Median	50	80	40	50	60	60
Maximum	70	140	60	80	100	140
Minimum	30	30	30	30	30	30
Standardabw.	10	40	<10	10	20	30
Co						
Mittelwert	20	80	40	30	10	40
Median	20	80	40	30	10	30
Maximum	30	180	70	130	20	180
Minimum	10	10	20	10	10	10
Standardabw.	<10	40	10	20	<5	40
As						
Mittelwert	28,4	34,3	8,4	13,3	13,3	18,7
Median	21,6	33,8	9,3	10,3	13,8	13,2
Maximum	32,0	53,8	15,4	52,2	15,2	53,8
Minimum	13,6	12,8	2,1	5,4	8,0	2,1
Standardabw.	<10	12,2	4,2	8,5	2,4	12,6
Hg						
Mittelwert	0,6	0,4	0,5	0,4	1,7	0,6
Median	0,5	0,3	0,2	0,2	1,0	0,4
Maximum	1,8	2,4	2,3	2,65	3,8	3,8
Minimum	<0,1	<0,1	<0,1	<0,1	0,3	<0,1
Standardabw.	0,5	<0,1	<0,1	0,45	1,2	0,7
I_{geo}-Klasse nach Müller (1979)	0 und 1 unbelastet bis mäßig belastet	2 mäßig belastet	3 mäßig bis stark belastet	4 stark belastet	5 stark bis übermäßig belastet	6 übermäßig belastet

Tabelle 3. Statistische Parameter der Konzentrationsbereiche ausgewählter Schwermetalle und As im Einzugsgebiet der Havel (**fett** stark bis übermäßig belastet)

von bis Abschnitt	Obere Havel Oranienburg Havel I bis km 140 n=26	Oranienburg Berlin- Potsdam Havel II bis km 195 n=15	Potsdam Plaue Havel III bis km 255 n=12	Plaue Elbe (Mündung) Havel IV bis km 341 n=20	Quelle Mündung (Elbe) Gesamt-Havel km 34 bis 341 n=73
Zn					
Mittelwert	160	**1450**	**3780**	**3480**	**1920**
Median	160	**1310**	**3140**	**3060**	**1170**
Maximum	350	**3420**	**9510**	**11770**	**11770**
Minimum	30	240	1120	1040	30
Standardabw.	80	1030	2450	2400	2240
Pb					
Mittelwert	50	**420**	**430**	**350**	**280**
Median	50	**250**	**250**	**340**	190
Maximum	140	**2180**	**2050**	**520**	**2180**
Minimum	10	90	160	190	10
Standardabw.	30	500	550	10	370
Cd					
Mittelwert	0,6	**5,6**	**8,72**	**9,5**	**5,5**
Median	0,6	**5,0**	**6,4**	**10,4**	**4,7**
Maximum	1,6	**15,1**	**22,9**	**14,6**	**22,9**
Minimum	<0,1	0,7	**3,7**	2,2	<0,1
Standardabw.	0,4	4,6	6,3	3,5	5,6
Cu					
Mittelwert	20	**640**	290	160	240
Median	20	150	290	170	130
Maximum	50	**2230**	430	240	**2230**
Minimum	<5	40	190	90	<5
Standardabw.	10	800	70	40	432
Cr					
Mittelwert	20	110	120	100	80
Median	20	60	100	90	60
Maximum	100	560	320	190	560
Minimum	<5	20	60	50	<5
Standardabw.	20	130	70	30	90
Ni					
Mittelwert	20	160	50	50	60
Median	10	60	60	40	40
Maximum	30	730	80	90	730
Minimum	<5	10	30	20	<5
Standardabw.	10	210	10	10	110

Co						
Mittelwert	3,8	40	9,3	11,5	13,7	
Median	3,9	10	9,4	11,2	8,4	
Maximum	8,4	**350**	13,9	15,7	**350**	
Minimum	1,0	<5	5,6	6,7	1,0	
Standardabw.	2,2	80	2,1	2,5	39,8	
As						
Mittelwert	11,0	26,7	23,3	22,5	20,2	
Median	10,8	24,6	21,0	22	19,1	
Maximum	21,9	63,6	39,5	34	63,6	
Minimum	5,0	9,3	13,4	15,8	5,0	
Standardabw.	4,4	13,5	7,5	5,3	10,9	
Hg						
Mittelwert	0,2	1,3	1,0	0,4	0,8	
Median	0,1	0,3	0,7	0,4	0,3	
Maximum	0,4	**6,1**	3,2	0,9	**7,3**	
Minimum	<0,1	<0,1	0,1	<0,1	<0,1	
Standardabw.	0,1	1,9	1,0	0,3	1,4	
I_{geo}-Klasse nach Müller (1979)	0 und 1 unbelastet bis mäßig belastet	2 mäßig belastet	3 mäßig bis stark belastet	4 stark belastet	5 stark bis übermäßig belastet	6 übermäßig belastet

über dem lokalen geogenen Hintergrund liegen hier bei Zn = 15, Pb = 27, Cu = 20, bestimmt für die Große Krampe, Langer See. Der lokale Hintergrund wurde durch Analysen der Schwermetallgehalte unterhalb der Gradientzone des Schwermetallanstiegs bestimmt.

Das Stadtgebiet von Berlin stellt einen regionalen Belastungsschwerpunkt dar, der sich auf ca. 45 Fließkilometer der Spree und ca. 60 Fließkilometer der Havel erstreckt. Hier werden hohe Schwermetallkonzentrationen im Sediment für Zn, Pb und Cu entsprechend der I_{geo}-Klasse 5 sowie I_{geo}-Klasse 6 für Cd erreicht.

Exemplarisch zeigt die Bohrung MALA am Westufer des Pichelsdorfer Gemünds den Anstieg der Schwermetallkonzentration seit 1880 in 1,8 m Sedimenttiefe (Abb. 2). Die Sedimentakkumulationsrate wurde mittels $Cs^{137/134}$-Datierung ermittelt und beträgt ca. 2 cma^{-1}. Markante Veränderungen der Sedimentzusammensetzung (z.B. ein erhöhter Sandanteil durch Baustofftransporte) können ebenso als Datierungshilfen genutzt werden. Die größten Schadstoffkonzentrationen werden in ca. 1,2 m Sedimenttiefe für Pb und Cr, in 0,75 m für Cu und in 0,3 m für Cd nachgewiesen. Diese Zonierung kann in vielen Bohrkernen im Berliner Satdtgebiet wiedergefunden werden (Ahrens 1991) und belegt ein hohes Belastungsniveau seit frühindustrieller Zeit. Am Pichelsdorfer Gemünd werden Anreicherungsfaktoren von 55 für Zn (3290 $mgkg^{-1}$ Trockensubstanz, TS), 66 für Pb (1990 $mgkg^{-1}$ TS), 155 für Cd (31 $mgkg^{-1}$ TS) und 190 für Cu (3780 $mgkg^{-1}$ TS) gegenüber dem lokalen Hintergrund erreicht. Extrem hohe Cu-Belastungen beschränken sich auf die Sedimentationsbecken im ehemaligen West-Berlin.

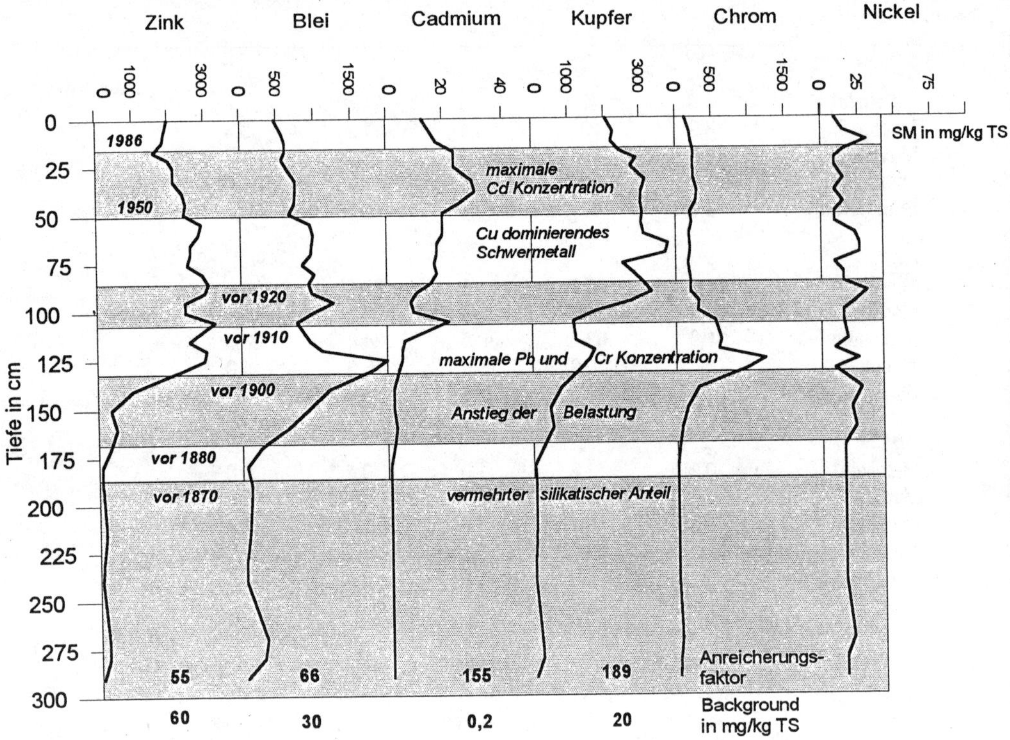

Abb.2. Geogene und anthropogene Schwermetallkonzentrationen am Bohrkern MALA – Pichelsdorfer Gemünd (Berlin)

Die Sedimente der Havel weisen ab dem Ballungsraum Oranienburg-Berlin-Potsdam bis zur Mündung in die Elbe (ca. 200 Fließkilometer) für Zn, Pb und Cd durchweg hohe Schwermetallkonzentrationen in der Feinkornfraktion (< 20 µm) auf. An industriell intensiv genutzten Standorten in Brandenburg konnten extreme Belastungen der oberen Sedimentabschnitte nachgewiesen werden. Der Quenzsee stellt das erste Sedimentationsbecken nach dem Industriegebiet Brandenburg-Silokanal dar, an dem u.a. das Stahl- und Walzwerk Brandenburg angesiedelt ist, welches bis zu einem Drittel der Rohstahlproduktion der ehemaligen DDR abdeckte.

Die Bohrung auf dem Quenzsee (Abb. 3) bei 2,5 m Wassertiefe umfaßt eine Sedimentstrecke von 13,63 m; die oberen 2,7 m stark wassergesättigter Mudden wurden mit dem Tiefgefrierverfahren beprobt. Ab 2,7 m wurden die Sedimente bis zur sandigen Basis bei 13,63 m mit dem Livingstoneverfahren (Merkt und Streif 1970) beprobt. Als Zeitmarker läßt sich der Laacher Seetuff (ca. 11 300 aBP, Straka 1975) in 13,2 m Tiefe verwenden. Somit errechnet sich eine durchschnittliche Sedimentakkumulationsrate von etwa 0,1 cma^{-1} für den Abschnitt 2,0 bis 13,2 m. Der obere Kernabschnitt ist mittels Pb^{210} und Cs^{137} datiert worden; es ergibt sich eine Sedimentakkumulationsrate zwischen 1,5 und 7,0 cma^{-1} (vgl. Abb. 3).

Der kontaminierte Sedimentabschnitt umfaßt die oberen 180 cm und zeigt einen starken Anstieg der Schwermetallkonzentrationen zwischen 1945 und 1970. Gegenüber dem lokalen geogenen Hintergrund ergeben sich maximale Anreicherungs-

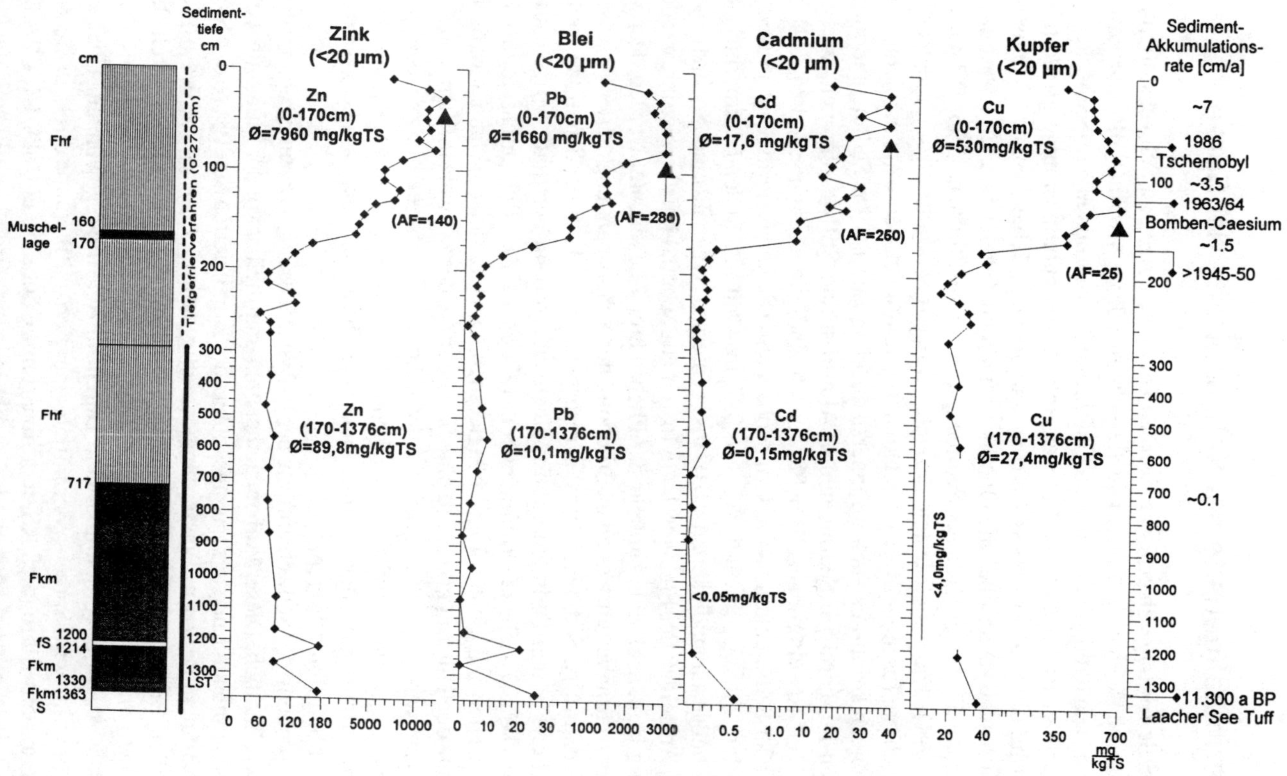

Abb. 3. Geogene und anthropogene Zn,- Cd,- und Cu-Gehalte (Anteil < 20 µm) im Bohrkern Quenzsee (Stadt Brandenburg). AF = Anreicherungsfaktor

faktoren von 140 für Zn (12500 $mgkg^{-1}$ TS), 280 für Pb (2840 $mgkg^{-1}$ TS), 250 für Cd (37,2 $mgkg^{-1}$ TS) und 25 für Cu (650 $mgkg^{-1}$ TS). Ab etwa 1990 gehen die Konzentrationen deutlich zurück. Dieser Rückgang spiegelt die wirtschaftlichen Veränderungen (Schließung großer Produktionsbereiche) nach der Wende wider.

Schwermetallgehalte der Schwebstoffe der Spree

Um aktuelle Einträge zu erfassen, werden Untersuchungen an Schwebstoffen und der Wasserphase durchgeführt. Die Berechnung der Schwermetallfracht ermöglicht die Abschätzung des künftigen Gefährdungspotentials in den Seebecken.

Der Berliner Raum läßt sich in zwei große Sedimentationsräume gliedern: der Anstrom auf die Stadt erfolgt im Spreesystem über das Gebiet Dahme – Müggelsee sowie im Havelsystem über die Oberhavel und den Tegeler See; im Abstrom von Berlin dient die Unterhavel als Sedimentationsraum (Terytze 1993, Pachur und Ahrens 1991). Die kanalisierten Bereiche in der Innenstadt müssen dagegen als Passagegebiete für die teilweise hochkontaminierten Schwebstoffe betrachtet werden. Dennoch kommt es auch im innerstädtischen Bereich zur Sedimentation von belasteten feinkörnigen Sedimenten in Altarmen und Stillwasserzonen, wie z.B. hafenartigen Erweiterungen. Bei Fließgeschwindigkeiten von $< 0{,}3\ ms^{-1}$ ist ein einsetzender Sedimentationsdruck zu beobachten. Die kanalisierte Stadtspree weist eine mittlere Fließgeschwindigkeit von $0{,}15\ ms^{-1}$ auf und in den Sommermonaten werden Fließgeschwindigkeiten $< 0{,}07\ ms^{-1}$ gemessen. Während einer Schiffspassage kann ein Ansteigen der Fließgeschwindigkeit auf über $0{,}44\ ms^{-1}$ registriert werden, kurzzeitig kann auch eine Umkehr der Fließrichtung beobachtet werden. Der Sog der Schiffsschraube führt zu einer Erhöhung der Schubspannung an der Gewässersohle. Feinkörnige Sedimente werden resuspendiert und mit der Strömung weitertransportiert. In den Sedimentationsräumen im Abstrom der Stadt herrschen mit $< 0{,}01\ ms^{-1}$ quasi stehende Bedingungen (Kloos 1978). Bei durchschnittlichen hydrologischen und meteorologischen Bedingungen läßt sich ein charakteristischer Tagesgang der Trübung und damit eine Veränderung der Schwebstoffkonzentration nachweisen, was im wesentlichen auf den erhöhten Schiffsverkehr zwischen 7:00 und 20:00 Uhr zurückgeführt werden kann. Bei optimalen Randbedingungen anhand der Verlaufskurve der Trübung kann eine Differenzierung von berg- und talfahrenden Schiffen erfolgen.

Die Beprobung der Schwebstoffe an der LAWA-Meßstation Berlin-Sophienwerder erfolgt wöchentlich. Dieser Probennahmepunkt unmittelbar vor der Mündung wurde ausgewählt, um am Ende des Passagegebiets der kanalisierten Stadtspree den Stoffaustrag zu quantifizieren. Wassermengenmäßig dominiert die Spree das Abflußregime. Seit Beginn der Meßkampagne ist der Abfluß der Oberhavel durch Baumaßnahmen an der Schleuse Spandau zusätzlich stark reduziert.

Die Schwebstoffe werden über eine Durchflußzentrifuge gewonnen. Über eine Schlauchleitung wird Spreewasser mittels einer Peristaltikpumpe direkt in die Zentrifuge (Heraeus Biofuge 28 RS, modifiziert mit Contikit und Rotor HCT 22.300) geführt. Der Durchfluß beträgt ca. 400 $mlmin^{-1}$. Die durchschnittliche Entnahme-

Tabelle 4. LAWA-Grenzwerte, durchschnittliche Schwermetallkonzentrationen der Schwebstoffe und Schwermetallfrachten für die hydrologischen Jahre 1995 und 1996 sowie das Verhältnis von gelösten und partikulär gebundenen Schwermetallen an der Meßstation 11007, Berlin-Sophienwerder für das hydrologische Jahr 1995. SF = Schwebstofffracht; LF = Lösungsfracht

	LAWA [$mgkg^{-1}TS$]	**Ø Konzentration** [$mgkg^{-1}TS$]		**Frachten** [t]			
	1995 n=47	1996 n=41		1995 SF 16850	1996 SF 13650	1995 LF n=30	1995 SF/LF
Zn	200	823	734	13,4	9,9	52,6	0,25
Pb	100	224	232	3,6	3,1	15,8	0,23
Cd	1,5	4,1	3,7	0,0061	0,0049	n.b.	n.b.
Cu	60	340	355	5,5	4,6	19,1	0,29
Cr	100	45	50	0,7	0,7	25,5	0,03
Ni	50	36	35	0,5	0,5	3,7	0,14

zeit liegt bei 20 h, wobei bis zu 500 l Wasser beprobt werden. Zur Kontrolle der Schwebstoffganglinie wird die Trübung mittels Infrarotdetektor (Züllig FA 94) gemessen (Aufzeichnung alle 15 min.). Die Probe wird in einem Titanrotor gesammelt und in gereinigten PE-Flaschen in das Labor transportiert. Die Schwebstoffkonzentration in der Spree liegt zwischen < 10 mgl^{-1} (Wintermonate) und steigt auf > 40 mgl^{-1} während der Algenblüten an. Durch den definierten, langen Entnahmezeitraum werden mehrere Gramm Schwebstoffe gewonnen und es wird eine hohe Repräsentativität der Probe erreicht (Tabelle 4). Einzelne Schwebstoffspitzen werden in die Beprobung eingegliedert und durch den Trübungsmesser dokumentiert.

Die Analyse der Schwebstoffe auf Schwermetalle (Zn, Pb, Cd, Cu, Cr und Ni) erfolgt mittels modifiziertem Königswasseraufschluß nach DIN 38414 Teil 7 in gleicher Weise wie für die Sedimente. Organische Verbindungen werden mittels eines GC-MSD-Systems (HP 5890 series II / HP5971 A) identifiziert. Eine parallel entnommene Wasserprobe wird filtriert und mittels ICP-OES sowie ICP-MS auf gelöste Schwermetalle analysiert (durch Bundesgesundheitsamt-WaBoLu).

Die Ergebnisse umfassen die hydrologischen Jahre 1995 und 1996 (11/1994 bis 10/1996). Die Schwermetallkonzentrationen (Abb. 4) zeigen ein ähnliches Elementmuster, wie es für die oberflächennahen Sedimente von Havel und Spree nachgewiesen worden ist. Die ermittelten Zn-, Cu- und Pb-Konzentrationen überschreiten die Zielvorgaben der LAWA ausnahmslos (vgl. Tabelle 4). Dagegen zeigen die Elemente Cr und Ni im allgemeinen Konzentrationen, die unterhalb der LAWA-Zielvorgabe liegen. Die Maximalwerte überschreiten die Zielvorgaben um den Faktor 7 für Zn, 4 für Pb und Cd sowie 3,6 für Cu. Berechnungen der Feststofffracht (m_{Ff}) nach t/t für die hydrologischen Jahre 1995 und 1996 ergeben ca. 16 850 t für 1995 und 13 650 t für 1996. Die durchschnittliche partikulär gebundene Jahresfracht an Schwermetallen für 1995 und 1996 sowie die Verhältnisse für die Verteilung von gelösten und partikulär gebundenen Schwermetallen für 1995 zeigt Tabelle 4. Für die Elemente Zn, Pb, Cd und Cu ergibt sich zwischen beiden Jahren eine Abnahme der partikulär gebundenen Schwermetallfracht zwischen 26% (Zn) und 14% (Pb). 1995 betrug das Verhältnis zwischen partikulär gebundenen und gelösten Schwermetallen etwa 0,25 bis 0,3, d.h. es haben etwa 3-4 mal soviel gelöste wie partikulär gebundene Schwermetalle die Meßstelle passiert: 52,6 t Zn; 15,8 t Pb; 19,1 t Cu (vgl. Tabelle 4).

Tendenziell werden in den Monaten Mai bis Oktober höhere Schwermetallkonzentrationen gemessen. Dies ist auf den Eintrag von stärker belasteten Regenabwässern in die Vorfluter während der Sommermonate sowie einen verdünnenden Einfluß der natürlichen Schwebstoffe im Frühjahr zurückzuführen (Abb. 4). Der Effekt wird durch die Betrachtung der Schwermetallfrachten deutlich.
Auffällig ist der Anstieg der Schwebstofffracht im Frühjahr bei fast gleichbleibender Schwermetallfracht (Abb. 5). Der Anstieg der Monatsfracht im Juni 1995 ist auf lokal begrenzte Niederschlagsereignisse mit einem hohen Anteil an stark verschmutztem Regenwasser zurückzuführen. Solche singulären Ereignisse erhöhen den Feststofftransport in kurzer Zeit und tragen erheblich zum Schwermetalleintrag in die Gewässer bei. In abgeschwächter Form gilt dies auch für September 1995 und Juli 1996.

Für das Jahr 1996 wurden die lange Eisbedeckung von Dezember bis April mit praktisch fehlendem Oberflächenzufluß und der bis April unter dem langjährigen Mittel liegende sehr geringe Abfluß dokumentiert. Mit dem Einsetzen der Frühjahrshochwässer stieg der Schwebstoffgehalt und damit die Schwermetallfracht stark an. Die Konzentrationen steigen demgegenüber nur gering an.

Ein Vergleich mit den Schwermetallkonzentrationen im Sediment (Bohrung MALA) zeigt dort für Cu eine bis zu 6,9-fache Anreicherung. Zn, Pb und Cd sind gegenüber den Schwebstoffen 3,5 bis 4,3-fach angereichert.

Eine Bilanzbetrachtung zwischen dem jährlichen Sedimentzuwachs und der Schwebstofffracht belegt, daß die jährlich die Meßstation passierende Schwebstoffmenge lediglich eine Fläche von 0,77 km^2a^{-1} (für 1995) bzw. 0,62 km^2a^{-1} (für 1996) bei einer Sedimentationsrate von 2 cma^{-1} bedecken würde. Die Fläche der Unterhavel in toto beträgt bis Potsdam ca. 16 km^2. Selbst in einer Entfernung von 5,5 km von dem als unmittelbar anzusehenden Sedimentationsbecken des Pichelsdorfer Gemünds liegen noch Schwermetallkonzentrationen von über 1780 mg Cu kg^{-1} TS an der Oberfläche vor. Das entspricht einer 90-fachen Anreicherung gegenüber dem lokalen geochemischen Hintergrund und einer Anreicherung um den Faktor 5 gegenüber der Cu-Konzentration in den Schwebstoffen. Da für den Bereich der Unterhavel keine zusätzlichen Einleiter bekannt sind, ist von einer Aufnahme der gelösten Schwermetalle durch sedimentbildendes Plankton während der langen Verweilzeiten im Wasser auszugehen.

Eine Betrachtung von PAKs zeigt dagegen eine Abreicherung der Konzentrationen im Sediment. Die PAK-Konzentrationen in den Schwebstoffen sind rd. 1,5-fach erhöht.

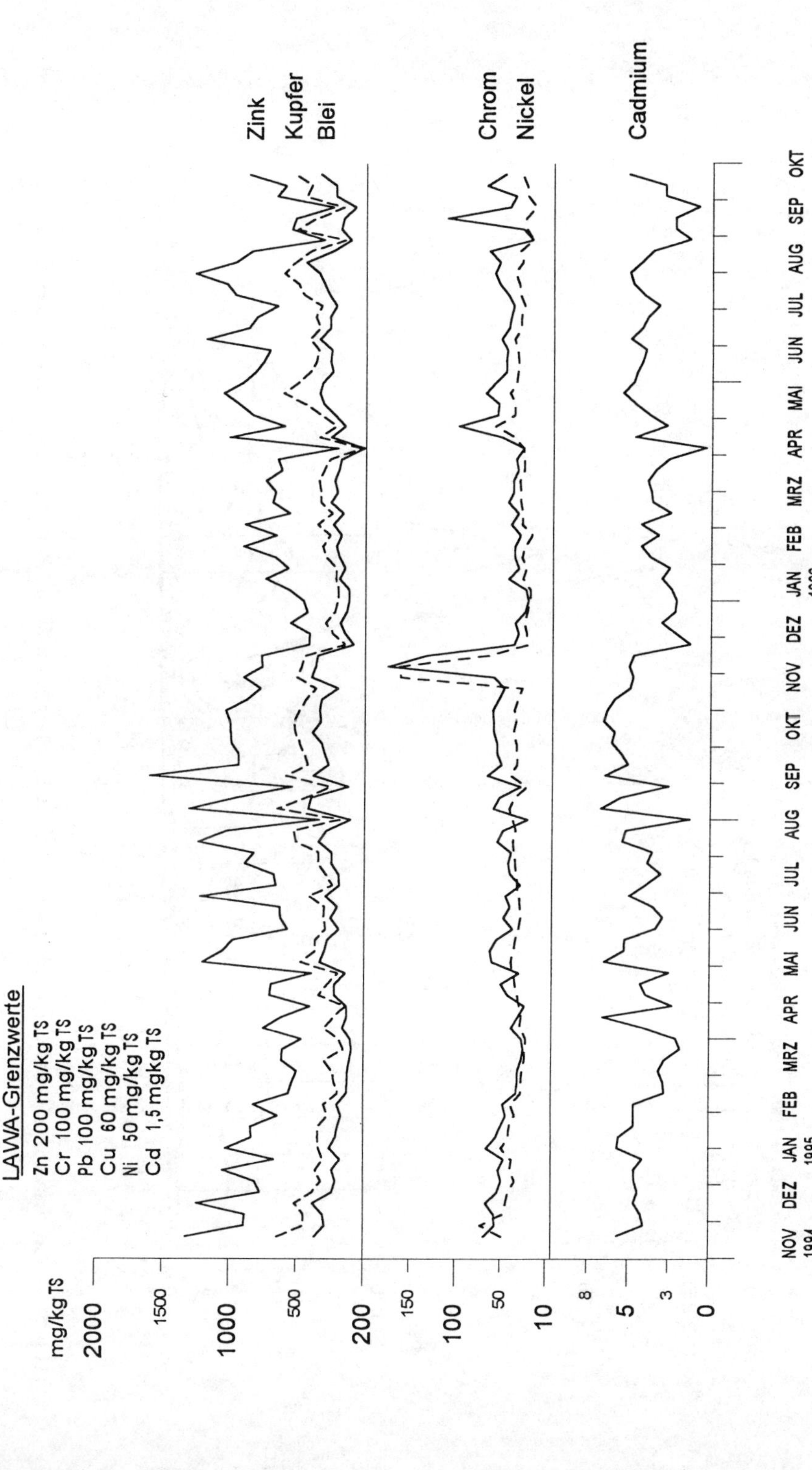

Abb. 4. Konzentrationen der Schwebstoffe in den hydrologischen Jahren 1995 und 1996 an der Meßstation Berlin-Sophienwerder

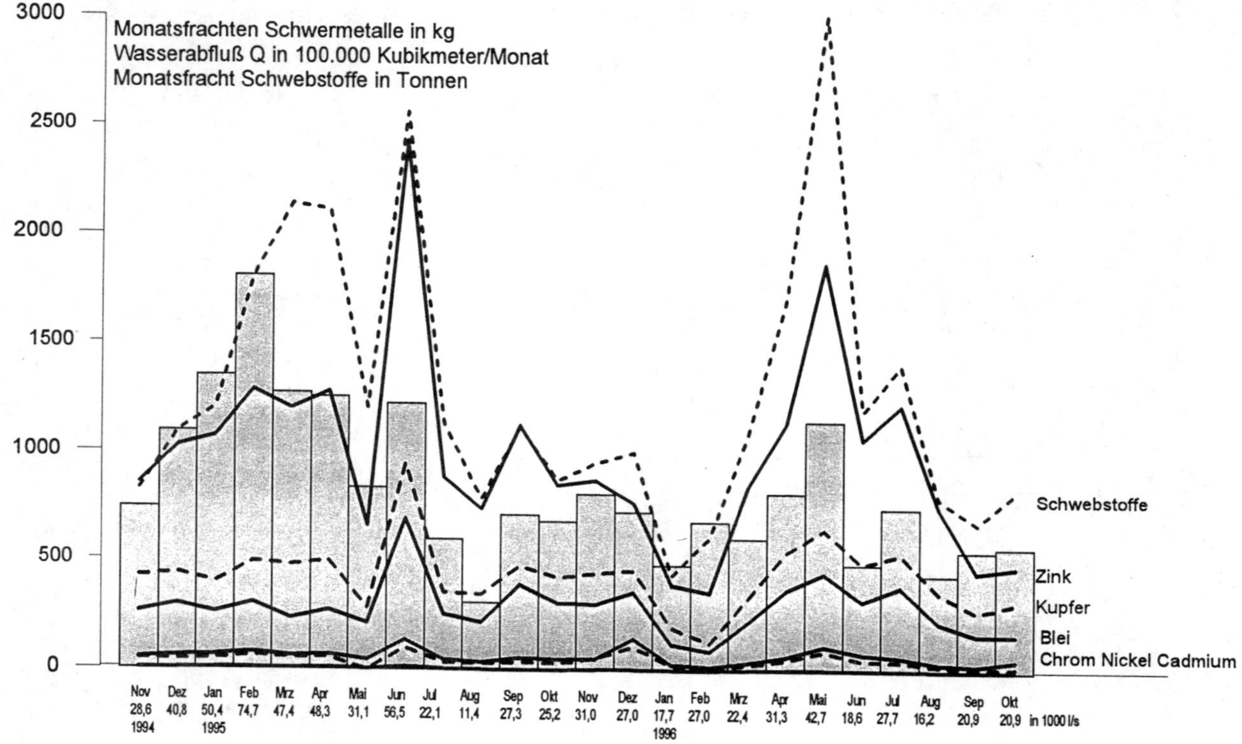

Abb. 5. Abfluß, Schwebstoff- und Schwermetallfracht für die hydrologischen Jahre 1995 und 1996 an der Meßstation Berlin-Sophienwerder

Zusammenfassung

Die Übersichtsaufnahme der Schwermetallgehalte der Havel- und Spreesedimente ergab ein ausgeprägtes Elementmuster. Demnach zeigen Zn, Pb, Cd und teilweise Cu extreme Anreicherungen gegenüber dem lokalen geogenen Background. Cr, Ni, Co und As weisen fast durchweg nur geringe bis mäßige Anreicherungen auf. Die höchsten Schwermetallkonzentrationen wurden in Spree und Havel im Berliner Raum sowie der unteren Havel ab Oranienburg bis zu ihrer Mündung in die Elbe nachgewiesen (insgesamt ca. 250 Fließkilometer). Im westlichen Stadtgebiet von Berlin treten in den Sedimenten deutlich höhere Cu-Konzentrationen als im übrigen Untersuchungsgebiet auf.

Chronostratigraphische Untersuchungen von Bohrkernen belegen kontaminierte Schlämme bis 2 m Sedimenttiefe. Die maximalen Anreicherungsfaktoren gegenüber den lokalen Hintergrundwerten liegen am Quenzsee (Brandenburg) bei 140 für Zn, 280 für Pb und 250 für Cd. Für Cu werden im westlichen Berliner Stadtgebiet (Pichelsdorfer Gmünd) die höchsten Anreicherungsfaktoren (190) erreicht.

Die Schwebstoffe der Spree an der Mündung in die Havel zeigen ein den Sedimenten ähnliches Schwermetallbelastungsmuster. Die Zn-, Pb-, Cd- und Cu-Konzentrationen liegen im Durchschnitt deutlich über den Zielvorgaben der LAWA. Cr und Ni dagegen zeigen im allgemeinen Werte unterhalb der LAWA-Zielvorgabe. Die Schwebstofffrachten der hydrologischen Jahre 1995 und 1996 zeigen trotz deutlich unterschiedlicher Jahresabflußgänge sehr ähnliche Werte. Es kann eine leicht abnehmende Tendenz der Schwermetallkonzentrationen in den Schwebstoffen und den Frachten von 1995 zu 1996 aufgezeigt werden. Die Lösungsfracht der Schwermetalle wurde für 1995 bestimmt und übersteigt die Schwebstofffracht für Zn, Pb, Cd und Cu etwa um den Faktor 4. Die Schwermetallkonzentrationen in den Sedimenten sind gegenüber den Schwebstoffen um das 3,5- bis 7-fache angereichert und belegen eine Aufnahme von gelösten Schwermetallen durch sedimentbildendes Plankton während langer Verweilzeiten in Stillwasserbereichen. Diese Annahme wird durch eine Flächenbilanzierung gestützt.

Danksagung

Die vorgestellten Ergebnisse wurden im Rahmen des BMBF-Verbundprojektes „Elbenebenflüsse: Bestandsaufnahme der Schadstoffsituation insbesondere mit Schwermetallen in Havel/Spree und Schwarze Elster im Hinblick auf die zukünftige Gewässergüte; Teilprojekt 4: Havel und Spree" sowie in dem durch den Senator für Stadtentwicklung und Umweltschutz Berlin geförderten Projekt „Verbreitung und Mächtigkeit subhydrischer Sedimente, Kontamination mit Schwermetallen und Umweltchemikalien u.a. am Beispiel Berliner Seen" gewonnen. Die Arbeiten wurden innerhalb der Arbeitsgruppe von Prof. Dr. H.-J. Pachur (Freie Universität Berlin) durchgeführt. Wir danken dem Bundesgesundheitsamt (Dr. Mailan, Institut für Wasser-, Boden- und Lufthygiene) für die Durchführung der Schwermetallanalytik der filtrierten Wasserproben.

Anmerkung

1 Geänderte Version eines Vortrages auf der Tagung der Deutschen Geologischen Gesellschaft 1996 in Bonn zum Thema „Geologische Stoffkreisläufe und ihre Veränderung durch den Menschen".

Literatur

Ahrens M (1991) Chronostratigraphische Bewertung der Schwermetallbelastung von Sedimenten der Unterhavel in Berlin. Dissertation am FB Geowissenschaften der Freien Universität Berlin. S. 1-146

Hoelzmann P (1995) Heavy metal contamination detected in sediments from the Havel and Spree rivers. In Wilken RD, Förstner U, Knöchel A. (Hrsg.) Proceedings of the International Conference on Heavy Metals in the Environment, Sept. 1995, Hamburg, CEP-consultants, S. 328-331

Hoelzmann P, Schwarz S, Pachur HJ (1995) Die Schwermetallbelastung der Sedimente der Havel und Spree – erste Ergebnisse. In Hemberle P, Furrer R, Müller, G: Die Belastung der Elbe. Teil I Elbenebenflüsse, Statusberichte 1994 des BMBF, Bonn, S. 88-99

Hoelzmann P, Ricking M, Pachur HJ (1997) Bestandsaufnahme der Schadstoffsituation insbesondere mit Schwermetallen in Havel/Spree und Schwarze Elster im Hinblick auf die zukünftige Gewässergüte; Teilprojekt 4: Havel/Spree. BMBF-Forschungsbericht 02-WT 9262/9, S.1-141

Kloos R (1978) Besondere Mitteilungen zum Gewässerkundlichen Jahresbericht des Landes Berlin. Der Senator für Bau- und Wohnungswesen, S. 1-79

Merkt J, Streif HJ (1970) Stechrohrbohrgeräte für limnische und marine Lockersedimente. Geol. Jb., 88, S. 137-148

Müller G (1979) Schwermetalle in den Sedimenten des Rheins – Veränderungen seit 1971. Umschau, 79, S. 778-783

Pachur HJ Ahrens M (1991) Verbreitung, Mächtigkeit subhydrischer Sedimente, Kontamination mit Schwermetallen und Umweltchemikalien u.a. am Beispiel Berliner Seen. Forschungsprojekt BMFT 02 WT 86609 und Senat von Berlin. S. 1-155

Pachur HJ, Röper HP (1987) Zur Paläolimnologie Berliner Seen. Berliner Geographische Abhandlungen, 44, S. 1-149

Schettler G (1992) Verteilung ausgewählter toxischer Spurenelemente im Sediment des Breitlingsees bei Brandenburg. Acta hydrochim. Hydrobiol., 20, S. 142-149

Straka H (1975) Die spätquartäre Vegetationsgeschichte der Vulkaneifel. Beitr. Landespfl. Rheinland-Pfalz, Beiheft 3, S. 1-163

Terytze K (1993) Anreicherung und Verteilung von Schwermetallen und anderen Elementen in Oberflächensedimenten der Berliner Gewässer und ihres Umlandes. Acta hydrochim. hydrobiol. 21, 1, S. 8-20

Turekian K, Wedepohl K (1961) Distribution of the elements in some major units of the earth's crust. Bull. Geol. Soc. Am., 72, S. 175-192

Anthropogene Schwermetallbelastung von feinkörnigen Flußsedimenten[1]

Ansgar Müller, Christiane Hanisch, Lutz Zerling, Andreas Arnold, Maritta Lohse und Annette Walther

Vorbemerkungen

Wie Untersuchungen für die Jahre 1991 bis 1994 zeigen, führt die Saale – insbesondere auch durch ihren Nebenfluß, die Weiße Elster – der Elbe eine beträchtliche Schadstofflast zu. Um Maßnahmen zur Senkung der Schwermetallbelastung bis auf ein naturnahes Niveau planen zu können, wurde damit begonnen, die geochemischen (geogenen) Grundgehalte feinkörniger Auensedimente für Teileinzugsgebiete mit unterschiedlichem geologischem Aufbau zu ermitteln. Hierzu wurden in bestimmten Auenabschnitten jeweils mehrere Vertikalprofile untersucht. Die Bestimmung der Metallgehalte erfolgte nach Königswasseraufschluß der Kornfraktion <20 µm mittels AAS und ICP-MS.

Möglichkeiten und Grenzen bei der Festlegung der geogenen Grundgehalte werden anhand der Schwermetallkonzentrationen in einigen charakteristischen Vertikalprofilen demonstriert. Profile in jungen, allochthonen, braunen Auenböden, die im heutigen Profilverband keinen intensiven pedogenetischen Prozessen unterliegen, verursachen hierbei wenig Probleme. In grundwasserbeeinflußten Profilen dagegen kommt es im oberflächennahen, ständig belüfteten Profilteil (aM-Horizont) zu abwärts gerichteten Metallverlagerungen und im Go-Horizont zu – je nach Element unterschiedlichen – Anreicherungen. Im nahezu ständig grundwasserführenden, anoxischen Profilteil (Gr-Horizont) können Metallgehalte vielfach als ursprünglich, nämlich synsedimentär entstanden, angenommen werden. Wasserstauende Einlagerungen und limnisch-fluviatile organische sowie karbonatische Horizonte weisen sowohl primär als auch infolge späterer Migrationsvorgänge abweichende, für die einzelnen Elemente sehr unterschiedliche Metallgehalte auf und müssen getrennt bewertet werden. Die tabellarisch angegebenen geogenen Grundwerte für fluviatile Sedimente in den untersuchten Teileinzugsgebieten entsprechen dem gegenwärtigen Kenntnisstand und werden derzeit durch weitere Untersuchungen präzisiert.

Die anthropogene Kontamination der rezenten fluviatilen Sedimente erstreckt sich vor allem auf Cadmium (max. 125 mg/kg, das 500-fache des regionalen geogenen Grundwerts), Quecksilber (max. 86 mg/kg, das Tausendfache des regionalen Grundwerts), Blei (max. 1675 mg/kg), Zink (max. 0,7 %) und Chrom (max. 2,3 %). Im Jahr 1994 war die Belastung im Teileinzugsgebiet der Weißen Elster gegenüber den Vorjahren je nach Element um 25 bis 58 % zurückgegangen. Hier summieren sich die Effekte von Stillegungen bzw. Sanierungen von Betrieben sowie von Hochwasserausträgen. Damit lagen die Gehalte 1994 noch in den Klassen 3 bis 6 des Geoakkumulationsindex' nach Müller (1979). Die Sedimente sind weiterhin mäßig bis übermäßig stark belastet.

Einleitung

Bis 1991 lag für die ostdeutschen Bundesländer keine Übersicht über die Schwermetallführung der rezenten Sedimente und Schwebstoffe der Elbe und ihrer Nebengewässer vor. Innerhalb eines Verbundprojektes, das sich auf die bedeutendsten Nebenflüsse der Elbe erstreckte, wurde in den Jahren 1991 bis 1994 die Schwermetallbelastung rezenter Flußsedimente im Flußgebiet der Saale untersucht (Truckenbrodt et al. 1995, Arnold et al. 1995). Dabei wurden neben den besonders umweltrelevanten Schadmetallen (Cd, Zn, Pb, Cu, Cr, Ni, Hg) und Arsen auch andere häufige (Fe, Mn) und seltene Metalle (Li, Be, B, Cs, Ti, V, Co, Ga, Ge, Rb, Sr, Y, Mo, Ag, Sn, Sb, Cs, Ba, La, Ce, Pr, Nd, Sm, Eu, Tb, Dy, Tm, Yb, Lu, W, Tl, Bi, Th, U) und Selen bestimmt. Die Untersuchungsergebnisse ermöglichen Feststellungen über Ausmaß, Verteilung, Quellen und räumlichen Verlauf der Metallbelastungen, teilweise auch schon erste Aussagen für die zeitliche Entwicklung seit 1991.

Damit später Maßnahmen zur Reduzierung der Schwermetallgehalte der Gewässer und ihrer Sedimente auf ein naturnahes Niveau geplant werden können, ist es notwendig, die natürlichen Metallkonzentrationen zu kennen. Es war zu vermuten, daß in einem Einzugsgebiet, das in unterschiedlicher Weise von Vererzungen und deren geochemischen Aureolen geprägt ist, die natürlichen Gehalte zwischen den Teileinzugsgebieten stark differierten und z. T. wesentlich höher lägen, als es den aus der Literatur bekannten globalen Mittelwerten für tonige Gesteine entspricht (Turekian und Wedepohl 1961 und jüngere Arbeiten).

Um der Gefahr zu entgehen, unrealistische Sanierungsziele anzuvisieren, werden derzeit für die geologisch sehr unterschiedlich aufgebauten Teileinzugsgebiete der Elbe die geogenen Grundgehalte für feinkörnige Auensedimente ermittelt. Teilprojekte betreffen die Flußgebiete der Saale, der Mulde, der Schwarzen Elster, der Havel und der Spree. Universitäre und außeruniversitäre Forschungseinrichtungen sowie Landesämter für Geologie sind beteiligt. Die Untersuchungen sind noch nicht abgeschlossen. In der vorliegenden Arbeit werden erste Ergebnisse aus dem Flußgebiet der Saale vorgestellt, wobei die geochemischen Grundgehalte ausdrücklich als vorläufig zu betrachten sind. Zur Darstellung der anthropogenen Belastungen wurde das detailliert untersuchte und stark schwermetallbelastete Einzugsgebiet der Weißen Elster ausgewählt.

Methodik der Probennahme und Analytik

• *Anthropogen belastete Sedimente*

Bei jährlichen Probennahmekampagnen wurden an festgelegten Stellen an den Gewässersohlen mittels Schöpfkelle die oberflächennahen, unverfestigten Schlämme gewonnen, deren Alter mehrere Wochen bis Monate, jedenfalls weniger als ein Jahr betrug (jünger als das letzte Hochwasser). Die Beprobungspunkte waren bevorzugt in den Staubereichen von Wehren sowie vor Nebenflußmündungen, für Nebengewässer vor deren Mündung, angeordnet, wobei die Abstände im Flußverlauf meist 5 bis 10 km betrugen.

Die Untersuchung der anthropogen belasteten, rezenten Flußsedimente wurde – dem Untersuchungsziel entsprechend – nach der gültigen Klärschlammverordnung (Bundesgesetzblatt 1992) und den Deutschen Einheitsverfahren zur Wasser-, Abwasser- und Schlammuntersuchung (DIN 38414) vorgenommen. Hier wird auf die königswasserlöslichen Anteile orientiert, da die Gesamtgehalte weniger umweltrelevant sind. Da ein exakter Vergleich von Metallgehalten nur für Proben gleicher Korngrößenverteilung möglich ist, galt in der Vergangenheit nur der Vergleich von Werten für die Kornfraktion < 2 µm (Müller 1981). Wie 1990 am Neckar vorgenommene Untersuchungen zeigten, liefert jedoch auch die wesentlich einfacher gewinnbare Kornfraktion < 20 µm noch hinreichend repräsentative und vergleichbare Werte (Müller et al. 1993), so daß innerhalb der genannten Verbundprojekte generell diese Kornfraktion untersucht wurde.

• *Bestimmung geochemischer (geogener) Grundgehalte*

Um die geogenen Grundgehalte mit den Ergebnissen der bereits erfolgten sowie parallellaufenden Untersuchungen zur anthropogenen Belastung vergleichbar zu machen und die letzteren auf die geogenen Grundgehalte beziehen zu können, war eine Vereinheitlichung der Methodik erforderlich. Aus diesem Grunde wurden die geogenen Grundgehalte ebenfalls im Königswasseraufschluß der Kornfraktion < 20 µm bestimmt und hierfür solche Sedimente ausgewählt, die den rezenten Flußschlämmen lithofaziell am ähnlichsten sind. Das sind Auenlehme und die auf ihnen entstandenen Böden sowie andere fluviatile und limnisch-fluviatile Ton-Schluff-Sedimente.

In den Auen der Saale und ihren bedeutenderen Nebenflüssen wurden, bevorzugt in Gebieten mit morphologisch erkennbarer Differenzierung der Auen, gewöhnlich je einmal im Ober- Mittel- und Unterlauf, bei untergeordneten Gewässern lediglich einmal vor der Mündung, Vertikalprofile geologisch-pedologisch dokumentiert und beprobt (Abb. 1). In den ausgewählten Gebieten wurden, je nach moprpho-genetischer Situation, jeweils mehrere Vertikalprofile bearbeitet. Auf diese Weise war es möglich, unterschiedlich alte Profile bzw. Profilteile zu untersuchen, von singulären Entwicklungen zu abstrahieren und die Variabilität der Meßwerte zu berücksichtigen. Eine relativ dichte Beprobung innerhalb der Vertikalprofile erlaubte es, primäre und sekundär veränderte Metallgehalte in ihren Tendenzen zu verfolgen.

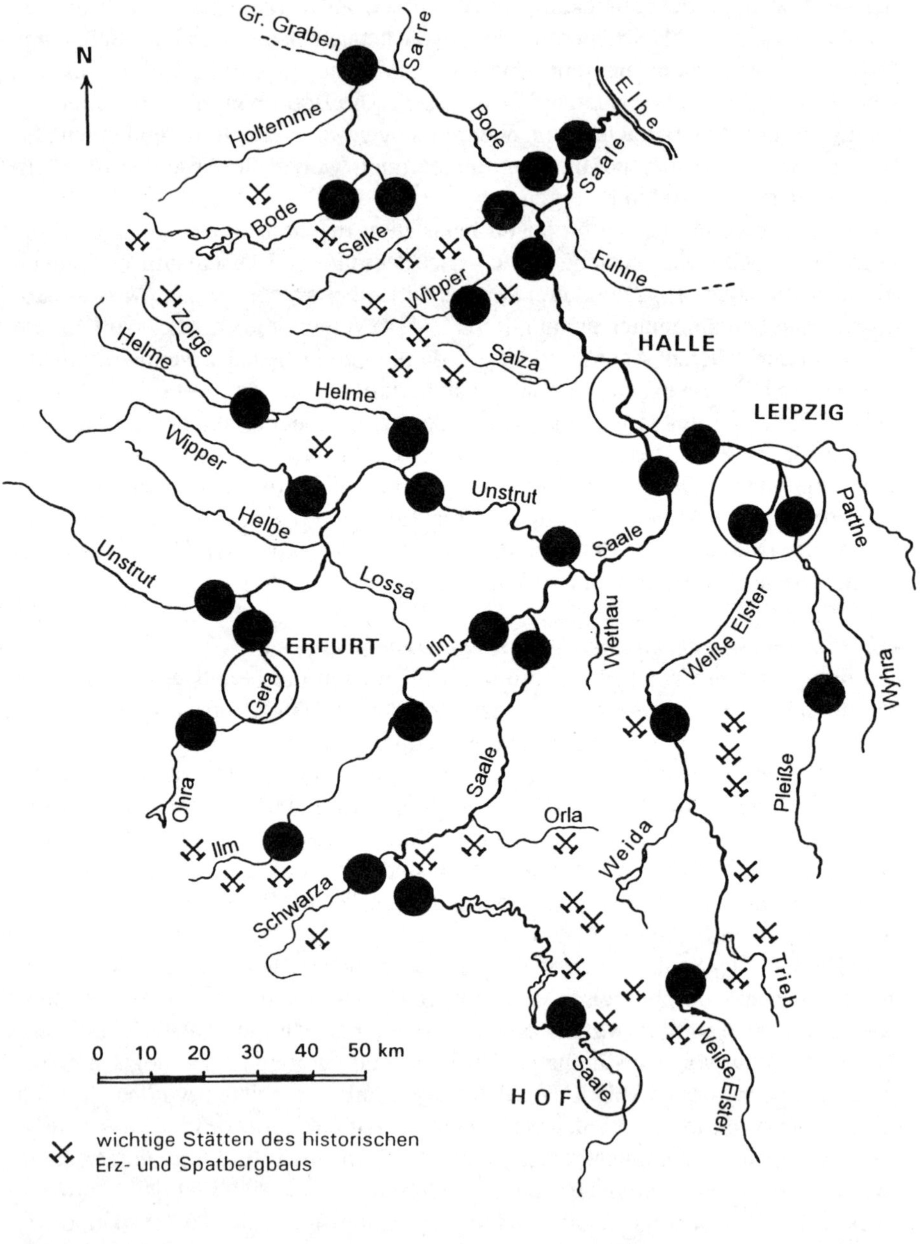

Abb. 1. Das Einzugsgebiet der Saale mit den Probenahmegebieten für die Ermittlung regionaler geogener Grundgehalte für Schwermetalle in feinkörnigen fluviatilen Sedimenten

• *Analytik*

Neben den bereits genannten Metallen sowie Arsen und Selen wurden pH-Wert, Redoxspannung, Glühverlust, Kohlenstoff-, Stickstoff-, Karbonat- und z. T. Schwefelgehalt sowie in einigen Fällen die Kornverteilung und die mineralogische Zusammensetzung ermittelt. Die Bestimmung der Elementgehalte erfolgte durch AAS und ICP-MS. Methodisch-analytische Arbeiten dienten der Sicherung der Reproduzierbarkeit und Richtigkeit bei unterschiedlichen, in den Auenlehmproben z. T. niedrigen bis extrem niedrigen Gehalten. Wichtig waren hierbei die Anwendung vergleichbarer, zertifizierter Referenzmaterialien aus unbelasteten Flüssen sowie systematische Vergleiche zwischen den verschiedenen AAS-Verfahren und der ICP-MS.

Erste Ergebnisse zu geochemischen Grundgehalten

Überblick

In Tabelle 1 sind die als geogene Grundgehalte definierten Werte ausgewählter Schwermetalle in feinkörnigen fluviatilen Sedimenten für einzelne Teileinzugsgebiete der Saale und ihrer Nebenflüsse dargestellt.

Tabelle 1. Geogene Metallgehalte feinkörniger fluviatiler Sedimente im Flußgebiet der Saale (mg/kg). Untersuchte Kornfraktion < 20 µm; Königswasserauszug; Bestimmung mit AAS und ICP-MS. Die Streuung läßt sich nach diesen ersten Untersuchungen noch nicht angeben; es ist zu erwarten, daß sich die Unterschiede zwischen den Teileinzugsgebieten nach weiteren Untersuchungen teilweise als signifikant herausstellen. Letzter Stand: Dezember 1996. Besonders hohe Werte **fett**, die jeweils niedrigsten Werte ***kursiv***. Werte in Klammern müssen gesondert bewertet werden (vgl. Text)

Flußabschnitt	Cd	Pb	Zn	Cu	Ni	Co	Hg	As	U
Saale vor Ilmmündung	***0,13***	40	***76***	***31***	43	12	**0,14**	***10***	1,4
Saale vor Elstermündung	0,22	19	152	38	58	17	0,08	15	1,6
Saale vor Mündung	0,20	18	126	35	53	13	***0,04***	14	1,9
Ilm oberhalb von Weimar	0,20	28	107	36	60	16	0,05	13	1,4
Ilm vor Mündung	0,17	34	91	35	57	17	0,06	23	1,3
Thüringer Wipper	0,21	***17***	116	***31***	***41***	11	***0,04***	13	1,6
Helme vor Mündung	0,16	26	121	(48)	**(98)**	**(28)**	**(0,26)**	**(96)**	(3,0)
Unstrut nach Helme	0,19	25	97	33	56	19	0,07	10	1,3
Unstrut vor Mündung	0,17	28	97	34	44	16	0,06	**23**	1,6
Elster vor Pleißemündung	0,21	23	169	41	77	**20**	0,12	14	**4,7**
Elster vor Mündung	**0,23**	19	170	38	**81**	15	0,13	15	**4,1**
Bode vor Mündung	0,19	**47**	**188**	***66***	***40***	***9***	0,11	***10***	1,8
Tongesteinsstandard nach Turekian und Wedepohl (1961)	0,3	20	95	45	68	19	0,4	13	3,7

Bei der Festlegung dieser Werte ergab sich nicht nur das Problem der Abgrenzung anthropogener Einflüsse, sondern auch eine sehr differenzierte Abhängigkeit der Metallgehalte von der Lithologie, den faziellen Bedingungen, der Hydrologie, Pedogenese und Chronologie der Auensedimente. Innerhalb der Profile wurde bei zahlreichen Elementen in der durchlüfteten Zone mit zunehmender Tiefe eine allmähliche Abnahme der Metallgehalte festgestellt, was leicht als Ergebnis der im historischen Verlauf zunehmenden technogenen Einträge interpretiert werden könnte. Dies ist jedoch nur dann der Fall, wenn massive Einflüsse älteren Bergbaus vorliegen. Überwiegend ist diese Erscheinung jedoch auf vertikale Migrationsvorgänge (Sickerwassertransport mit nachfolgender Wiederausfällung sowie Bioturbation und Tonverlagerung) zurückzuführen. Weitere sekundäre Veränderungen ergeben sich, z. T. elementspezifisch, im grundwasserbeeinflußten Horizont (Go- und Gr-Horizont). Deshalb wird vorgeschlagen, die mittleren Gehalte im tieferen, anthropogen nicht kontaminierten Abschnitt des grundwasserunbeeinflußten, oxischen Profilteils des Auenlehms als gültige geogene Grundgehalte zu werten. Hierbei handelt es sich überwiegend um den sogenannten aM-Horizont (Bodenkundliche Kartieranleitung, Hannover 1994), der den Übergangshorizont Go-aM mit umfaßt, den eigentlichen Go- und auch den M-aGo-Horizont aber ausschließt. Das bedeutet, daß Schwermetalle in Sedimenten, die nicht den Bezeichnungen „Vega" oder „allochthoner, brauner Auenboden" genügen, getrennt bewertet werden müssen. Das gilt insbesondere für anmoorige und karbonatische limnisch-fluviatile Bildungen.

Einige charakteristische Profile sollen die genannten Möglichkeiten und Probleme veranschaulichen.

Charakteristische Profile

Beispiel 1

Ein Auenprofil an der Unstrut bei Freyburg (Abb. 2) zeigt die annähernd gleichmäßige Schwermetallverteilung in einem jungen, allochthonen, braunen Auenboden (umgelagertes Material aus Löß- und Trias-Böden).

- Bei den beiden obersten Proben (0–0,4 m Tiefe) läßt sich eine anthropogene Kontamination durch Cadmium, Blei, Quecksilber und untergeordnet Kupfer und Arsen unschwer nach unten abgrenzen.
- Die Kurven für den pH-Wert sowie für Eisen und einige weitere Metalle zeigen, daß eine autochthone pedogenetische Entwicklung kaum erfolgt ist. Die an Hand makroskopischer Merkmale abgegrenzten Horizonte Go und Gro können deshalb nur als initiale Bildungen angesehen werden. Lediglich die Kurve für Mangan zeigt eine stärkere Differenzierung. Eine Manganspitze im initialen Go-Horizont fehlt jedoch. Der Mangangehalt sinkt mit zunehmender Annäherung an reduzierende Bereiche erwartungsgemäß ab, während Cadmium, Kupfer und Nickel im initialen Gro-Horizont ansteigen.

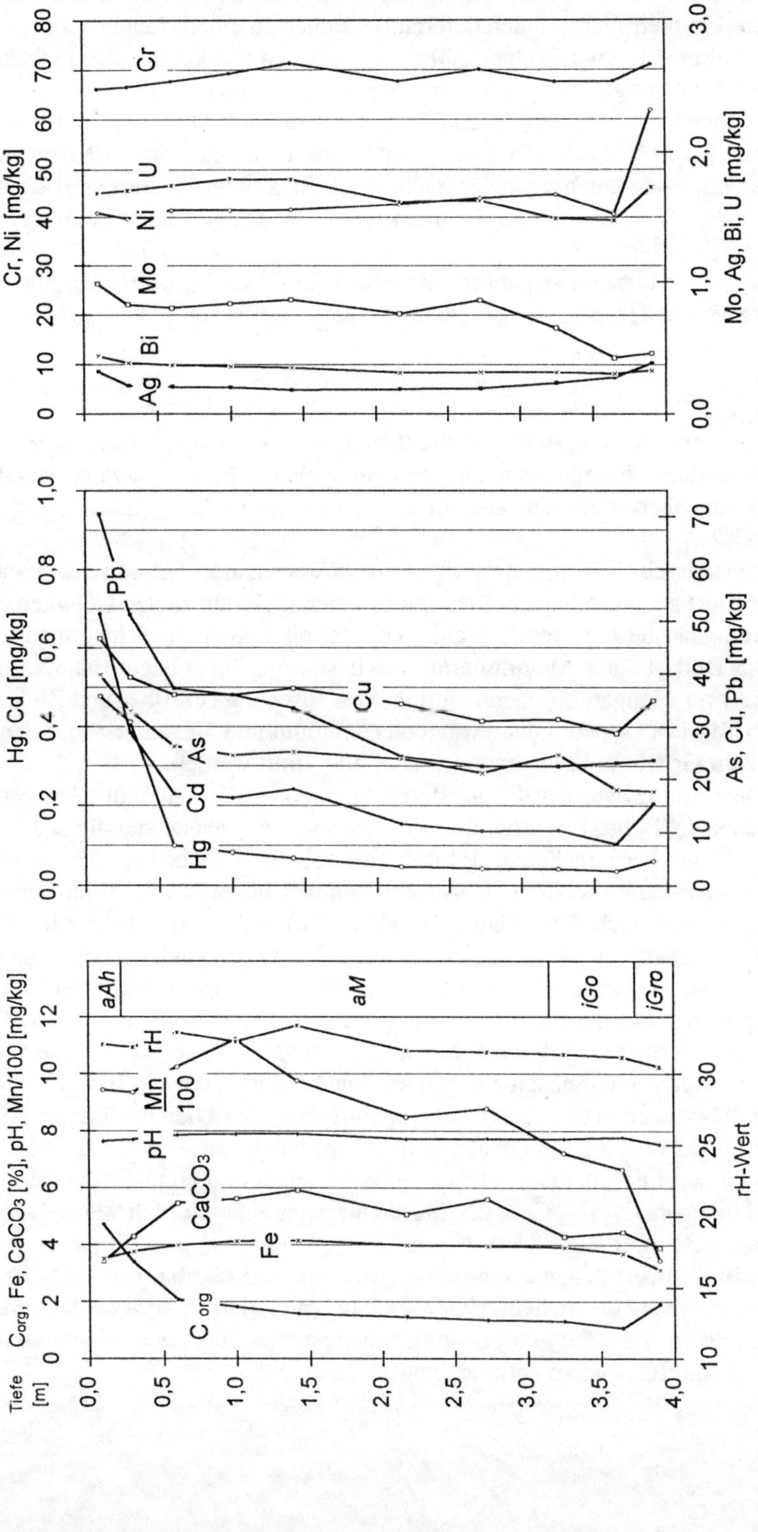

Abb. 2. Auenlehmprofil an der Unstrut unterhalb von Freyburg. Untersuchte Kornfraktion: <20 µm. Analytik: Königswasseraufschluß, AAS und ICP-MS

- Bei den Schwermetallen ist innerhalb des allgemeinen Niveaus der Grundgehalte ein bis in eine Tiefe von ca. 1,5 m reichendes, etwas höheres Konzentrationsniveau und ein niedrigeres in den tieferen Bereichen zu unterscheiden. Dies trifft für Blei, Cadmium, Kupfer, Quecksilber und Uran zu und könnte als ein früher, zivilisatorisch bedingter Belastungsanstieg gedeutet werden, wenn nicht ein gleiches Verhalten auch bei überwiegend geogen zugeführten Metallen wie Lithium und Kobalt (in Abb. 2 nicht dargestellt) zu beobachten wäre. Deshalb sind eher synsedimentäre oder auch sekundäre Gehaltsschwankungen in Abhängigkeit von Parametern wie C_{org}, $CaCO_3$ und rH anzunehmen, die den gleichen Kurvenverlauf zeigen.
- Unabhängig von diesen Betrachtungen werden für dieses Profil die Mittelwerte aus 0,3 bis 3,8 m Tiefe als geogene Grundgehalte angesehen.

Beispiel 2

Ein Profil in der Saaleaue zwischen Weißenfels und Merseburg (Abb. 3) veranschaulicht die unterschiedlichen geogenen Grundgehalte für verschiedene Metalle im oberflächennahen, oxischen und im unteren (nahezu ständig reduzierenden) Profilbereich.

- Das Profil ist durch einen ausgeprägten Horizont wechselnder Grundwasserstände (Go-Horizont) gekennzeichnet. Dies spiegelt sich nicht nur in den Gehalten für Eisen, Mangan und C_{org}, sondern auch bei fast allen anderen Schwermetallen wider. Das Bild ist durch Metallmigrationen bestimmt. Dabei liegen die Maxima der Kurven für Mangan im oberen Teil und für Eisen, Quecksilber und Zink im mittleren Teil des Go-Horizonts, während Cadmium und Nickel erst im Grenzbereich zum Gr-Horizont bevorzugt wieder ausgefällt werden.
- In der Darstellung wurden die mittleren Schwermetallgehalte für den oberfächennahen (oxischen) Bereich und für den unteren (nahezu ständig reduzierenden) Bereich hervorgehoben. Es fällt auf, daß sie – außer bei Chrom – im anoxischen Abschnitt höher, z. T. wesentlich höher liegen als im grundwasserunbeeinflußten, oxischen Abschnitt (bei Cd um den Faktor 3). Gleichzeitig liegen die C_{org}-Gehalte im anoxischen Profilteil um etwa den Faktor 4 höher als im oberen. Es ist anzunehmen, daß die allmähliche Aufzehrung der organischen Substanz durch Oxidation im oberen Profilteil den Prozeß der vertikalen Schwermetallverlagerung durch Sickerwässer förderte, da Schwermetalle vielfach an die organische Substanz gebunden sind. Die im oxischen Bereich gelösten Metalle wurden in den grundwasserbeeinflußten, oxischen Profilteilen (Go-Horizont) in der oben beschriebenen Reihenfolge wieder ausgefällt. Die höheren Metallgehalte im tiefen, anoxischen Profilteil können in diesem Fall in Verbindung mit den höheren C_{org}-Gehalten als die ursprünglicheren (d. h. synsedimentären) angesehen werden.
- Auch wenn die oberflächennahen (oxischen) Horizonte oberhalb des aM-Gkso-Horizonts in unterschiedlichem Maße an Schwermetallen verarmt sind, werden diese Gehalte als regional gültige Grundgehalte angesehen, denn sie stellen die Basiswerte für eine spätere anthropogene Belastung dar.

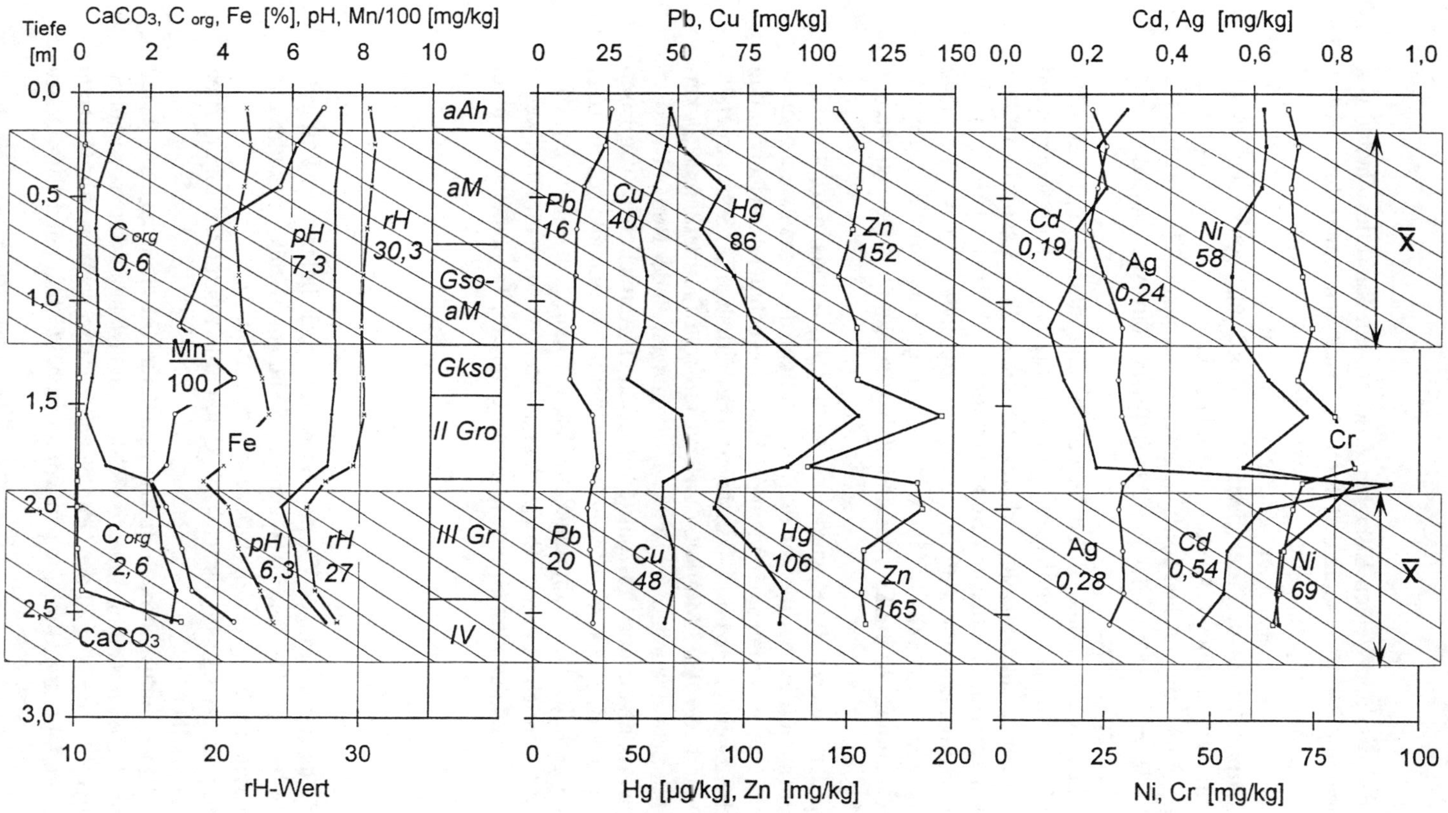

Abb. 3. Auenlehmprofil an der Saale bei Wengelsdorf unterhalb von Weißenfels
Zahlen in den schraffierten Bereichen: Oberer Profilteil: Mittlere Metallgehalte [mg/kg] im belüfteten, nicht grundwasserbeeinflußten Bereich (0,35–1,25 m). – Unterer Profilteil: Mittlere Metallgehalte [mg/kg] im nahezu ständig grundwassererfüllten Gr-Horizont (1,9–2,6 m).
Untersuchte Kornfraktion: < 20 µm. Analytik: Königswasseraufschluß; AAS und ICP-MS

Beispiel 3

Ein Profil in der Aue der Weißen Elser bei Zöschen, am Rand des ehemaligen Tagebaus Merseburg-Ost, untersucht und durch ^{14}C-Analysen datiert durch Hiller et al. (1991), zeigt einen mehrgliedrigen, entwickelten Auenboden (Abb. 4).

- Der Oberboden ist schwach kontaminiert (z. B. Cd, Pb).
- Das Auenlehmprofil beinhaltet drei fossile Bodenhorizonte, von denen der untere aus einem Anmoor-Gley (fAa) hervorgegangen ist.
- Eine in die oberen Horizonte des Profils eingeschnittene und mit jüngerem Auenlehm gefüllte Rinne wurde in der Profildarstellung, dem Altersverhältnis entsprechend, oben aufgesetzt.
- Im nicht grundwasserbeeinflußten Teil des Auenlehmprofils lassen sich für zahlreiche Metalle annähernd gleichbleibende (für Cd allerdings – korrespondierend mit C_{org} – allmählich abnehmende) Gehalte feststellen, die als geogene Grundgehalte gelten können. Die fossilen Bodenhorizonte fAh(2) und fAh(3) bewirken keine Variationen der Metallgehalte, so daß zumindest für den Zeitraum zwischen ca. 5000 und 3000 BP im wesenlichen gleiche Grundgehalte von 0,2 mg/kg Cadmium, 20 mg/kg Blei und 40 mg/kg Kupfer angesetzt werden können.
- An der Basis der jüngeren Rinne wurden ein niedriger pH- und ein erhöhter C_{org}-Wert, gemeinsam mit leicht erhöhten Schwermetallgehalten, gemessen. Nur Eisen ist – wohl wegen der bei sinkendem pH-Wert anzunehmenden Überführung in die lösliche, zweiwertige Form – verringert. Das Verhalten der Schwermetalle dürfte hier durch vertikale Migration zu erklären sein (geringfügiger Sickerwasserstau mit Schwankungen der Redox-Bedingungen an der Rinnenbasis).
- Der pH-erniedrigte Anmoor-Horizont (fAa) ist durch Abreicherung von Eisen (Überführung in FeII) und Anreicherung zahlreicher Schwermetalle geprägt (hier Cu und Pb dargestellt). Die Cadmium-Spitze ist, wie häufig, erst tiefer im reduzierenden Profilbereich zu finden. Der Verlauf der Redox-Kurve gibt dies wegen der bereits lange andauernden Grundwasserabsenkung im Tagebaubereich nicht mehr wieder.

Beispiel 4

Ein Auenprofil an der Thüringer Wipper bei Kindelbrück lieferte im limnisch-fluviatilen Faziesbereich (C_{org}- und karbonatreiche Sedimente) Schwermetallgehalte, die von rein fluviatilen Sedimenten stark abweichen (Abb. 5).

- Die oberste Probe erwies sich als schwach kontaminiert durch Cadmium, Blei, Zink und Quecksilber.
- Proben im nicht grundwasserbeeinflußten Auenlehm (M-Horizont) zeigen mit zunehmender Tiefe allmählich sinkende Redox- und Manganwerte sowie plausible Metallgehalte im Niveau der Grundgehalte. Diese nehmen mit der Tiefe bei den meisten Metallen allmählich zu, vor allem bei Lithium und Thorium (in

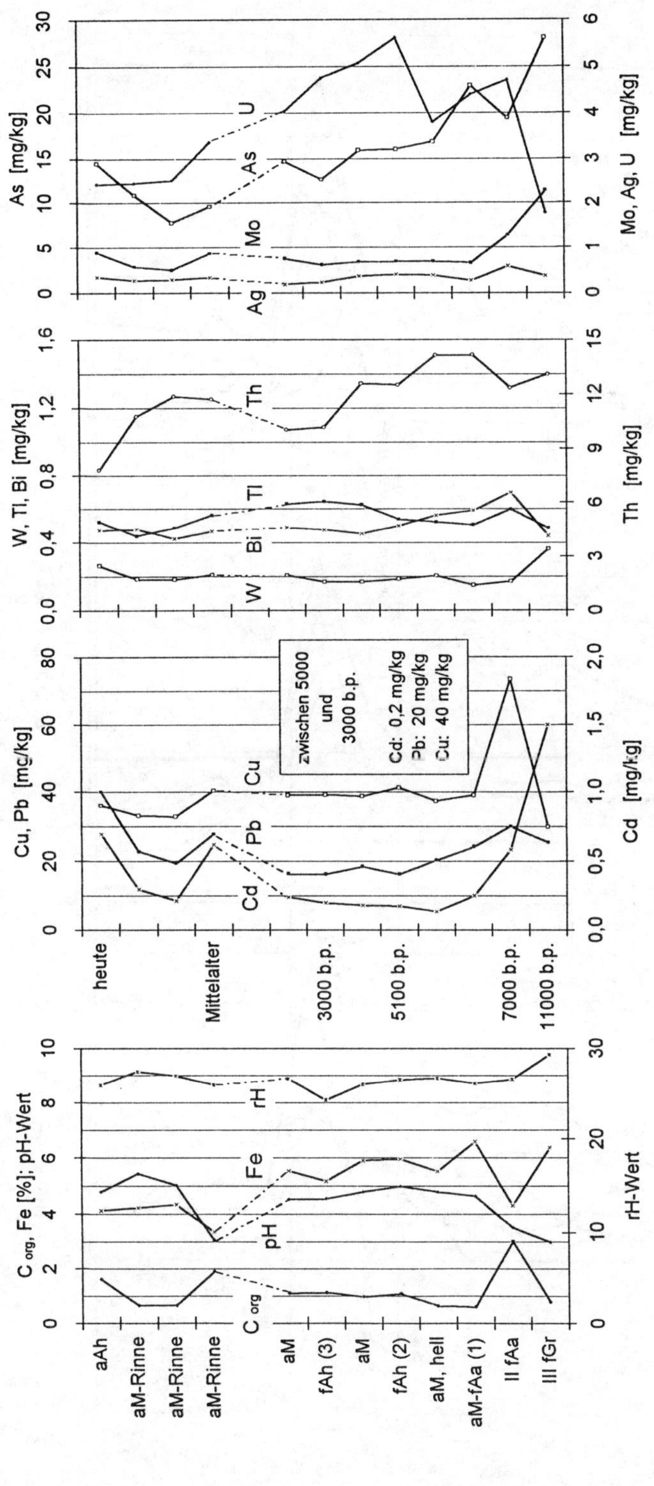

Abb. 4. Auenprofil im Braunkohlentagebau Merseburg-Ost bei Zöschen (Aue der Weißen Elster). Datierung und Profilaufnahme nach Hiller et al. (1991). Profilmächtigkeit: 2,8 m. Untersuchte Kornfraktion: < 20 µm. Analytik: Königswasseraufschluß; AAS und ICP-MS

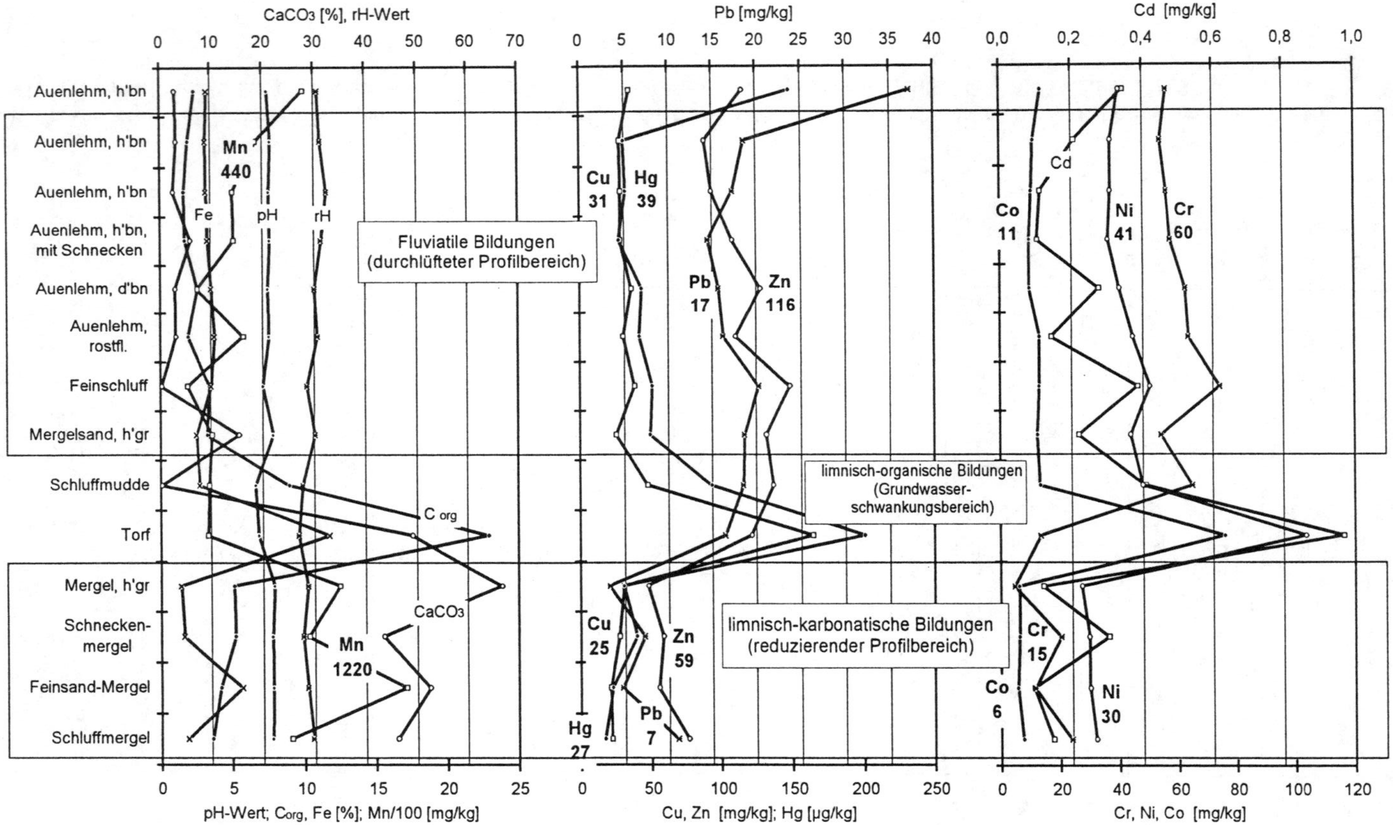

Abb. 5. Auenprofil an der Thüringer Wipper bei Kindelbrück. Mächtigkeit des Profils: 4,5 m; Probenabstände im Profil unterschiedlich. Zahlen in **Fett**: Oberer Profilteil: Mittlere Metallgehalte [mg/kg] im anthropogen unbeeinflußten und nicht grundwasserbeeinflußten Auenlehm. – Unterer Profilteil: Mittlere Metallgehalte [mg/kg] im karbonatischen Horizont. Untersuchte Kornfraktion: < 20 µm. Analytik: Königswasseraufschluß; AAS und ICP-MS

Abb. 5 nicht dargestellt), aber auch bei Zink, Cadmium, Nickel, Chrom und Quecksilber.

- Ein Horizont mit hohen C_{org}-Gehalten, in den eine geringmächtige Torfschicht eingeschaltet ist, fällt durch besonders hohe Metallgehalte auf. Dies betrifft nicht Mangan, Blei, Chrom sowie die in Abb. 5 nicht dargestellten Lanthaniden, Bismut, Zinn und Thorium. Ursache hierfür kann einmal die primär höhere Bindung von Metallen an das sich bildende Sediment sein (Adsorption an organische Substanz, Ton/Humus-Brücken), zum anderen aber auch die Bindung von Metallen bei Migrationsvorgängen. Für die Anreicherungen dürften überwiegend Migrationsvorgänge verantwortlich sein. Dafür spricht, daß das wenig migrationsfreudige Blei nicht angereichert ist.
- Die tiefsten 4 Proben des Profils mit 43 bis 67% $CaCO_3$ reichen weit in den limnischen Faziesbereich hinein (Seekreide, Schneckenmergel) und sind durch auffällig niedrige Konzentrationen der meisten Schwermetalle gekennzeichnet, und zwar bis um den Faktor 5 (La, Cr) gegenüber dem Auenlehm (M-Horizont). Dies betrifft nicht das Mangan und die (in Abb. 5 nicht dargestellten) Elemente Molybdän, Uran und Selen. Nur diese sind im limnisch-karbonatischen Faziesbereich bis um den Faktor 10 angereichert.
- Im dargestellten Profil sind für einige Elemente Mittelwerte [mg/kg, bei Hg µg/kg] angegeben, die die Unterschiede zwischen dem oberen Auenlehmbereich und dem tieferen, karbonatischen Profilteil verdeutlichen.

Beispiel 5

Zwei eng benachbarte Profile in der Aue der Pleiße bei Markkleeberg (Abb. 6) lieferten voneinander stark abweichende Schwermetallgehalte als Folge unterschiedlicher Ausbildung organischer und wasserstauender Horizonte.

- Die Profildarstellung zeigt untereinander angeordnet zwei 240 m voneinander entfernte Auenlehmprofile. Das obere Profil weist eine normale Abfolge über die Horizonte aM-Go-Gr auf, während das unten dargestellte im reduzierenden Horizont zusätzlich eine tonreiche, wasserstauende und eine organische Schicht enthält.
- Die Probe aus dem obersten Horizont (Oberboden) ist in beiden Profilen durch Cadmium, Zink und Quecksilber sowie untergeordnet durch Blei und Kupfer kontaminiert.
- Das obere Profil zeigt im aM-Go-Horizont ein Kurvenmaximum für Eisen und einen unauffälligen Verlauf der Kurven für Mangan, Kupfer, Quecksilber und Zink. Die Gehalte zahlreicher Schwermetalle (außer für Fe, Mn, Pb) nehmen in Richtung auf den nahezu ständig reduzierenden Gr-Horizont zu. Dies kann ein Zeichen dafür sein, daß hier die primär höheren, ursprünglichen Metallgehalte erhalten geblieben sind. Es kann aber auch bedeuten, daß Metalle aus dem nicht grundwasserbeeinflußten Bereich vertikal verlagert bzw. den hier sandig ausgebildeten Schichten durch das Grundwasser zugeführt wurden.

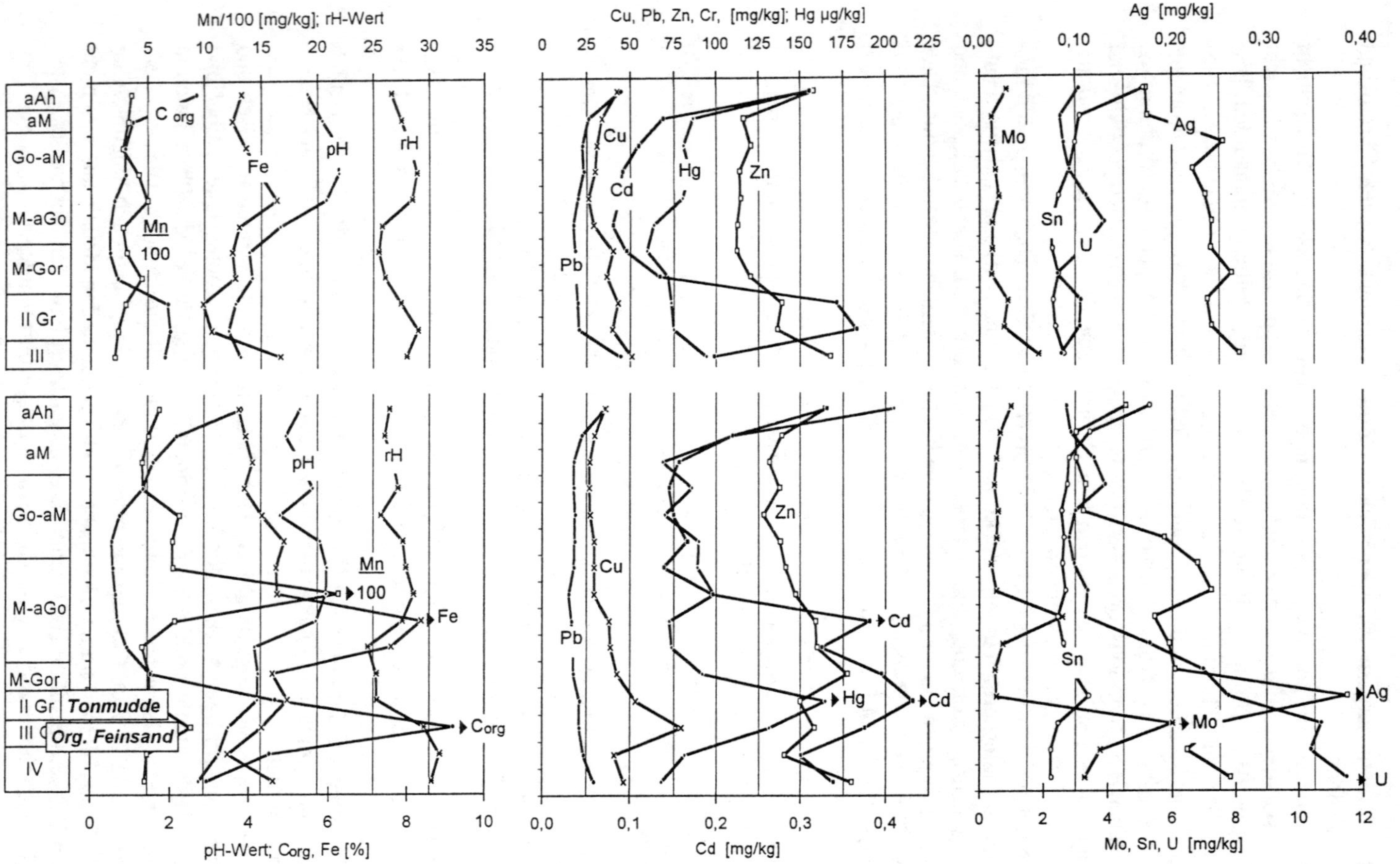

Abb. 6. Zwei benachbarte Auenlehmprofile an der Pleiße in Markkleeberg bei Leipzig. Entfernung beider Profile voneinander: 240 m. Profilmächtigkeiten 2,4 m (oberes Profil) bzw. 2,8 m (unteres Profil). Die Probenabstände in den Profilen sind unterschiedlich. Untersuchte Kornfraktion: < 20 µm. Analytik: Königswasseraufschluß; AAS und ICP-MS

- Das untere Profil weicht von dem oberen nicht nur durch eine deutliche Anreicherung zahlreicher Metalle (dargestellt sind Cd, Cu, Hg und Zn) in der wasserstauenden und organischen Schicht (graphisch hervorgehoben) ab, sondern zeigt auch in den darüberliegenden Schichten Besonderheiten, die durch Stauwirkung bedingt sein dürften. Vor allem die Cadmium-, Zink- und Mangangehalte liegen im nicht grundwasserbeeinflußten Niveau des unteren Profils höher als im oberen. Hier scheint die Migration in die Tiefe durch Stauwirkungen gehemmt zu sein. Es wurden geringere Metallanteile aus dem nicht grundwasserbeeinflußten Profilteil nach unten ausgetragen als im oberen Profil; die ausgetragenen Anteile wurden hier jedoch verstärkt in den bindig-organischen Einlagerungen adsorbiert und zu einem geringeren Anteil in den Grundwasserleiter abgeführt.
- Blei verhält sich, wie in anderen Fällen auch, sehr wenig mobil; nur im unteren Profil zeigt sich ein äußerst geringer Anstieg der Gehalte mit der Tiefe.

Muster der vorläufigen geogenen Grundgehalte in den Teileinzugsgebieten

Hinsichtlich der absoluten Höhe der geogenen Metallgehalte und ihrer Variation zwischen den einzelnen Teileinzugsgebieten und Flußabschnitten können für das Saalesystem nach ersten Untersuchungen bereits drei Feststellungen getroffen werden (vgl. Tabelle 1):

- Die Grundgehalte liegen bei den meisten Elementen in der Größenordnung der schon von Turekian und Wedepohl (1961) bzw. Wedepohl (1968) angegebenen globalen Mittelwerte für Tone und Tongesteine (im folgenden als „Tongesteinsstandard" bezeichnet). Nur für Quecksilber liegen sie deutlich niedriger (ca. 0,15 statt 0,4 mg/kg). Dies liegt zum Teil an der noch unzureichenden Genauigkeit der Quecksilberbestimmung bei älteren, dem Tongesteinsstandard zugrunde gelegten Analysen.

  Der Bezug auf die von Turekian und Wedepohl (1961) angegebenen Zahlen wurde, obwohl diese für einige Elemente inzwischen veraltet sind, deshalb gewählt, weil die Konzentrationsklassen des Geoakkumulationsindex' (I_{geo}-Klassen) nach Müller (1979), nach denen die Metallbelastung fluviatiler Sedimente innerhalb der BMBF-Verbundprojekte zur Untersuchung des Einzugsgebietes der Elbe einheitlich ausgewertet wird, auf diesen Werten beruhen. Es sollte jedoch auf eine Vereinbarung hingearbeitet werden, durch die die Zahlengrundlagen für die I_{geo}-Klassen dem neuesten Stand angepaßt werden.
- Die Grundgehalte unterscheiden sich bei den meisten Elementen zwischen den einzelnen Teileinzugsgebieten nur um den Faktor 2 bis 3,6 (z. B. bei Cadmium zwischen 0,13 und 0,26 mg/kg, bei Uran zwischen 1,3 und 4,7 mg/kg). Das ist weniger, als bei der wechselnden metallogenetischen Situation erwartet worden war.
- Für einige Metalle, z. B. für Chrom, liegen die hier erfaßten Grundgehalte deutlich unter dem Tongesteinsstandard, da bei diesen im Königswasseraufschluß

nur ein geringer Teil des Gesamtgehaltes erfaßt wird, für den der Tongesteinsstandard gilt.

Die *Saale* ist im Bereich des Thüringer Beckens – auch mangels auffälliger Mineralisationen im Schiefergebirge – durch besonders niedrige Werte für Cadmium, Zink, Kupfer und Arsen geprägt. In den Sedimenten der unteren Saale liegen die Werte, abgesehen von besonders niedrigen Quecksilberwerten, infolge von Verdünnungs- und Vermischungseffekten insgesamt in mittleren Bereichen. Die Teileinzugsgebiete, die das Thüringer Becken und den Thüringer Wald umfassen, fallen durch insgesamt niedrige Grundgehalte auf, wenn man von Arsen absieht, das im Vergleich zum Grundgebirge und den sandig-karbonatischen Schichten des Buntsandsteins und Muschelkalks aus den wenig verfestigten, tonigen Gesteinen des Keupers verstärkt zugeführt wird.

Die besonders hohen Werte für die *Helme* müssen derzeit gesondert betrachtet werden. Es ist nach dem jetzigen Untersuchungsstand nicht zu entscheiden, ob sie hierfür abweichende lithofazielle Bedingungen bei der Sedimentation (limnisch-fluviatile Sedimente im Riedgebiet eines Salzspiegeltales), spezielle Verhältnisse im Grundgebirgsanteil des Einzugsgebiets (andesitoide und rhyolithoide Gesteinskomplexe) oder beide Faktoren verantwortlich sind.

Trotz des Hineinreichens des Einzugsgebiets der *Weißen Elster* in die Mineralisations-Aureole des Erzgebirges liegen die Hintergrundwerte für Cadmium nur unwesentlich über den Werten der übrigen Einzugsgebiete, für Zink, Kobalt, Quecksilber und Uran jedoch deutlich über dem Mittel, was sich aus den bekannten Mineralisationen erklärt.

Die *Bode* mit der *Selke* entwässern den gangerzreichen Unterharz und zeigen die höchsten Werte im Komplex Blei – Zink – Kupfer, gekoppelt mit sehr niedrigen Nickel-, Kobalt- und Arsenwerten.

Schlußfolgerungen

- Ziel der Untersuchung von Metallkonzentrationen in Auenprofilen war die Festlegung von regionalen geogenen Grundgehalten für bestimmte Flußgebiete. Diese sind definiert
  - als anthropogen (auch im historischen Bergbau) unbeeinflußt,
  - als im wesentlichen synsedimentär entstanden, d. h. höchstens untergeordnet durch pedogenetische Prozesse postsedimentär verändert,
  - und als diejenigen Gehalte, die aus diesen beiden Gründen geeignet sind, als natürliche Bezugsgrößen für spätere anthropogene Metallbelastungen in fluviatilen Sedimenten des entsprechenden Teileinzugsgebietes angesehen zu werden.
- Allochthone, braune Auenböden, die im heutigen Profilverband keinen intensiven pedogenetischen Prozessen unterlegen sind, zeigen im Tiefenprofil einen gleichmäßigen Verlauf der Metallkonzentrationen und gestatten so eine relativ problemlose Festlegung der geogenen Grundgehalte.

- In den meisten der untersuchten Profile erlauben die Meßwerte, besonders in den oberflächennahen Profilabschnitten, keine direkten Rückschlüsse auf die ursprünglichen (als synsedimentär zu betrachtenden) geogenen Gehalte der untersuchten Metalle. Anthropogene Belastungen durch die im historischen Prozeß allmählich einsetzenden zivilsatorischen Aktivitäten lassen sich ebenfalls schwer nachweisen, es sei denn, der historische Bergbau hatte massive Einflüsse (z.B. Matschullat et al. 1997). Lithologisch-fazielle, pedogenetische und hydrogeologische Faktoren überdecken und verwischen solche Einflüsse in den meisten Fällen.
- Grundwasserbeeinflußte Profilteile oder Profile zeigen bei ausreichend langer Entwicklung eine Anreicherung von Metallen im Go- bzw. in den obersten Zentimetern des Gr-Horizontes, die von der Löslichkeit der entsprechenden Metallverbindungen bei sich verändernden pH- und Redoxbedingungen abhängt. Die hier abgelagerten Metalle entstammen (außer aus dem Grundwasser) zu unbekannten Anteilen den oberen, nicht grundwasserbeeinflußten Profilteilen (A- und M-Horizonte), deren Metallgehalte demzufolge im Laufe der Pedogenese verringert wurden, sofern keine anthropogene Zufuhr vorliegt.
- Tiefere Niveaus in reduzierenden Profilteilen zeigen bisweilen Metallgehalte, die um den Faktor 1,5 bis 3 über denen der oberflächennahen, nicht grundwasserbeeinflußten Profilteile liegen. Diese dürften die ursprünglichen, als synsedimentär zu interpretierenden Gehalte sein. Sie stehen gleichfalls höheren C_{org}-Werten gegenüber, die in oberflächennahen Profilteilen durch permanente Oxidation der organischen Substanz verringert wurden.
- Tonige, wasserstauende Einlagerungen im Profil oder isolierte Linsen bindigen Materials in Sanden und Kiesen zeigen stark wechselnde und von den hier angegebenen geogenen Grundgehalten oft weit abweichende Metallgehalte. Ursache dürften vor allem intensive Sorptions- und Ionenaustauschprozesse an den großen Schichtoberflächen sein.
- Organische Substanz bindet sowohl bei der Sedimentation als auch bei späteren Migrationsprozessen so viele Schwermetalle, daß Horizonte, die sich gegenüber anderen Horizonten durch erhöhte C_{org}-Gehalte auszeichnen, für die Festlegung geogener Grundgehalte vorläufig ausscheiden müssen.
- Limnisch-fluviatile, karbonatreiche Bildungen sind gegenüber Auenlehm durch wesentlich niedrigere Gehalte der meisten Schwermetalle und durch erhöhte Gehalte einiger Metalle (Mn, As, U, Mo, Se) geprägt.
- Zusammenfassung: Die Festlegung geogener Grundgehalte für Schwermetalle in feinkörnigen fluviatilen Sedimenten erfordert die Berücksichtigung der lithofaziellen Ausbildung, der pedogenetischen Prozesse und der Position im Profil. Für das hier referierte Untersuchungsprogramm werden Mittelwerte aus unkontaminierten Auenlehm-Bereichen in nicht grundwasserbeeinflußten Profilteilen mit niedrigen C_{org}- und $CaCO_3$-Gehalten als geogene (bzw.geochemische) Grundgehalte definiert.

Anthropogene Kontaminationen im Industriezeitalter

In den rezenten Flußsedimenten der *Saale* wurden 1993 insbesondere Belastungen durch Quecksilber, Chrom und Blei festgestellt (Truckenbrodt et al. 1995). Mit Quecksilbergehalten bis 86 mg/kg unterhalb der Industriebetriebe von Leuna und Schkopau (das Tausendfache des in Tabelle 1 angegebenen geogenen Grundwertes von 0,08 mg/kg) wies die Saale die höchste relative Belastung eines Schwermetalls im Gebiet überhaupt auf. Besonders hohe Chromkonzentrationen, aus der Lederverarbeitung stammend, fanden Truckenbrodt et al. (1995) und Huschka et al. (1995) im Gebiet der Bleilochtalsperre (bis 2390 mg/kg). Eine hohe Bleibelastung, kombiniert mit erhöhten Quecksilberwerten, fand sich in der oberen *Ilm* unterhalb von Ilmenau (nach Truckenbrodt et al, 1995, bis 569 mg/kg Pb). Die Quelle hierfür ist die traditionelle Glas- und keramische Industrie (Glasuren). Neue Untersuchungen von Vertikalprofilen ergaben in historischer Zeit Bleibelastungen bis 1280 mg/kg, hier jedoch nicht gekoppelt mit Quecksilber. Im übrigen sind die rezenten Gewässersedimente in weiten Teilen des Flußgebietes der Saale nur schwach bis mäßig schwermetallbelastet.

Das Flußgebiet der *Weißen Elster* erfordert eine gesonderte Betrachtung (vgl. Arnold et al. 1995). Hier erreichte die Belastung an Cadmium über weite Strecken die I_{geo}-Klasse 6 nach Müller (1979)[2]. Diese „übermäßig starke" Belastung ist durch den Komplex Mineralisation, Bergbau und Aufbereitung zu erklären – mit Cadmium als Begleitmetall von Zink – sowie durch die vielseitige Verwendung in Chemie und Metallurgie. Bei Zink wird die I_{geo}-Klasse 5 erreicht (Hauptquelle: Zellstoffindustrie), bei Blei die Klasse 4 (stellenweise 5), bei Chrom die Klasse 3 (unterhalb von Betrieben der Lederindustrie auch die Klassen 4 bis 6). Die Urankonzentrationen erreichen unterhalb des Bergbaugebietes von Gera – Ronneburg über weite Strecken die Klasse 5, die Quecksilberwerte reichen bis in die Klasse 3 (lokal Klassen 4 und 5). In vielen Fällen sind die einleitenden Betriebe bzw. Städte klar erkennbar, insbesondere an kleineren Nebengewässern (Beispiele hierfür sind der mit Silber besonders stark belastete Malzbach bei der Stadt Eisenberg mit ihrer historischen Filmplattenindustrie und die aus Glasurmaterial stammenden Bleigehalte unterhalb des Töpfereistädtchens Kohren-Sahlis).

Im Teileinzugsgebiet der *Weißen Elster* wurden bereits 1993 als Folge von Stilllegungen, ersten Sanierungen und Produktionsumstellungen Metallkonzentrationen festgestellt, die um ein Viertel bis um die Hälfte niedriger lagen als in den Vorjahren. 1994 setzte sich diese Tendenz – außer für Arsen und Kobalt – fort, allerdings unter Mitwirkung vorausgegangener Hochwässer, die zu einer Ausräumung höher belasteten Sediments und zu einer Anreicherung klastischen Materials führten (Tabelle 2). Die nach den Hochwässern des Jahres 1994 entnommenen Proben enthalten deshalb höhere Anteile der im Gebiet der *Weißen Elster* vorwiegend geogen zugeführten Metalle Cobalt und Arsen. Am Beispiel Cadmium (Abb. 7) wird deutlich, daß die Gehalte schon im oberen Einzugsgebiet abnehmen, daß die wichtigsten Schadstoffquellen 1994 verschwunden sind und sich die entsprechende Belastungsspitze flußabwärts verlagert hat. Bis zur Mündung in die Saale ist ein

Tabelle 2. Veränderung der Schwermetallbelastung im rezenten Sediment der Weißen Elster zwischen 1992 und 1994 [mg/kg]. Untersuchte Kornfraktion < 20 µm; Königswasseraufschluß; Bestimmung durch AAS und ICP-MS. n=35. Die Einordnung in Klassen folgt der Einteilung in I_{geo}-Klassen nachMüller (1979)

	1992	1994	Rückgang	1992	1994	Rückgang	1992	1994	Rückgang	1992	1994	Rückgang
	Cadmium			**Blei**			**Zink**			**Uran**		
Mittel	15,6	9,3	auf	281	182	auf	2596	2000	auf	58	27	auf
Klasse	6	5	60	4	3	65	5	4	77	4	3	47
Min.	3,9	2,1	%	74	56	%	637	416	%	4	2,8	%
Max.	67,1	57,2		1675	628		6382	4200		199	86	
	Kupfer			**Chrom**			**Nickel**			**Silber**		
Mittel	219	164	auf	474	199	auf	175	140	auf	5,0	3,2	auf
Klasse	2	2	75	2	1	42	1	1	80	6	5	64
Min.	110	77	%	56	53	%	67	72	%	2	0,8	%
Max.	402	292		891	435		328	206		10	7,2	
	Cobalt			**Quecksilber**			**Arsen**			**Zinn**		
Mittel	42	45	An-	2,1	1,2	auf	35	42	An-	43	27	auf
Klasse	1	1	stieg	2	1	57	2	2	stieg	3	2	63
Min.	17	23	auf	0,4	0,2	%	21	27	auf	6	4,2	%
Max.	67	76	107%	6,9	3,1		87	108	120%	241	79	

genereller Belastungsrückgang zu verzeichnen, der auch 1994 noch durch kleinere Belastungsanstiege oberhalb von Zeitz (Stahlwerk Silbitz?) und im Raum Leipzig unterbrochen wurde.

Es bleibt abzuwarten, zu welchen Anteilen der durch Hochwässer verstärkte Belastungsrückgang von Dauer ist. Es wird angenommen, daß der im Gebiet der Weißen Elster bereits 1993, vor den Hochwässern, sichtbar gewordene Trend anhält oder nur durch geringe, zwischenzeitliche Wiederanstiege unterbrochen wird. Von dem Ziel, in den Gewässern Metallkonzentrationen in Nähe der geochemischen Grundgehalte zu erreichen, ist das Gewässersystem der Weißen Elster allerdings noch weit entfernt.

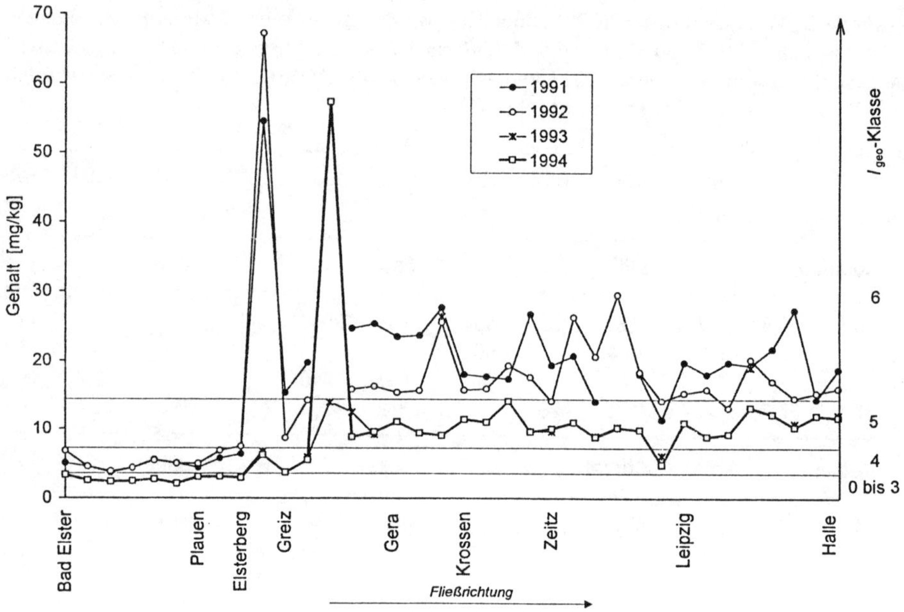

Abb. 7. Entwicklung der Cadmiumgehalte im Flußschlamm der Weißen Elster 1991–1994. Untersuchte Kornfraktion < 20 µm. Analytik: Königswasseraufschluß; AAS und ICP-MS

Danksagung

Die Arbeiten wurden durch zwei Fördervorhaben des Bundesministeriums für Bildung, Wissenschaft, Forschung und Technologie in entscheidender Weise unterstützt. Dank gebührt in diesem Zusammenhang vor allem dem Projektträger für Wassertechnologie und Schlammbehandlung im Forschungszentrum Karlsruhe GmbH. Die Fördervorhaben waren in zwei Verbundprojekte eingeordnet, deren Leitung Herr Prof. Dr. G. Müller, Institut für Umwelt-Geochemie der Universität Heidelberg, übernahm. Ihm sind wir in besonderer Weise zu Dank verbunden. Des weiteren gilt unser Dank für ihre Unterstützung den Herren Prof. Dr. K. Dittrich (†), Prof. Dr. C. Hänsel, Prof. Dr. L. Eißmann und Prof. Dr. G. Werner, Leipzig.

Anmerkungen

1 Geänderte Version eines Vortrages auf der Tagung der Deutschen Geologischen Gesellschaft 1996 in Bonn zum Thema „Geologische Stoffkreisläufe und ihre Veränderung durch den Menschen". Die Zahlenangaben wurden ergänzt, berichtigt und aktualisiert

2 I_{geo}-Klasse 0 reicht bis zum 1,5-fachen des Tongesteinsstandards nach Turekian und Wedepohl (1961), die Klassen 1 bis 5 jeweils bis zum 3-, 6-, 12-, 24- und 48-fachen, Klasse 6 („übermäßig stark belastet") entspricht dem >48-fachen dieses Wertes

Literatur

Arnold A, Hanisch C, Hänsel C, Jendryschik K, Müller A, Zerling L, Dittrich K, Lohse M, Walther A Werner G (1995) Bestandsaufnahme der Schwermetallsituation im Gewässersystem der Weißen Elster und im Bitterfelder Muldestausee. In Die Belastung der Elbe-Nebenflüsse mit Schadstoffen. Erste Ergebnisse. (Hg.) Forschungszentrum Karlsruhe, S. 1–26

Bundesanstalt für Geowissenschaften und Rohstoffe (Hg.) Bodenkundliche Kartieranleitung. 4. Aufl., Hannover 1994

Bundesgesetzblatt: Klärschlammverordnung (AbfKlärV) vom 15.04.1992. BGBl. I, 1992, S. 912–934

DIN (Hg.) Deutsche Einheitsverfahren zur Wasser-, Abwasser- und Schlammuntersuchung: Schlamm und Sedimente (Gruppe S) – DIN 38414, Teil 7. Beuth-Verl. und VCH-Verl. 1983

Hiller A, Litt T, Eissmann L (1991) Zur Entwicklung der jungquartären Tieflandstäler im Saale-Elbe-Raum unter besonderer Berücksichtigung von ^{14}C-Daten. Eiszeitalter und Gegenwart, 41, 26–46, Hannover

Huschka B, Köhler H, Ramm, M (1995) Zur Schwermetallbelastung in den Sedimenten der Saaletalsperren. In Die Belastung der Elbe-Nebenflüsse mit Schadstoffen. Erste Ergebnisse. (Hg.) Forschungszentrum Karlsruhe, S. 69–77

Matschullat J, Ellminger F, Agdemir N, Cramer S, Liessmann W, Niehoff N (1997) Overbank sediment profiles – evidence of early mining and smelting activities in the Harz mountains, Germany. AppliedGeochemistry,12, S. 105–114

Müller G (1979) Schwermetalle in den Sedimenten des Rheins – Veränderungen seit 1971. Umschau, 79, S. 778–783

Müller G (1981) Die Schwermetallbelastung der Sedimente des Neckars und seiner Nebenflüsse: Eine Bestandsaufnahme. Chemiker-Zeitung, 105, 6, S. 157–164

Müller G, Yahya G, Gentner P (1993) Die Schwermetallbelastung der Sedimente des Neckars und seiner Zuflüsse: Bestandsaufnahme 1990 und Vergleich mit früheren Untersuchungen. Heidelberger Geowiss. Abh., 69

Truckenbrodt D, Kampe O, Einax J (1995) Zur aktuellen Belastungssituation in der Saale, Ilm und Unstrut. In Die Belastung der Elbe-Nebenflüsse mit Schadstoffen. Erste Ergebnisse. (Hg.) Forschungszentrum Karlsruhe, S. 57–68

Turekian KK, Wedepohl KH (1961) Distribution of the elements in some major units of the earth's crust. Bull. Geol. Soc. Am. 72, S. 175–192

Wedepohl K H (1968) Chemical fractionating in the sedimentary environment. In Ahrens LH (Hg.) Handbook of geochemistry, Bd. I. Oxford: Pergamon Press: 999–1016

Management von Boden und Fluß-Sedimenten: Verwertung

Der Umgang mit Baggergut in Deutschland[1]

Harald Köthe und Wolfmar Bertsch

Einleitung

Die Umgangsweise mit Baggergut in der Bundesrepublik Deutschland ist bislang nicht bundeseinheitlich geregelt. Dies liegt vor allem an der föderalistischen Struktur (16 Bundesländer). Sofern in einzelnen Bundesländern noch keine speziellen Vorschriften bestehen, werden andere Regelwerke für Böden, Altlasten o.ä. angewendet (Bertsch und Köthe 1996). Selbst für Fachleute ist es nicht immer leicht, mit dieser Vorschriftenvielfalt umzugehen. Es sind Bemühungen im Gange, Vorschriften für Baggergut, die im Kompetenzbereich des Bundesministeriums für Verkehr an den Bundeswasserstraßen gelten, in Abstimmung mit dem Bundesministerium für Umwelt und den Ländern zu bundeseinheitlichen Regelungen weiterzuentwikkeln und somit zu einer Vereinheitlichung und Vereinfachung in der Praxis zu gelangen.

Definition Baggergut

Eine wesentliche Eingangsvoraussetzung auf diesem Weg ist der einheitliche Sprachgebrauch. Bislang werden die Begriffe „Baggergut" und „Sedimente" häufig als Synonyme verwendet und auch die Zuordnung zum Begriff Boden ist nicht immer klar.

Bei *Unterhaltungsbaggerungen* wird in der Regel nicht über das bestehende Gewässerbett hinaus eingegriffen, sondern lediglich relativ junges, aufsedimentiertes Material entfernt. Diese Baggerungen wiederholen sich in verschiedenen Zeitabständen.

In *Ausbauvorhaben* wird dagegen über das bestehende Gewässerprofil hinaus in den Gewässergrund eingegriffen. Diese Vorhaben stellen zwar nur einmalige Eingriffe dar, es können dabei aber enorme Baggergutmengen anfallen. Dieses Baggergut hat größtenteils eine andere physikalische und chemische Beschaffenheit als die nassen Sedimente, die bei Unterhaltungsbaggerungen von der Gewässersohle aufgenommen werden. Neben den Sedimenten werden bei Ausbaumaßnahmen trockene Oberböden sowie entsprechend der geologischen Verhältnisse nasse und trockene Locker- und Festgesteine gebaggert, die je nach den lokalen und regionalen Einflüssen mehr oder weniger belastet sein können. Die jungen Sedimente an der Gewässersohle nehmen bei Ausbaumaßnahmen meist nur einen geringen Prozentsatz ein, während sie bei Unterhaltungsbaggerungen dominieren. Gemäß der DIN 19731 kann Baggergut folglich aus

- Sedimenten bzw. subhydrischen Böden der Gewässersohle,
- Unterböden und deren Ausgangsmaterial im unmittelbaren Umfeld des Gewässerbettes oder
- Oberböden im Ufer- bzw. Überschwemmungsbereich des Gewässers bestehen (Abb. 1).

In Abgrenzung zum anstehenden, gewachsenen Boden werden Baggergut und Bodenaushub als Bodenmaterial bezeichnet.

Baggergutmengen

Eine bundesübergreifende Bestandserhebung der jährlichen Baggergutmengen in den Ländern (ohne den Bund) hat die Firma Lahmeyer International erstellt (Gramatte und Pause 1997). Es wurde eine Bestandserhebung in allen 16 Bundesländern durchgeführt, bei der 844 öffentliche und private Betreiber von Baggermaßnahmen an Fließgewässern I. und II. Ordnung (ohne Bundeswasserstraßen), Stillgewässern und Häfen der Jahre 1990 bis 1995 befragt wurden. Die Rücklaufraten der Fragebögen im Bereich der Fließ- und Stillgewässer lagen zwischen 68% und 94%. Von den städtischen und privaten Betreibern der Hafenanlagen antworteten gut die Hälfte (54%) der Angeschriebenen. Unter diesen Voraussetzungen wird unter Zugrundelegung eines 10-Jahreszeitraumes der zukünftige jährliche Baggergutanfall mit 8,1 Mio. m^3 abgeschätzt, wobei 5 Mio. m^3 als mit Schadstoffen belastet angenommen werden.

In dieser Erhebung sind die Baggergutmengen aus den Bundeswasserstraßen (insgesamt ca. 7700 km), die von der Wasser- und Schiffahrtsverwaltung des Bundes bei Unterhaltungs- und Ausbaumaßnahmen bewegt werden, nicht enthalten. Erfahrungsgemäß werden bei der Unterhaltung der Bundeswasserstraßen zusätzlich zu den o.g. Mengen jährlich ca. 40 Mio. m^3 Baggergut bewegt. Der größte Teil davon fällt im Küsten- bzw. tidebeeinflußten Bereich und nur ca. 1-3 Mio. m^3 in den Binnenwasserstraßen an (BMV 1991, AKN 1991, BfG 1992a). Die Baggergutmengen aus dem gesamten ca. 6500 km langen, tideunbeeinflußten Binnenwasserstraßennetz entsprechen somit etwa der Menge, die jährlich im Hamburger Hafen gebaggert wird (Gramatte und Pause 1997, Glindemann et al. 1997).

Die Mengen aus den Ausbauvorhaben an den Bundeswasserstraßen müssen noch dazugerechnet werden. Die gegenwärtige Verkehrswegeplanung des Bundesministeriums für Verkehr sieht 29 größere Ausbauvorhaben vor. In einem Bauvorhaben können dabei Baggergutmengen in der Größenordnung von 100 000 m^3 bis über 10 Mio. m^3 bewegt werden. Seit der Wiedervereinigung Deutschlands werden in den neuen Bundesländern große Anstrengungen unternommen, eine bessere Ost-West-

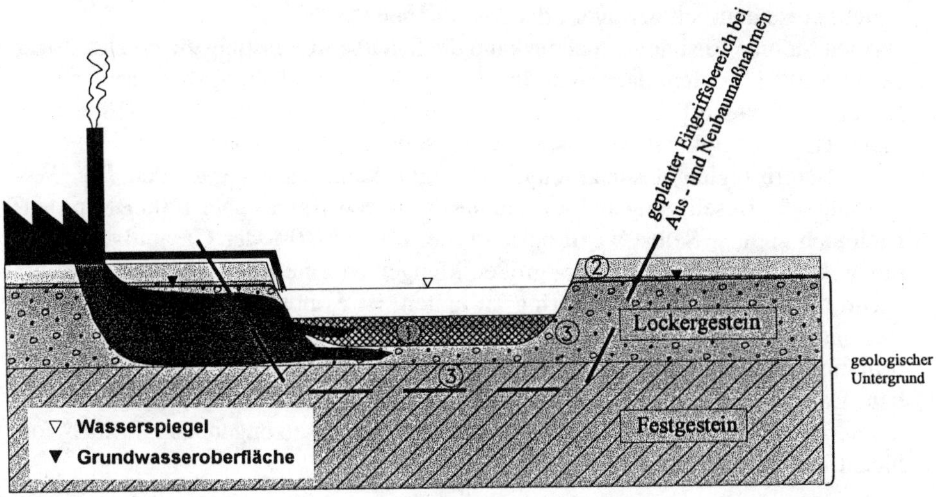

Abb.1. Schematische Darstellung zur Begriffsdefinition „Baggergut". 1 = Junge Sedimente an der Gewässersohle/Naßbaggergut (Sohlsedimente aus Geschiebe, Schwebstoffen); 2 = Mutter-, Oberboden/Trockenbaggergut (Verwitterungsprodukt aus Locker-, Festgestein); 3 = Locker-, Festgestein im Untergrund (Lage der Grundwasseroberfläche bestimmt den Anteil an Trocken- und Naßbaggergut); 4 = Mögliche Verunreinigungsquellen des Baggerguts (Direkteinleitungen, Versickerungen durch Betriebsunfälle/Altlasten im Uferbereich)

Verbindung für die Schiffahrt herzustellen. Hervorzuheben ist hierbei das Projekt Nr. 17 („Deutsche Einheit"), das die verbesserte Anbindung Berlins an den Mittellandkanal nach Westen zum Ziel hat. Damit wird ein wesentlicher Baustein für den Schiffsverkehr zwischen der Oder und der Elbe sowie über den Mittellandkanal zur Weser und Ems und über das westdeutsche Kanalnetz zum Rhein gelegt. Bei dem prognostizierten starken Verkehrsanstieg soll damit zukünftig das steigende Verkehrsaufkommen auf der Straße etwas abgefangen werden, zumal der Wasserweg im Vergleich zur Straße und Schiene umweltverträglicher ist (Verein für Binnenschiffahrt und Häfen 1992).

Probleme mit der Schadstoffbelastung

Die Belastung des Baggerguts mit Schadstoffen ist gewässerspezifisch unterschiedlich und steigt in Annäherung an die Quellen der Belastung an. Besonders im Binnenland ist das feinkörnige Sediment, welches sich in Gewässerabschnitten geringerer Fließgeschwindigkeit ablagert, z.T. stark mit Schadstoffen kontaminiert. Die Schadstoffe konzentrieren sich in der Regel in der Feinkornfraktion (< 0,02 mm) und dem organischen Anteil der Schwebstoffe bzw. der Sedimente. Durch die Vermischung mit sauberem Material aus dem Küstenvorfeld und/oder einem z.T. hohen Sandanteil ist die Schadstoffbelastung in den Sedimenten an der Küste vergleichsweise deutlich geringer oder sogar unbelastet.

Auch für eine Ausbaumaßnahme kann die Schadstoffbelastung ein ernstes, sogar existenzielles Problem darstellen. Im Vergleich zu Unterhaltungsbaggerungen besteht bei Ausbauvorhaben zusätzlich die Gefahr, daß neben belasteten Sedimenten Altlasten im Umfeld des Gewässers angeschnitten werden können.

Die Unterbringung des belasteten Baggerguts kann sehr teuer werden. Eine Verwertung oder Beseitigung an Land kann Kosten von 100 bis über 1000 DM pro m^3 nach sich ziehen. Selbst wenn beispielsweise nur 5-10% der Gesamtbaggergutmenge belastet sind, können bei großen Mengen enorme Kosten entstehen.

Um die Kosten möglichst gering zu halten, ist es notwendig, eine sorgfältige Bestandsaufnahme und ein darauf aufbauendes weitsichtiges Baggergutunterbringungskonzept frühzeitig in die Planung einer Baggermaßnahme einzubeziehen. Dazu gehört auch die Klärung, welche Rechtsbereiche durch die Planungen tangiert werden. Die Schaffung der rechtlichen Voraussetzungen kann je nach Vorhaben sehr aufwendig sein.

Administrative und rechtliche Vorgaben

Gegenwärtig gibt es kein spezielles Gesetz für den Umgang mit Baggergut. Es muß aber eine Vielzahl an Gesetzen, Vorschriften und Regelungen beachtet werden, die beim Umgang eine Rolle spielen können. Es ist daher nicht einfach zu verstehen, auf welcher rechtlichen Grundlage Entscheidungen im Umgang mit belastetem Baggergut getroffen werden müssen und wer für die Entscheidung zuständig und verantwortlich ist.

Zuständigkeiten

Bevor auf die wichtigsten rechtlichen Vorgaben eingegangen wird, ist es hilfreich, die deutsche Verwaltungsstruktur auf die Belange der Umwelt und im speziellen auf das Baggergut zu verstehen. Abbildung 2 zeigt dazu ein vereinfachtes Schema, wie sich die behördlichen Kompetenzen an den Gewässern grundsätzlich verteilen.

Unterhaltungs- oder Baumaßnahmen an deutschen Gewässern liegen entweder im Verantwortungsbereich des Bundes, der 16 Länder oder der 16 099 Kommunen (416 Kreise, 15 982 Gemeinden, 117 kreisfreie Städte; Deutscher Städtetag 1993), wobei Überschneidungen auftreten können.

Auf der Basis der föderalistischen Struktur liegt die Verantwortung für die Gewässer (ohne Bundeswasserstraßen) bei den Umweltministerien der Länder und den nachgeordneten Behörden. Die Projekte werden in der Regel auf der kommunalen bzw. regionalen Ebene bei den zuständigen örtlichen Behörden bzw. Mittelbehörden behandelt. Nur in Ausnahmefällen schalten sich die Oberbehörden oder

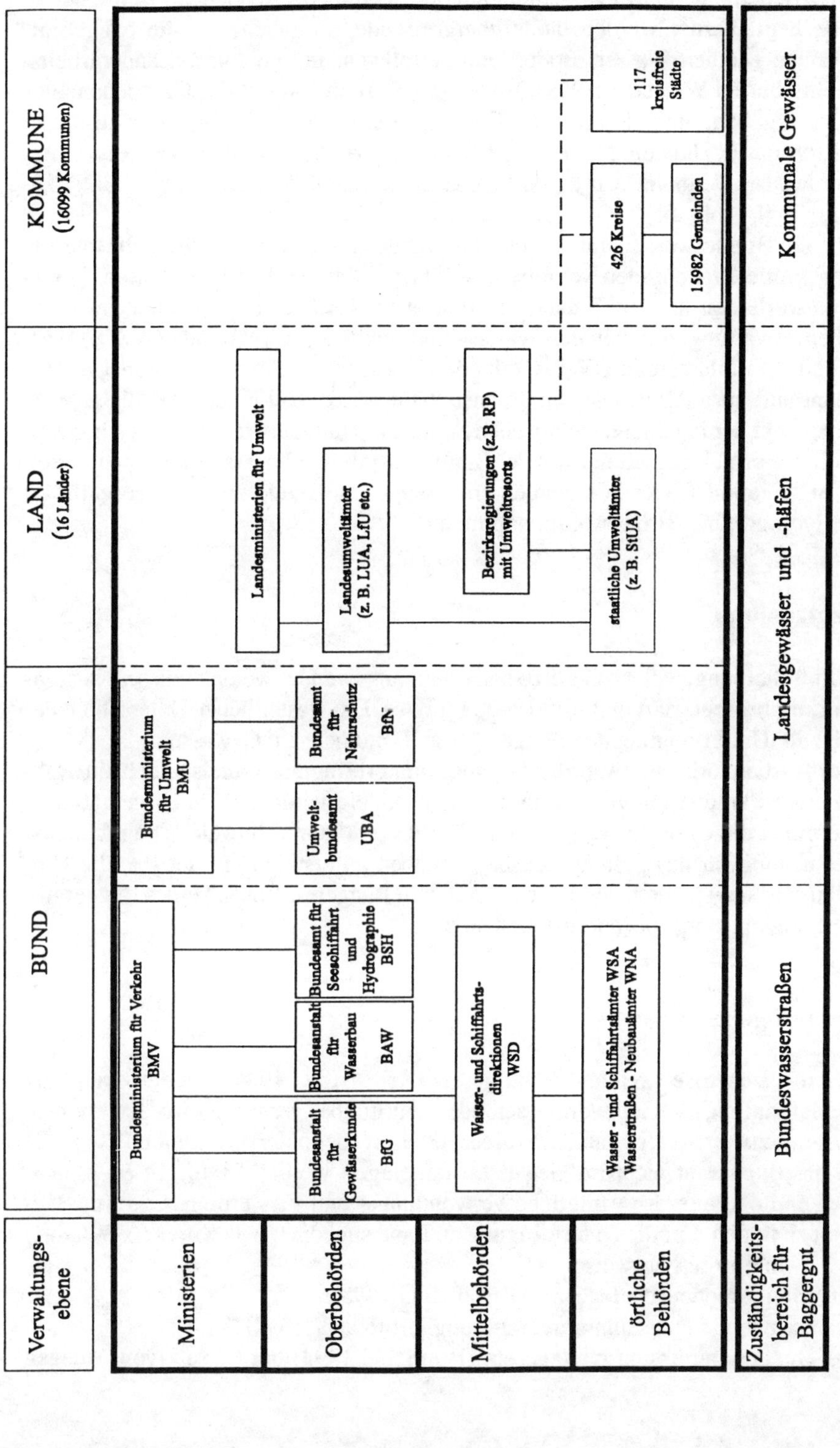

Abb.2. Schema des Verwaltungsaufbaus in der Bundesrepublik Deutschland hinsichtlich des Umgangs mit Baggergut

Ministerien ein, deren Aufgabe mehr auf der richtungsweisenden, konzeptionellen Ebene liegt. Ferner werden länderübergreifende Aufgaben für die baggergutrelevanten Medien Wasser, Boden und Abfall u.a. in den Bund-/Länderarbeitsgemeinschaften Wasser (LAWA), Boden (LABO) und Abfall (LAGA) behandelt.

Für Aufgaben, die auf nationaler Ebene gelöst werden müssen, ist das Bundesministerium für Umwelt, Naturschutz und Reaktorsicherheit (BMU) mit den Oberbehörden Umweltbundesamt (UBA) und Bundesamt für Naturschutz (BfN) zuständig (vgl. Abb. 2).

Für die Bundeswasserstraßen sind das Bundesministerium für Verkehr und die nachgeordneten Behörden verantwortlich (vgl. Abb. 2). Die Unterhaltungs- und Ausbauvorhaben an den Bundeswasserstraßen werden von der Bundeswasserstraßenverwaltung, d.h. von den Wasser- und Schiffahrtsdirektionen (WSD), Wasser- und Schiffahrtsämtern (WSÄ) oder den Wasserstraßen-Neubauämtern (WNÄ), geplant und ausgeführt. Die Bundesanstalt für Wasserbau unterstützt diese Maßnahmen von der ingenieurstechnischen Seite. Die Umweltbelange werden konzeptionell wie projektbegleitend von der Bundesanstalt für Gewässerkunde bearbeitet. Die Belange auf Hoher See werden erstrangig vom Bundesamt für Seeschiffahrt und Hydrographie (BSH) wahrgenommen.

Gesetzeslage

Die Entscheidung, welche Gesetze insgesamt angewendet werden müssen, bestimmen Unterbringungsart und -ort des Baggergtes. Ein wesentlicher Unterschied dabei ist die Unterbringung des Baggerguts an Land oder im Gewässer.

Bei Ausbauvorhaben muß die Baggergutunterbringung grundsätzlich im Rahmen eines Planfeststellungsverfahrens abgehandelt werden. Dazu ist gemäß dem Gesetz über die Umweltverträglichkeit (UVPG 1990) eine Umweltverträglichkeitsuntersuchung für das gesamte Ausbauvorhaben zu erstellen, in der u.a. die Umweltauswirkungen durch den Umgang mit dem Baggergut anhand eines Baggergutunterbringungskonzepts darzustellen sind.

Unterbringung an Land

Das Kreislaufwirtschafts- und Abfallgesetz (KrW-/AbfG 1994) gibt den Grundsatz vor, Materialien, die nicht vermieden oder unmittelbar verwendet werden können, als Abfall zu verwerten, damit sie nicht beseitigt (deponiert) werden müssen. Sofern das Baggergut nicht im Gewässer umgelagert werden kann, gilt es, ökonomisch und ökologisch verträgliche Verwendungs- und Verwertungswege für Baggergut zu finden. Für die Unterbringung an Land sind dann neben dem KrW-/AbfG je nach Unterbringungsweise

- das Bundesbodenschutzgesetz (BBodSchG 1998),
- die bestehende Klärschlammverordnung (AbfKlärV 1992),
- das Bundes-Immissionschutzgesetz (BImSchG 1993) bei Einsatz von Anlagen

und

- bei einer Unterbringung z.B. in einer Kiesgrube oder einem Bergwerk u.U. das Bergrecht

anzuwenden bzw. entsprechende Genehmigungen einzuholen. Zu diesen Gesetzen liegen neben speziellen Länderregelungen folgende länderübergreifenden Regelwerke für die Verwertung oder Beseitigung von Bodenmaterial vor:

- Für die Verwertung von Baggergut in der Land- und Forstwirtschaft lagen bis zur Einführung des Bundesbodenschutzgesetzes mit den untergesetzlichen Regelwerken die Technischen Regeln der Länderarbeitsgemeinschaft Boden „Anforderungen an die Verwertung von kultivierbarem Bodenmaterial" (LABO 1996) als Bewertungsgrundlage vor. Die Bodengrenzwerte der Klärschlammverordnung (AbfKlärV 1992) sind hierbei in die Verwertungklasse (VWO) 1 (eingeschränkt geeignet) eingegangen. Darüber hinaus sind die Vorgaben des Düngemittelgesetzes (1977) und der Düngeverordnung (1996) im Hinblick auf die bedarfsgerechte Nährstoffversorgung zu beachten.
- Für die Verwertung von Baggergut als Baumaterial bilden die Technischen Regeln der Länderarbeitsgemeinschaft Abfall „Anforderungen an die stoffliche Verwertung von mineralischen Reststoffen/Abfällen" (LAGA 1995) eine praxisorientierte Bewertungsgrundlage. Anhand der Zuordnungswerte Z0 bis Z2 werden die Verwertungsklassen (Einbauklassen) festgelegt. Die Zuordnungswerte Z3 bis Z5 legen in Anlehnung an die Technische Anleitung (TA) Siedlungsabfall (TASi 1993) und an die TA Abfall (1991) Kriterien für die Beseitigungsart (Deponierung) fest.
- Für die Verwertung von Baggergut als Untertageversatz im Bergbau sind die Technischen Regeln des Länderausschuß Bergbau „Anforderungen an die stoffliche Verwertung von mineralischen Reststoffen/Abfällen als Versatz unter Tage" (LAB 1995) zu beachten. Technische Regeln für die übertägige Verbringung befinden sich im Entwurfsstadium (LAB E. 1997).

Unterbringung im Gewässer

Die Unterbringung an Land ist für den Großteil des Baggerguts in der Regel wirtschaftlich nur vertretbar, wenn das Baggergut im Gewässer nicht umweltverträglich untergebracht werden kann. Daher wird i.d.R. zuerst eine Unterbringung im Gewässer gesucht.

Gemäß §1 Abs.3 Nr.5 AbfG bzw. §2 Abs.2 Nr.6 KrW-/AbfG gilt das Abfallrecht nicht für Stoffe, die in Gewässer eingebracht werden. Für diesen Fall verweist das Abfallrecht auf das Wasserhaushaltsgesetz (WHG 1986) und die jeweiligen Landeswassergesetze, sofern das Gewässer keine Bundeswasserstraße ist. An den Bundeswasserstraßen bildet das Wasserstraßengesetz (WaStrG 1990) die rechtliche Grundlage. Dieses regelt in § 8 die Unterhaltungstätigkeit für einen ungehinderten Abfluß und die Sicherheit und Leichtigkeit der Schiffahrt an den Bundeswasserstraßen besonders im Hinblick auf die Räumung und Befestigung der Gewässersohle und der Ufer. Je nachdem, ob durch den Umgang mit dem Baggergut Beeinträchtigungen hinsichtlich der Wasserwirtschaft, der Landeskultur und des Naturschutzes zu erwarten sind, ist ein Einvernehmen oder Benehmen mit den zuständigen Länderbehörden herzustellen. Im Gegensatz zu Unterhaltungsmaßnahmen bedürfen Ausbaumaßnahmen an Bundeswasserstraßen der Planfeststellung (§14 Abs. 1 WaStrG). In diesem Fall wird die Einhaltung der rechtlichen Vorgaben von der Planfeststellungsbehörde unter Beteiligung der zuständigen Fachbehörden mitgeprüft. Aufgrund der Konzentrationswirkung des Planfeststellungsbeschlußes bedarf es keiner separaten abfall-, wasser- oder ggfs. bergrechtlichen Genehmigungen für die Unterbringung des Baggergutes (Köthe et al. 1995, BfG 1997).

Sofern der Umgang mit dem Baggergut eine erhebliche oder nachhaltige Beeinträchtigung der Leistungsfähigkeit des Naturhaushaltes oder des Landschaftsbildes verursacht, sind gemäß Bundesnaturschutzgesetz in Verbindung mit den Landesnaturschutzgesetzen entsprechend dem Eingriff Ausgleichs- und Ersatzmaßnahmen zu leisten. Diese Entscheidung wird im Rahmen des jeweiligen Genehmigungsverfahrens von den zuständigen Landesbehörden und für die hoheitliche Unterhaltungstätigkeit an den Bundeswasserstraßen von der Wasser- und Schiffahrtsverwaltung im Benehmen mit den zuständigen Naturschutzbehörden getroffen (Köthe et al. 1995, BfG 1997).

Spezielle Vorschriften und Richtlinien für Baggergut

Länderübergreifende Vorschriften bestehen für den Umgang mit Baggergut an Bundeswasserstraßen. Für die Bundeswasserstraßen im Küstenbereich müssen von der Wasser- und Schiffahrtsverwaltung des Bundes (WSV) bis zu den Süßwassergrenzen gemäß Erlaß des Bundesministeriums für Verkehr die mit der Handlungsanweisung Baggergut-Küste (HABAK-WSV; BfG 1992b) in Kraft gesetzten Baggergut-Richtlinien der internationalen Meeresschutzabkommen der Oslo- und der Helsinki-Kommision (vom 31.08.1992 BW 15/15.82.10-051/22 VA 92) angewendet werden. Der Bund-/Länder-Auschuß „Nord- und Ostsee" (BLANO) hat in der Folge den Bund-/Länder-Arbeitskreis „Baggergut Küste" (BLABAK) beauftragt, auf der Basis der HABAK für die Küsten-Bundesländer Gemeinsame Empfehlungen zur Umsetzung der Baggergut-Richtlinien der Oslo- und Helsinki-Kommission zu erarbeiten.

Liegt der Unterbringungsbereich für das Baggergut außerhalb der Konventionsgebiete der HABAK-WSV, d.h. stromauf der Süßwassergrenze oder an Land, muß die Wasser- und Schiffahrtsverwaltung des Bundes (WSV) an den Bundeswasserstraßen die Handlungsanweisung für den Umgang mit Baggergut im Binnenland (HABAB-WSV, BfG 1997) anwenden. Als wesentliche Neuerungen dieser Vorschrift sind

- ein praktisches Verfahrensschema für den Umgang mit Baggergut,
- eine vollständige Aufarbeitung der deutschen Rechtslage für Baggergut sowie
- erstmals Kriterien für das Umlagern von Baggergut in Bundeswasserstraßen des Binnenlandes

enthalten. Die Übertragung dieser Vorschrift in gemeinsame, länderübergreifende Empfehlungen des Bundes und aller Länder durch einen Bund-/Länderarbeitskreis ist bereits im Gespräch und wird folgen.

Weiterhin haben einige Bundesländer (wie Schleswig-Holstein, Niedersachsen, Bremen, Mecklenburg-Vorpommern, Sachsen-Anhalt, Brandenburg) eigene Richtlinien und Empfehlungen mit Schadstoffkriterien speziell für Baggergut herausgegeben. Eine Übersicht dazu findet sich in Bertsch und Köthe (1996).

Parallel zur Erarbeitung der HABAB-WSV haben die Abwassertechnische Vereinigung (ATV) und die Arbeitsgemeinschaft (ARGE) Elbe Empfehlungen erarbeitet. Der ATV-Ausschuß 3.7 hat das ATV-Merkblatt M 362 „Umgang mit Baggergut" erstellt (ATV 1997). Der ad-hoc Arbeitskreis „Baggergut" der ARGE Elbe, in dem Fachleute aus den 7 Bundesländern an der Elbe sowie Vertreter des Bundes beteiligt waren, hat eine *Empfehlung für den Umgang mit belastetem Baggergut an der Elbe* herausgegeben (ARGE Elbe 1996). Darin sind u.a. Schadstoffkriterien für das Umlagern von Baggergut in der Elbe enthalten. Die gesamtheitliche Betrachtung von Gewässern über politische Grenzen hinweg findet z.B. auch Niederschlag in internationalen Arbeitsgremien wie der Internationalen Kommission zum Schutze des Rheins (IKSR), der Elbe (IKSE) und der Oder (IKSO), wo die jeweiligen Anrainernationen der Gewässer einen Konsens ihrer national abgestimmten Kriterien auf internationaler Ebene suchen. Beispielsweise hat die IKSR eine Empfehlung zur Baggergutbewertung herausgegeben (IKSR 1995) und jüngst einen Expertenkreis zur Abstimmung von Kriterien für die Umlagerung von Baggergut eingerichtet. Der Internationale Ständige Verband der Schiffahrtskongresse (engl. PIANC) hat eine internationale *Empfehlung über Umgang mit belastetem Baggergut aus Häfen und Binnenwasserstraßen* veröffentlicht, an der 10 Nationen aus aller Welt mitgearbeitet haben (PIANC 1996).

Wirtschaftliche und technische Aspekte

Die Wirtschaftlichkeit beim Umgang mit Baggergut wird im wesentlichen durch die gesetzlichen Anforderungen an den Umweltschutz, deren Auslegung stark von regionalen und umweltpolitischen Strömungen abhängig ist, geprägt. Der Anspruch an eine umweltverträgliche Unterbringung fordert auch den Einsatz von leistungsfähigen Technologien heraus.

Bevor aber eine Entscheidung über den Einsatz von Technologien fällt, sollte die physikalische und chemische Beschaffenheit des potentiellen Baggerguts über die Fläche und Tiefe hinreichend bekannt sein. In vielen Fällen kann mit einer guten Kenntnis der räumlichen Schadstoffbelastungsverteilung schon durch eine geeignete Baggertechnik gezielt belastetes von weniger oder unbelastetem Baggergut abgetrennt werden, so daß Teilmengen ohne großen Aufwand untergebracht werden können.

Erfahrungsgemäß steht auf der kostengünstigen Seite das Umlagern von Baggergut im Gewässer dem sehr teuren Beseitigen auf der Sonderabfalldeponie gegenüber. Dazwischen liegen allerdings viele weitere Möglichkeiten der Baggergutunterbringung. Abbildung 3 verdeutlicht diese Relationen.

Grundsätzlich kann man sagen, daß eine Unterbringung im Gewässer, sei es ungesichert (Pfad 1) oder gesichert (Pfad 2), kostengünstiger ist als eine Verwertung (Pfad 3), die den Einsatz von Aufbereitungs- und Behandlungstechnologien beinhaltet. Die Kosten der Ablagerung bzw. Beseitigung auf einer Deponie (Pfad 4) hängen vom Grad der Belastung und der daraus resultierenden Deponieklasse ab. In ihren Technischen Regeln zur Verwertung mineralischer Reststoffe/Abfälle (LAGA 1995) trifft die LAGA mit den Zuordnungswerten für Schadstoffe im Feststoff und Eluat (Z0 bis Z5) eine Unterscheidung für uneingeschränkt (Z0) bzw. eingeschränkt verwendbares (Z1.1 bis Z2) und deponiepflichtiges (Z3 bis Z5) Bodenmaterial. Für Material, welches den LAGA-Werten Z1.1 bis Z2 entspricht, findet in der Regel ein Abwägungsprozeß statt, in welchem der Pfade (in Abb. 3) das Baggergut am kostengünstigsten untergebracht werden kann.

Verwertungstechnologien kommen aufgrund der hohen Kosten dabei nur selten zum Zuge. Diese finden ihren Einsatz eher für Material, das die LAGA-Z2-Werte überschreitet. Um einen Überblick über den Stand der technischen Verwertungsmöglichkeiten für Baggergut zu bekommen, haben einige Nationen gegen Ende der 80er Jahre umfangreiche Forschungsvorhaben ins Leben gerufen:

- USA: ARCS Assessment and Remediation of Contaminated Sediments (EPA 1994 a,b),
- Kanada: CSTTP Contaminated Sediment Treatment Technologies Programme (St. Lawrence Centre 1993),
- Niederlande: DTPT Development Programme Treatment Processes (RIZA 1992).

In Deutschland gingen wegweisende Impulse von Hamburg aus, wo jährlich 2-3 Millionen m³ Baggergut aus dem Hafen untergebracht werden müssen (Glindemann et al. 1997, Gramatte und Pause 1997). Beispielhaft wurde in Form einer öffentlichen Diskussion (Niedersächsisches Elbschlickforum) versucht, zu einer allgemein akzeptierten Problemlösung zu gelangen (Donner et al. 1994). Als Ergebnis wurde beschlossen, das Baggergut (Hafenschlick) in Salzkavernen unterzubringen.

Als Entscheidungsgrundlage wurde von der Firma Lahmeyer im Vorfeld eine Machbarkeitsstudie über die Verwertung von belasteten Sedimenten erstellt, in der 130 Sedimentverwertungsverfahren per Literaturrecherche erfaßt und bewertet wurden (Lahmeyer International 1995). Die dokumentierten Technologien behandeln das Material in der Weise, daß die Schadstoffe abgetrennt, zerstört oder eingebunden (immobilisiert) werden. Die Produkte aus den Aufbereitungs- und Behandlungsverfahren sind

- schadstoffabgereichertes Baggergut, das in den Wirtschaftskreislauf geht, z.B. Schluff, Sand und Kies in die Baustoffindustrie, als Bodenaustauschmaterial, als Dammschüttmaterial o.ä. und/oder
- Verwertungsgüter mit veränderter Materialstruktur (z.B. Bauprodukte wie Ziegel, Schaumglas, Pellets, Blähton etc.).

Diese Produkte können wieder zweckgerichtet eingesetzt werden. Dies entspricht den Vorgaben im Kreislaufwirtschafts- und Abfallgesetz, wodurch kostbarer Deponieraum geschont werden soll. Die Abgrenzung zwischen Verwertung und

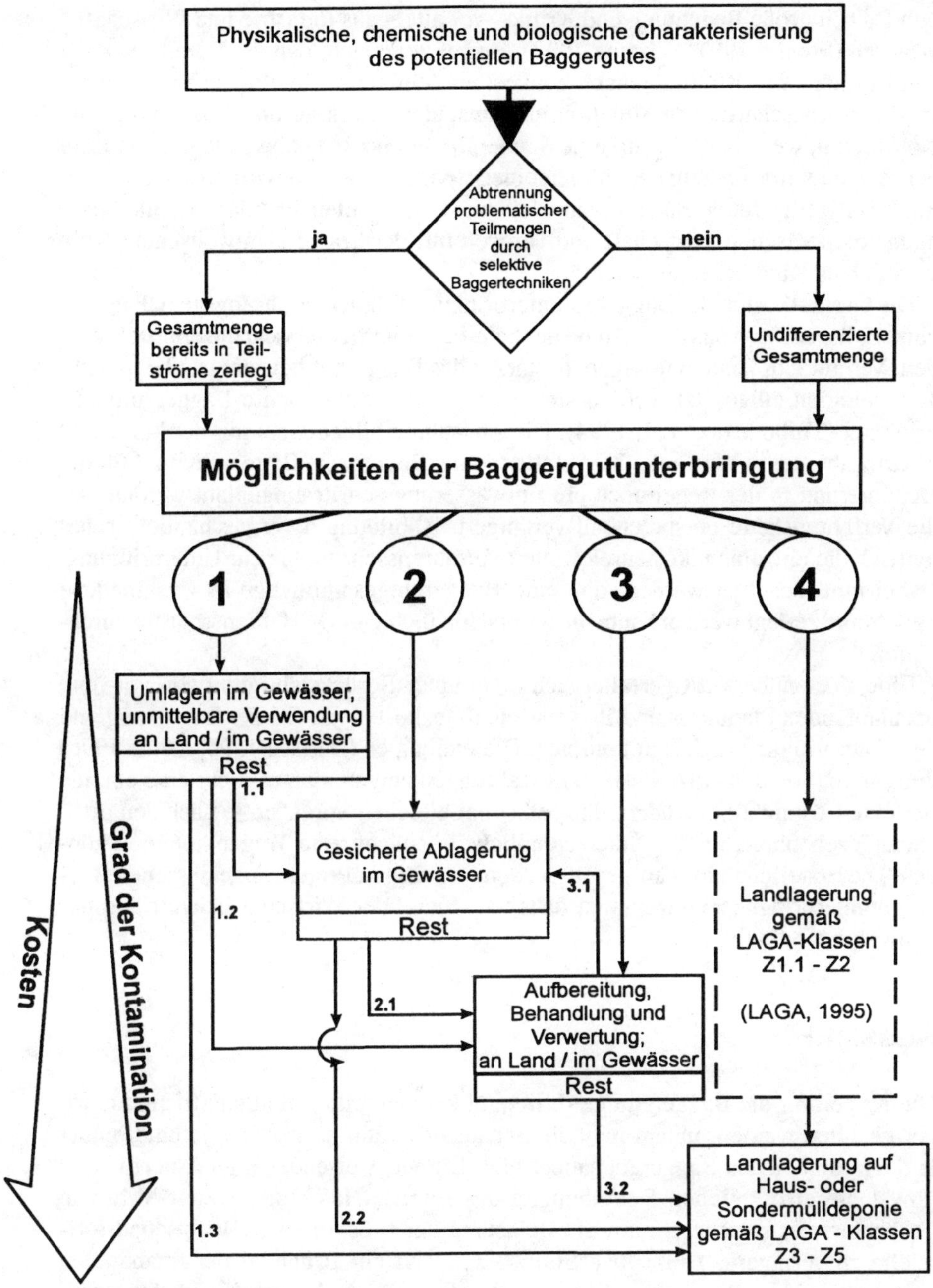

Abb.3. Möglichkeiten der Baggergutunterbringung

Beseitigung bereitet in der Praxis allerdings noch große Probleme. Die entsprechende Vollzugshilfe der LAGA (Arbeitspapier vom 19.12.1996, LAGA 1996) hat bundesweit große Beachtung und Kritik – vor allem aus Industrie und Wirtschaft – erfahren (Freund 1997, Schmitz 1997). Ferner zeigt sich, daß die Bereitschaft für den Einsatz umweltfreundlicher, aber kostenträchtiger Technologien bei der angespannten wirtschaftlichen Situation in Deutschland stark gesunken ist und nur im Notfall, d.h. wenn der Weg auf eine Sonderabfalldeponie unabwendbar ist, in Kauf genommen wird. Im Zuge der allgemeinen Sparmaßnahmen wird also wieder weniger Umwelttechnologie eingesetzt. Ruchay (1997) beleuchtet das aktuelle Spannungsfeld zwischen Wirtschaft und Umwelt mit der Frage: „Umweltschutz – ein ungeliebtes Kind heutiger Zeit?".

Die Gesamtkosten der Baggergutunterbringung müssen erfahrungsgemäß immer einzelfallspezifisch aus der Summe der beteiligten Verfahrensschritte ermittelt werden. Vereinfacht kann man sagen, je stärker das Baggergut belastet ist und je mehr Technologien eingesetzt werden, desto teurer wird die gesamte Baggergutunterbringung (Thibodeaux et al. 1994). Die Ausnahme bildet dabei nur der kurze und direkte, aber teure Weg auf eine Abfalldeponie. Bei nassem Baggergut muß für die Deponierung in der Regel noch ein Entwässerungsschritt eingeplant werden, der die Verfahrenskette entsprechend verlängert. Abbildung 4 veranschaulicht schematisch die einzelnen, kostenrelevanten Verfahrensschritte bis zur Unterbringung. Dabei muß beachtet werden, daß eine Baggergutgesamtmenge in verschiedene Teilströme zerlegt werden kann, die unterschiedlich viele Verfahrensschritte durchlaufen.

Eine Kostenübersicht gestaltet sich dann unter Berücksichtigung von vor- und nachlaufenden Planungs- und Beweissicherungskosten am Ort der Baggerung und der Unterbringung u.U. sehr komplex. Die nationalen (Bertsch 1995, Köthe 1996) und internationalen (PIANC 1997) Erfahrungen zeigen, daß es nicht eine einzige perfekte Lösung gibt, sondern daß selbst bei gleichen Vorgaben je nach den örtlichen Gegebenheiten völlig unterschiedliche Lösungen zum Tragen kommen können. Die Erstellung eines ausgereiften, dem jeweiligen Projekt angemessenen Baggergutunterbringungskonzepts ist daher im Sinne der Wirtschaftlichkeit und der Umwelt unabdingbar.

Aussicht

Die Kosten für die Baggergutunterbringung können mittel- und langfristig niedriger gehalten werden, indem man die Schadstoffzufuhr an der Quelle unterbindet und damit auch das Baggergut sauber hält. Ein wegweisendes Signal hierfür sind jüngst die erfolgreichen Bemühungen des Landes Hamburg, gezielt Mittel in Tschechien zu investieren, um die Belastung der Elbe an einer Hauptschadstoffquelle zu veringern. Diese Investitionen sind nur ein Bruchteil der finanziellen Aufwendungen, die stromabwärts in Hamburg jährlich aufgewendet werden. Investionen dieser Art können mittel- und langfristig gesehen sehr wirkungsvoll

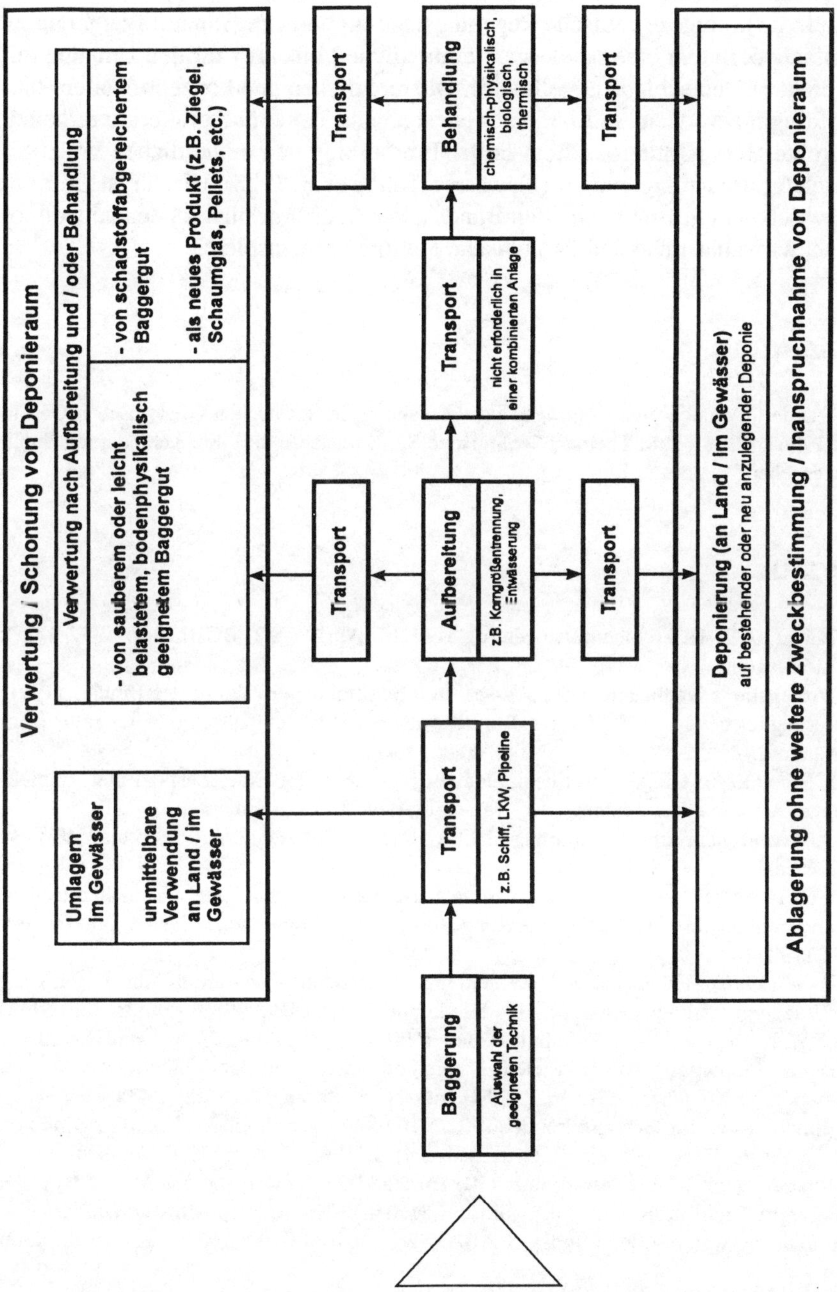

Abb.4. Prinzipielle Verfahrensschritte beim Umgang mit Baggergut

sein. Dinkloh (1997) weist in seinem Artikel „Schutz der Oberflächengewässer auf dem Weg ins 21. Jahrhundert" auf die Bedeutung des partnerschaftlichen nationalen wie internationalen Zusammenarbeitens hin, um den Zielsetzungen der Rio-Konferenz, der Enquete-Kommission des Deutschen Bundestages und des Sachverständigenrates für Umweltfragen näher zu kommen. Auf diesem Weg ist es sinnvoll, die komplexe deutsche Regelungslage für den Umgang mit Baggergut zu vereinfachen, indem eine bundesweit einheitliche Vorschrift für den Umgang mit Baggergut in Deutschland erstellt wird. Die rechtlichen und konzeptionellen Rahmenbedingungen dazu sind bereits weitestgehend länderübergreifend erarbeitet. Die größte Herausforderung liegt in der Erarbeitung von einheitlichen Vollzugskriterien für die Umlagerung im Gewässer (Köthe et al. 1998). Hierfür ist ein Konsens zwischen dem Bund und allen Bundesländern erforderlich, in den umweltpolitische, wirtschaftliche und ökologische Faktoren hineinspielen.

Anmerkung

1 Geänderte Version eines Vortrages auf der Tagung der Deutschen Geologischen Gesellschaft 1996 in Bonn zum Thema „Geologische Stoffkreisläufe und ihre Veränderung durch den Menschen".

Literatur

AbfKlärV (1992) Klärschlammverordnung vom 15. April 1992. BGBl Jhrg. 1992 Teil I, 912-934, Bonn

AKN Arbeitskreis Naßbaggerei der Wasser- und Schiffahrtsverwaltung des Bundes (1991) Jahresbaggermengen 1990 in den Bundeswasserstraßen des Küstengebietes (alte Bundesländer)

ARGE Elbe (1996) Umgang mit belastetem Baggergut an der Elbe, Zustand und Empfehlungen. Ad-hoc AK Baggergut der Wassergütestelle Elbe, Hamburg

ATV Abwassertechnische Vereinigung (1997) Umgang mit Baggergut. Merkblatt ATV–M 362, Hennef

BBodSchG (1998) Bundes-Bodenschutzgesetz. Gesetz zum Schutz vor schädlichen Bodenveränderungen und zur Sanierung von Altlasten. Bundesgesetzblatt Teil I, Nr. 16 vom 24.3.1998, Bonn

Bertsch W (1995) Fallbeispiele zur Vermeidung, Verwendung, Verwertung und Beseitigung von Baggergut. Bundesanstalt für Gewässerkunde, Bericht BfG-0953, Koblenz (unveröff.)

Bertsch W, Köthe H (1996) Beurteilungskriterien für die Verwendung, Verwertung, Landlagerung und Entsorgung von belastetem Baggergut – Merkblatt der Bundesanstalt für Gewässerkunde Koblenz Berlin. In: Müll-Handbuch, Lieferung 1/96, KZ 3482

BfG Bundesanstalt für Gewässerkunde (1992a) Ökologisch verträgliche Unterbringung von Baggergut im Küstenbereich (1. Grundseminar), BfG-0665, April 1992, Koblenz

BfG Bundesanstalt für Gewässerkunde (1992b) Handlungsanweisung zur Anwendung der Baggergut-Richtlinien der Oslo- und der Helsinki-Kommission in der Wasser- und Schiffahrtsverwaltung des Bundes (HABAK-WSV). BfG-0700, 102 S., Koblenz, Berlin

BfG Bundesanstalt für Gewässerkunde (1997) Handlungsanweisung für den Umgang mit Baggergut aus dem Binnenland (HABAB-WSV). BfG-1070, 27 S., Koblenz

BImSchG (1993) Bundes-Immissionschutzgesetz vom 14. Mai 1990, geändert 22. April 1993; Gesetz zum Schutz vor schädlichen Umwelteinwirkungen durch Luftverunreinigungen, Geräusche, Erschütterungen und ähnliche Vorgänge, BGBl. IS. 880 & IS. 466, Bonn

BMV Bundesministerium für Verkehr (1991) Jahresbaggermengen in den Bundeswasserstraßen (alte Bundesländer). Erlaß BW 15/52.06.00 vom 09.07.1991, Bonn

Deutscher Städtetag (1993) Statistisches Jahrbuch deutscher Gemeinden. 80. Jg. 193, Köln

DIN 19731 „Anforderungen an die Verwertung von Bodenmaterial". DIN Deutsches Institut für Normung e.V., Normenausschuß Wasserwesen (NAW), Berlin

Dinkloh L (1997) Schutz der Oberflächengewässer auf dem Weg ins 21. Jahrhundert. Wasser & Boden, 49. Jahrg., 5/1997, S. 20-25

Donner H, Rieckmann A, Zühlsdorff H, Klein P (1994) Abschlußbericht über die Arbeit des Niedersächsischen Elbschlickforums. Geschäftsstelle des Niedersächsischen Elbschlickforums an der Universität Lüneburg, Oktober 1994

Düngemittelgesetz (1977) BGBl. vom 15.11.1977, Jhrg. 1977, Teil I 2134 ff, Bonn

Düngeverordnung (1996) Verordnung über die Grundsätze der guten fachlichen Praxis beim Düngen. BGBl., Teil I, S. 118 ff, Bonn (26.01.1996)

EPA (1994a) Assessment and Remediation of Contaminated Sediments (ARCS) Program – Final Summary Report. EPA 905-S-94-001, August 1994, Chicago, Illinois

EPA (1994b) Assessment and Remediation of Contaminated Sediments (ARCS) Program – Remediation Guidance Document. EPA 905-R94-003, October 1994, Chicago, Illinois

Freund E (1997) Abgrenzung Abwasser/Abfall vor dem Hintergrund der Regelungen des Kreislaufwirtschafts- und Abfallgesetzes. Vortrag auf dem ATV-Infotag, Kläranlagen + Kreislaufwirtschaftsgesetz vom 08. April 1997 in Nürnberg

Glindemann H, Pröpping K, Detzner H-D (1997) Die Hamburger Baggergutunterbringung heute und zukünftig. HANSA, 134. Jahrg., Nr.7, S.61-63

Gramatte A, Pause J (1997) Baggergutmengen und deren Entsorgung in der Bundesrepublik Deutschland. Forschungsbericht 10350102, i.A. des Umweltbundesamtes (Sachgebiet III 3.5), Lahmeyer International, Frankfurt a. M.

IKSR Internationale Kommission zum Schutze des Rheins (1995) Baggergutbewertung. Heft Nr. 68, Luxemburg, 06./07. Juli 1995

Köthe H (1996) Management of contaminated dredged material in the Federal Republic of Germany. PIANC Bulletin N° 89: p. 55-67, Brussels

Köthe H, Bertsch W, Heinz B, Kellermann R, Scheier M (1995) Die rechtlichen Vorgaben beim Umgang mit Baggergut aus Bundeswasserstraßen. Korrespondenz Abwasser, 42. Jahrg., 9/95, S. 1552-1557

Köthe H, Bergmann H, Bertsch W, Heininger P, Keller M (1998) Perspektiven für eine einheitliche Baggergutvorschrift in Deutschland. Bundesministerium für Verkehr. Deutsche Berichte zum 29. internationalen Schiffahrtskongreß (PIANC) in Den Haag 1998

KrW-/AbfG (1994) Kreislaufwirtschafts- und Abfallgesetz vom 15. April 1994, Beschlußempfehlung des Ausschusses nach Artikel 77 des Grundgesetzes (Vermittlungsausschuß) zu dem Gesetz zur Vermeidung von Rückständen, Verwertung von Sekundärrohstoffen und Entsorgung von Abfällen. Deutscher Bundestag, 12 Wahlperiode, Drucksache 12/8084 vom 23.6.94, Bonn

LAB Länderausschuß Bergbau (1995) Anforderungen an die stoffliche Verwertung von mineralischen Reststoffen/Abfällen als Versatz unter Tage – Technische Regeln für den Einsatz von bergbaufremden Reststoffen/Abfällen als Versatz

LAB Länderausschuß Bergbau (Entwurf Mai 1995) Übertägige Verbringung
LABO Bund/Länderarbeitsgemeinschaft Bodenschutz (1996) Anforderungen an die Verwertung von kultivierbarem Bodenmaterial. Technische Regeln
Lahmeyer International (1995) Machbarkeitsstudie über die Verwertung von belasteten Sedimenten – Zusammenfassung. i.A. der Freien und Hansestadt Hamburg; Januar 1995, Frankfurt a. M.
LAGA Länderarbeitsgemeinschaft Abfall (1995) Anforderungen an die stoffliche Verwertung von mineralischen Reststoffen/Abfällen. Technische Regeln (Stand: September 1995)
LAGA Länderarbeitsgemeinschaft Abfall (1996) Definition und Abgrenzung von Abfallverwertung und -beseitigung sowie von Abfall und Produkt nach dem KrW-/AbfG. Entwurf der LAGA-AG „Anlagen zur Verwertung und sonstigen Entsorgung" vom 19.12.1996 (nicht veröffentl.)
PIANC Permanent International Association of Navigation Congresses (1996) Handling and treatment of contaminated dredged material from ports and inland waterways, Volume 1. Report of PIANC PTC I Working Group 17, Brussels
PIANC Permanent International Association of Navigation Congresses (1997) Handling and treatment of contaminated dredged material from ports and inland waterways, Volume 2. Report of PIANC PTC I Working Group 17, Brussels
RIZA (Institute for inland water management and waste water treatment) (1992) Development Programme Treatment Processes (DPTP). Ministry of Transport, Public Works and Water Management [Eds.], Lelystad/The Netherlands
Ruchay D (1997) Umweltschutz – ein ungeliebtes Kind heutiger Zeit? Wasser und Boden, 49. Jahrg., 5/1997, S.1
Schmitz H-J (1997) Ceterum censeo... Zum jüngsten LAGA-Entwurf Abgrenzung von Verwertung und Beseitigung. TerraTech 1/1997, S. 18-21
St. Lawrence Centre (1993) Screening Guide for Contaminated Sediment Treatment Technologies. By Jean-René Michaud, Technology Development Branch. Cat. No. En40-450/1993E, Montreal, Québec
TA Abfall (1991) Gesamtfassung der Zweiten allgemeinen Verwaltungsvorschrift zum Abfallgesetz (TA Abfall). Teil 1: Technische Anleitung zur Lagerung, chemisch/physikalischen, biologischen Behandlung, Verbrennung und Ablagerung von besondes überwachungsbedürftigen Abfällen vom März 1991. GMBl Nr.8, 139-214, Bundesminister f. Umwelt, Naturschutz u. Reaktorsichrheit [Hrsg.]
TASi (1993) Dritte Allgemeine Verwaltungvorschrift zum Abfallgesetz (TA Siedlungsabfall). Technische Anleitung zur Verwertung, Behandlung und sonstigen Entsorgung von Siedlungsabfällen vom 14. Mai 1993. Bundesministerium der Justiz [Hrsg.], Bundesanzeiger Jhrg.45, Nr. 99a vom 29.05.1993, Bonn
Thibodeaux LJ, Reible DD, Valsaraj KT (1994) „So you want to remediate contaminated mud! These are your five choices". In: Proceedings of the Second International Conference on Dredging and Dredged Material Placement, 13-16. Nov. in Lake Buena Vista, Florida, Vol.1, p. 588-595, ASCE, New York
UVPG (1990) Gesetz über die Umweltverträglichkeitsprüfung (UVP-Gesetz) vom 12.02.1990. Gesetz zur Umsetzung der Richtlinie des Rates vom 27. Juni 1985 über die Umweltverträglichkeitsprüfung bei bestimmten öffentlichen und privaten Projekten, BGBl. I 205, Bonn
Verein für Binnenschiffahrt und Häfen (1992) Wasserstraßen und Binnenschiffahrt im Vergleich zum Schienen- und Straßenverkehr. Fachausschuß für Binnenwasserstraßen und Häfen des Vereins für Binnenschiffahrt und Häfen und der Hafenbautechnischen Gesellschaft, Duisburg

WaStrAbG (E. 1995) Entwurf eines Gesetzes über den Ausbau der Bundeswasserstraßen und zur Änderung anderer Gesetze. Bundesministerium für Verkehr, Entwurf vom 20.02.1995, Bonn

WaStrG – Bundeswasserstraßengesetz (1990) Neufassung vom 23. August 1990: Bundesgesetzblatt 45, 1818-1833

WHG (1986) Gesetz zur Ordnung des Wasserhaushalts (Wasserhaushaltsgesetz WHG). BGBl. I 1530, Nr. 50 vom 30. September 1986, Bonn

Auenlehme als Geologische Barriere bei der Deponierung von Baggergut

Michael Sauer

Problemstellung

Zur Aufrechterhaltung der Schiffahrtstiefen müssen die bremischen Häfen und die Weser ständig von sedimentierten Schwebstoffen (Hafen- und Flußschlick) befreit werden. Seit 1970 wurden jährlich ca. 1 Mio. m^3 (Schutenaufmaß) Baggergut auf Spülfeldern in der Auenlehm-Marsch des Bremer Beckens abgelagert. Für das stark schwermetallbelastete Baggergut (Hafenbauamt Bremen 1987) diente bisher der natürlich anstehende Auenlehm als Geologische Barriere. Jetzt soll für die nächsten 20 Jahre der anfallende Hafen- und Flußschlick durch die „Integrierte Baggergutentsorgung Bremen-Seehausen" (Hafenamt Bremen 1996) erst in Entwässerungsfeldern dehydriert, z.T. konditioniert und anschließend auf einer zu errichtenden Baggergutdeponie abgelagert werden.

Günstige geologische Untergrundverhältnisse können u.U. zu einer Verringerung des technischen und damit auch des finanziellen Aufwands bei der Errichtung einer Baggergutdeponie führen. Daher wurden im Bereich der Hafenschlickspülfelder und der geplanten Baggergutdeponie in Bremen-Niedervieland Untersuchungen durchgeführt, um Erkenntnisse über die natürliche Schutzwirkung des Untergrundes und seine mögliche Eignung als Geologische Barriere zu gewinnen (Sauer 1995).

Geologischer und hydrogeologischer Überblick

Das ca. 10 km^2 große Untersuchungsgebiet befindet sich auf der südlichen Weserseite im Niedervieland der Freien Hansestadt Bremen. Es ist Teil der Auenlehm-Marsch im Bremer Becken (Abb. 1), einer Ausweitung des Aller-Weser-Urstromtals bzw. des Breslau-Magdeburg-Bremer-Urstromtals. Es entstand nach dem Abschmelzen des Eises der Saale-Kaltzeit (350 00-135 000 Jahre vor heute) durch die Erosion von Schmelzwässern (Sauer 1995).

Die Auenlehm-Marsch des Niedervielands wird an der Oberfläche aus 1,1 bis 10 m mächtigen holozänen Auenlehmen aufgebaut, die von etwa 5 bis 15 m (ört-

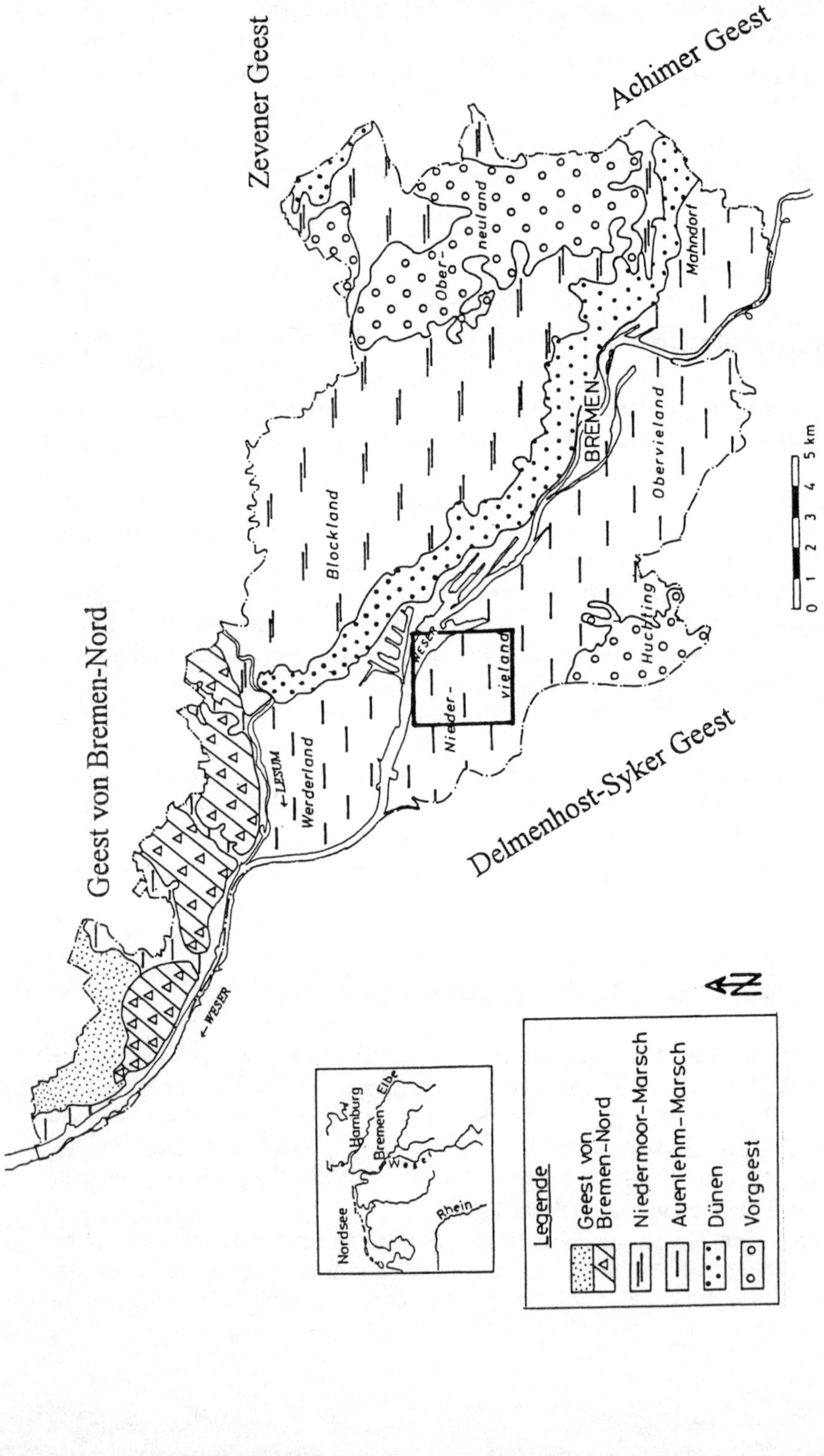

Abb. 1. Untersuchungsgebiet in der Auenlehm-Marsch des Bremer Beckens (aus Sauer 1995, verändert)

lich bis 25 m) mächtigen Wesersanden des Holozäns und Pleistozäns unterlagert werden (Abb. 2, Ortlam 1980, Ortlam et al. 1981). Die Wesersande sind grundwassererfüllt und bilden den oberen Grundwasserleiter, dessen Grundwassersohle durch die Lauenburger Schichten (Ton, Schluff und Feinsand) der Elster-Kaltzeit (= älteste Kaltzeit des Pleistozäns in Bremen, vgl. Tabelle 1) gebildet wird. Auf ihrer Oberfläche ist stellenweise eine Steinlage vorhanden, die als Residualsedimente einer bindigen, saalezeitlichen Grundmoräne (= Geschiebelehm/-mergel) angesehen werden können (Illies 1952, Ortlam 1980, 1989). Im nordwestlichen Teil des Arbeitsgebiets ist die Grundmoräne maximal 11 m mächtig, nach Süden und Westen nimmt sie auf eine Mächtigkeit von 2 m bzw. 4 m ab oder keilt vollständig aus (Sauer 1995).

Das Bremer Becken (vgl. Abb. 1) wird im Norden durch die Geest von Bremen-Nord, im Südwesten von der Delmenhorst-Syker Geest, im Nordosten und Südosten von der Zevener und der Achimer Geest begrenzt. Die Grundwasserneubildung erfolgt überwiegend auf diesen Geesthochflächen und deren Vorgeestbereichen. Von dort fließt das Grundwasser dem Bremer Becken zu, das durch den Hauptvorfluter Weser drainiert wird. Die allseitige Einspeisung von Grundwasser führt im Bremer Becken zu einem Grundwasserüberangebot. Aufgrund der Überdekkung des Grundwasserleiters mit mehreren Metern mächtigen Weichschichten (Auenlehme) des Holozäns (max. 11 500 J.v.h., vgl. Tabelle 1) steht das Grundwasser an der Unterfläche der Auenlehme gespannt an. Bei natürlichen Geländehöhen von 1,3 bis 2 m NN variiert im Untersuchungsgebiet die Grundwasserdruckfläche zwischen 1,25 bis 2,75 m NN im Süden und 0 bis 2,5 m NN im Norden (Ortlam ct al. 1981). Obwohl das Grundwasser unter einer mehrere Meter machtigen Schicht erst in durchschnittlich 4 m Tiefe anzutreffen ist, steigt es nach Druckentlastung (z.B. bei Bohrungen) etwa bis zur Geländeoberfläche an. Zwischen dem Oberflächenwasser des tidebeeinflußten Vorfluters Weser und dem Grundwasser besteht ein hydraulischer Kontakt. Bei Tidehochwasser führt dies teilweise zu einer Umkehr der Grundwasserfließrichtung und zur Infiltration von Oberflächenwasser in den Grundwasserleiter.

Die bisherigen Hafenschlickspülfelder wurden im wesentlichen auf den an der Oberfläche anstehenden Auenlehmen angelegt, die als natürliche Basisdichtung fungieren. Da die geplante Baggergutdeponie im gleichen Gebiet wie die Hafenschlickspülfelder entstehen soll, sollte untersucht werden, ob u.U. auch hierfür die natürlich anstehenden holozänen Weichschichten (Auenlehme) als wertvolles Basisdichtungselement (Geologische Barriere) genutzt werden können.

Auenlehme

Auenlehme sind meist kalkfreie (Wolff und Görz 1934, Müller 1958), mäßig bis stark humose, feinkörnige (tonige, schluffige, feinsandige) Flußablagerungen (Sauer 1995, Bludau und Feldhoff 1997), die nach Hochwässern durch die Sedimentation von Schwebstoffen in den Flußauen (Natermann 1939) entstanden sind. Allgemein werden sie auch als Hochflutlehme bezeichnet (Strautz 1963, Schöler 1990). In

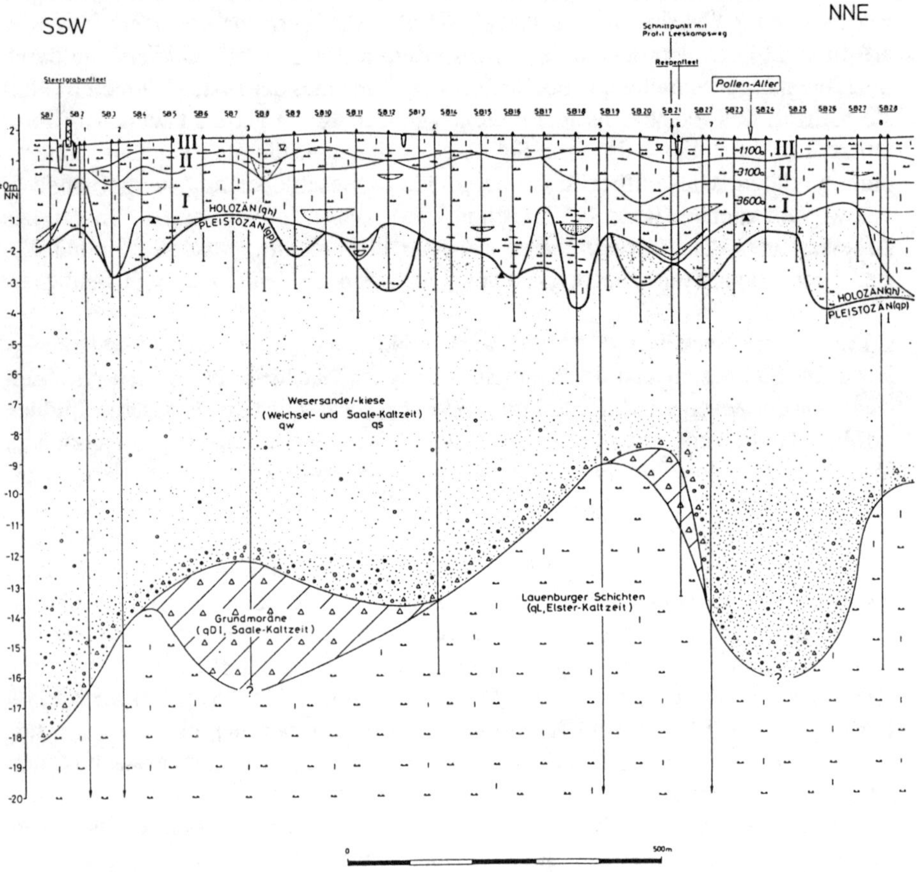

Abb. 2. Ausschnitt des hydrogeologischen Profilschnittes „Halmerweg“ (südlicher Teil, Lage in Abb. 3, aus Sauer 1995)

küstennahen Bereichen wird überwiegend von Klei oder Schlick gesprochen (Wolff und Görz 1934, Paluska 1976). Im Gegensatz zum fluviatilen Auenlehm handelt es sich beim Klei jedoch um marine Ablagerungen, die i.d.R. kalk- und fossilhaltig sind (Schachtschabel et al. 1992). Die Auenlehme kennzeichnen Zeiten mit erhöhter Bodenerosion (Natermann 1939) und geben somit Informationen über die Entwicklung von Flußsystemen, aber auch über die frühgeschichtliche Siedlungsentwicklung (Caspers 1991), Gewässerverunreinigungen der Neuzeit sowie industrieller Bergbauaktivitäten im Einzugsgebiet (Matschullat et al. 1991, 1992, Caspers 1994).

Die Auenlehme in Bremen-Niedervieland wurden durch das Abteufen von 82 Sondierungen entlang von zwei Profilen („Leeskampsweg” und „Halmerweg”) auf einer Länge von insgesamt 5 km erkundet (Abb. 3, Sauer 1995). In der Kartierung

Tabelle 1. Gliederung der geologischen Schichtenfolge in Bremen (aus Sauer 1995)

Zeitalter	Periode	Abteilung	Gliederung	Lithologie
KÄNOZOIKUM	QUARTÄR (q)	Holozän (qh) 11 500 a	Postglazial	Auenlehm, Torf, Dünensand; Weser-sande und -kiese
		Pleistozän (qp) 115 000 a	Weichsel - Kaltzeit (qw)	fehlt
		135 000 a	Eem - Warmzeit (qee)	Torf, Schluff
			Saale - Kaltzeit (qs) Warthe - Stadium	fehlt
			Drenthe 2-Stadium	Grundmoräne
		350 000 a	Drenthe 1-Stadium	Gründmoräne, Rinnensande/-kiese
		370 000 a	Holstein - Warmzeit (qhol)	fehlt
			Elster - Kaltzeit (qe) Lauenburger Schichten (qL)	Lauenburger Ton, Ritterhuder Sand
		700 000 a	Rinnen	Rinnensande / -kiese
			Ältere Kaltzeiten	fehlen
	2,5 Mio a			
	TERTIÄR (t)	Pliozän (tpl) 5		fehlt
		Miozän (tmi)	(tmiS) Syltium	fehlt
			(tmiG) Gramium	fehlt
			(tmiL) Langenfeldium	Schluffe und Tone
			(tmiR) Reinbekium	sandige Schluffe
			(tmiH) Hemmoorium	sandige bis tonige Schluffe
		25	(tmiV) Vierlandium	fehlt
		Oligozän (tol)	(tolo) Chattium	fehlt
			(tolm) Rupelium	Schluffe und Tone, Basis sandig
		37	(tolu) Latdorfium	fehlt
		Eozän (teo) 58		sandige bis tonige Schluffe
	65 Mio a	Paläozän (tpal)		Schluffe und Tone

wurden diese Ergebnisse durch eine Vielzahl von, im Geo-Archiv der Freien Hansestadt Bremen vorhandenen, Bohrungen ergänzt. Insgesamt 8 000 Bohrmeter konnten ausgewertet werden und erlauben eine flächenhafte Aussage über die Mächtigkeit der Auenlehme, die Basis des Holozäns sowie die Mächtigkeit der Wesersande (Sauer 1995).

Die Auenlehme des Untersuchungsgebietes lassen sich als Schluffe (Korngröße < 0,063 mm) mit meist mittleren Anteilen an Ton (Korngröße < 0,002 mm) und sehr geringen Feinsandanteilen (Korngröße 0,063-0,20 mm) ansprechen (Sauer 1995). Unterschiedliche Humusgehalte und deutliche Farbunterschiede ermöglichen bereits im Gelände eine Differenzierung von vier verschiedenen Auenlehmen. Binnendeichs (südlich des Seehauser Deichs, Abb. 3) konnten drei Auenlehme (I, II, III; Abb. 4) unterschieden werden, nördlich des Deichs steht ein weiterer Auenlehm (IV) an (Sauer 1995). Die Auenlehme wurden entsprechend ihrer Sedimentationsabfolge von I bis IV numeriert.

Das Hauptaugenmerk soll auf den Bereich südlich des Seehauser Deichs (binnendeichseitig) gerichtet werden. Dort liegt das eigentliche Untersuchungsgebiet, in dem sich sowohl die Hafenschlickspülfelder als auch die geplante Baggergutdeponie befinden (vgl. Abb. 3).

Im gesamten Arbeitsgebiet (binnendeichseitig) ist der Auenlehm flächenhaft ausgebildet. Die Gesamtmächtigkeit der Auenlehme I bis III variiert zwischen 1,1 bis 10,0 m, beträgt meistens 2 – 6 m, im Mittel ungefähr 4 m. Im ältesten Auenlehm I (im Tiefenprofil unten) sind stellenweise Sandlinsen eingeschaltet (vgl. Abb. 4), die auf ehemalige Weserflußrinnen hinweisen. Die Sandlinsen sind meist geringmächtig (0,1 bis 1 m) und feinkörnig ausgebildet. Sie bestehen im wesentlichen

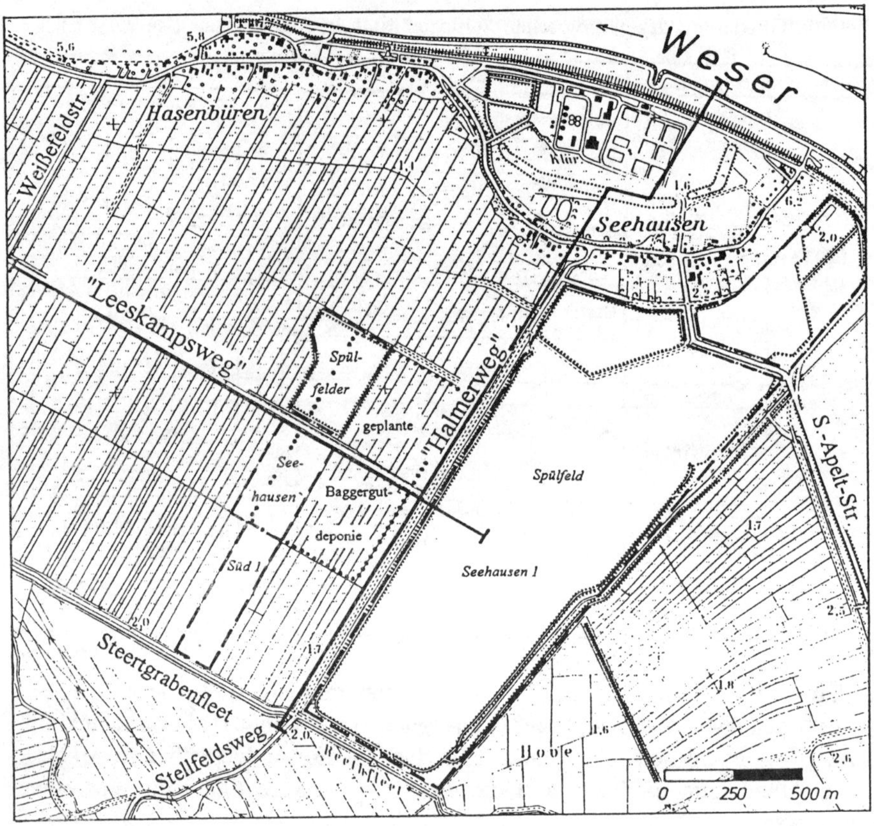

Abb. 3. Lage des Untersuchungsgebietes mit den Hafenschlickspülfeldern, der geplanten Baggergutdeponiefläche sowie den Profilschnitten „Leeskampsweg" und „Halmerweg" (aus Sauer 1995).

aus Feinsanden, sind überwiegend trocken und stehen i.d.R. nicht mit den Wesersanden des oberen Grundwasserleiters in hydraulischem Kontakt.

Außendeichseitig nimmt die Auenlehmmächtigkeit (Auenlehm IV) bis auf 0,3 m ab. Bis vor ca. 800 Jahren verhinderte ein dort verlaufender Weserarm die Auenlehmbildung oder erodierte bereits angelegte Auenlehme wieder. Erst nachdem die Weser im Mittelalter diesen Flußlauf verließ, konnte dort eine junge Auenlehmsedimentation einsetzen.

Aufgrund der großen Mächtigkeitsschwankungen der Auenlehme müssen die Grenzen zwischen den Wesersanden und dem Auenlehm I sowie zwischen den einzelnen Auenlehmen als Erosionsniveaus angesehen werden (vgl. Abb. 4). Die Auenlehme sedimentierten flächenhaft, bevor sie durch Überflutungen und die häufige Verlagerung der Weserflußarme teilweise wieder erodiert wurden. Die jeweils neue Morphologie wurde von der nachfolgenden Auenlehmsedimentation wieder flächenhaft zugedeckt. Eine Ausbildung von regelrechten Sedimentationszyklen,

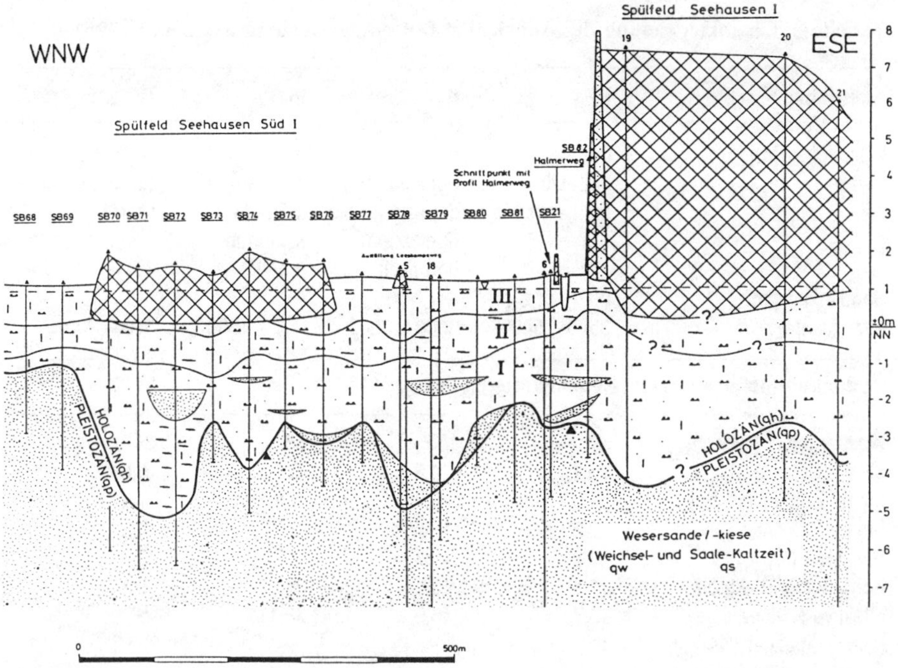

Abb. 4. Ausschnitt des hydrogeologischen Profilschnittes „Leeskampsweg" (östlicher Teil, Lage in Abb. 3). Auenlehme I bis III (aus Sauer 1995).

wie sie Strautz (1963) für das mittlere Wesertal und das Leinetal beschrieb, sind im Bremer Becken nicht zu erkennen.

Die im Gelände vorgenommene Differenzierung in vier verschiedene Auenlehme in Bremen-Niedervieland ließ sich anhand pollenanalytischer Altersdatierungen bestätigen und durch die Bestimmung von Bodenparametern (Sauer 1995) weiter untermauern (Tabelle 2).

Die Auenlehme I bis IV weisen unterschiedliche Alter auf und lassen sich vier Bildungszeiträumen zuordnen. Die Auenlehme I und II können nach Overbeck (1975) zeitlich dem Klimaabschnitt Subboreal bzw. dem Übergang Subboreal/ Älteres Subatlantikum zugeordnet werden und weisen somit ein Alter von 3500 – 5000 Jahren (Auenlehm I) bzw. 3000 – 3500 Jahren (Auenlehm II) auf. Deutlich jünger sind dagegen die Auenlehme III und IV (Sauer 1995), die Bildungsalter von 900 – 1500 Jahren (Auenlehm III) bzw. 500 – 900 Jahren (Auenlehm IV) aufweisen und somit dem älteren bzw. jüngeren Subatlantikum zuzurechnen sind.

Anhand der Bodenparameter – Wassergehalt, pH(CaC_{12}), organischer Kohlenstoffgehalt, Gehalt an organischer Substanz, Stickstoff, Kohlenstoff-/Stickstoffverhältnis und effektive Kationenaustauschkapazität – lassen sich die Auenlehme I bis IV bodenkundlich charakterisieren (Sauer 1995). In der Auenlehm-Charakteristik (Tabelle 2) sticht der Auenlehm II mit einem hohen Wassergehalt von 150%, einem hohen organischen Kohlenstoffgehalt (9%) und damit auch hohem Gehalt an orga-

Tabelle 2. Charakterisierung der Auenlehme (Zusammenstellung aus Sauer 1995)

Auenlehm	**I**	**II**	**III**	**IV**
Mächtigkeit [m]	0,5 – 4	0 – 1	0,5 – 1	0,5 – 1,5
Farbe	hell- bis dunkelgrau	dunkelbraun, dunkelgrau bis dunkelgrau-bräunlich	hellbraun, braun bis hellbraun-gräulich	braun bis rötlich-braun
Sandlinsen [m]	0,1 – 1	–	–	–
Alter [Jahre]	3500 – 5000	3000 – 3500	900 – 1500	500 – 900
Bodenkundliche Analytik (Medianwerte, n=36)				
Wassergehalt [Gew. %]	59	150	55	31
pH (CaCl2)	5,1	4,8	5,2	5,6
organ. Kohlenstoff [%]	1,9	9,0	1,6	1,9
organ. Substanz [%]	3,2	15,5	2,7	3,2
Stickstoff [%]	0,2	0,7	0,2	0,2
Kohlenstoff/Stickstoff	11:1	12:1	9:1	9:1
effektive Kationenaustauschkapazität (KAK_{eff}) [mval/100 g TS Boden]	43,7	46,8	38,1	21,1

nischer Substanz (15,5%) hervor (vgl. Tabelle 2). Anhand der Humusgehalte (= Gesamtgehalt an organischer Substanz, nach Schachtschabel et al. 1992) lassen sich die untersuchten Auenlehme I, III und IV nach Mückenhausen (1985) als mäßig humos bezeichnen, während der Auenlehm II als anmoorig einzustufen ist. Der maximale Humusgehalt von 39,9% wurde in einer Bodenprobe aus 5,80 m Teufe ermittelt. Nach Mückenhausen (1985) müßte diese Probe bereits als Torf angesprochen werden. Wahrscheinlich war in dieser Tiefenlage ein Weser-Altarm angetroffen worden, in den viel hereingeschwemmtes organisches Material zusammen mit Tonen und Schluffen sedimentieren konnte.

Schwermetalle

Neben der oben geschilderten Auenlehm-Charakteristik unterscheiden sich die Auenlehme auch in ihren Schwermetallgehalten.

Auenböden, deren Sedimentation im Zusammenhang mit ehemaligen Bergbauaktivitäten im Oberlauf der Zuflüsse stand, sind oft schwermetallbelastet. Dies wird z.B. von Matschullat et al. (1991) für die Okeraue in Verbindung mit den Harzer Bergbauaktivitäten, von Caspers (1994) für den Bereich der Allermündung in die Weser bei Verden und von Zumbroich und Müller (1993) für die Bachauen im Erzbezirk des Oberbergischen Kreises aufgezeigt.

Zusammen mit Fulda, Werra und Aller verfügt die Weser über ein sehr großes Einzugsgebiet, das insbesondere in den Oberläufen eine Vielzahl von Vererzungen im Weserbergland, Harz, Richelsdorfer Gebirge, Thüringer Wald und Rheinischen Schiefergebirge aufweist (Ortlam 1989). Es wurden daher für die Sedimente des Untersuchungsgebietes hohe Schwermetallgehalte erwartet. Auch Kontaminationen aus dem über 20-jährigen Betrieb der Hafenschlickspülfelder in Bremen-Niedervieland könnten in den binnendeichseitig anstehenden Auenlehmen zu hohen Schwermetallanreicherungen führen.

Schwermetallgehalte in Auenlehmen

Erste Analysen auf die Schwermetalle Blei, Kupfer, Zink, Cadmium, Nickel, Kobalt, Chrom, Quecksilber und Arsen ergaben in den Auenlehmen relativ geringe Schwermetallgehalte (Sauer 1995). Daher wurde keine differenzierte Analytik nach unterschiedlichen Schwermetall-Bindungungsformen („sequentielle Extraktion"), wie sie z.B. von Khorasani et al. (1989), Leenaers (1990), Kasten (1993) beschrieben werden, durchgeführt. Vielmehr wurden – entsprechend den Anforderungen der Klärschlammverordnung (BMU 1992) – Schwermetall-Gesamtgehalte nach Königswasseraufschluß bestimmt.

Entgegen den Erwartungen sind die Schwermetall-Gesamtgehalte in den Auenlehmen I, II und III sehr niedrig. Nach Königswasseraufschluß liegen die Konzentrationen für die Elemente Blei, Kupfer, Zink, Cadmium, Nickel, Kobalt, Chrom, Quecksilber und Arsen i.d.R. deutlich unter den Referenzwerten für Schadstoffgehalte in Böden (Tabelle 3). Entnahmetiefen von > 0,60 m schließen neuzeitliche anthropogene Beeinträchtigungen weitestgehend aus.

Aufgrund der sehr niedrigen Schwermetallgehalte in den Auenlehmen I, II und III konnten geogene Schwermetall-Hintergrundwerte für die Bremer Wesermarsch entwickelt werden (vgl. Tabelle 3, Sauer 1995, Sauer und Walter 1998). Diese wurden als Median aus den Elementkonzentrationen der Auenlehme I, II und III mit einer Entnahmetiefe von 0,60 bis 5,80 m u. GOK errechnet. Eine Kontamination des Auenlehms über den Luftpfad kann in einer Tiefe von > 0,60 m weitgehend ausgeschlossen werden. Auch durch tierhaltungsbedingte Trittschäden sind in 0,60 m Tiefe keine Vermengungen des Bodens mit Oberflächenmaterial mehr zu erwarten (Sauer 1995).

Die ermittelten Schwermetall-Hintergrundwerte liegen im Bereich der bekannten Schwermetall-Hintergrundwerte für Tonschiefer des Westharzes (Siewers und Roostai 1990) und denen für weltweite Tonsteine (Turekian und Wedepohl 1961). Sie werden als geogene Schwermetallgehalte interpretiert (Abb. 5). Demgegenüber weisen die beiden an der Oberfläche anstehenden Auenlehme –binnendeichseitig der Auenlehm III ≤ 0,20 m (Pluquet und Eberlein 1993) und außendeichseitig der Auenlehm IV – sowie der Hafenschlick (Hafenamt Bremen 1991) deutlich höhere Schwermetallgehalte auf (vgl. Tabelle 3), die als anthropogene Schwermetallgehalte interpretiert werden (Sauer 1995). Für die Schwermetalle Zink, Kupfer und Blei sind diese Ergebnisse synoptisch in der Abb. 5 dargestellt.

Tabelle 3. Schwermetallgehalte der Auenlehme I bis IV in Bremen-Niedervieland. Schwermetall-Hintergrundwerte, anthopogene Schwermetallgehalte und Referenzwerte. Alle Angaben in [ppm]. *) I n=12, II n=6, III n=10, IV n=12, 1) Auenlehme I bis III, Entnahmetiefe > 0,60 m u. GOK (Sauer 1995, n=24), 2) Siewers und Roostai (1990, n=65), 3) Turekian und Wedepohl (1961), 4) Auenlehm III, Entnahmetiefe £ 0,20 m u. GOK (Pluquet und Eberlein 1993, n=25), 5) „Bremer Prüfwertliste" (SUS 1993), 6) „Hollandliste" (BMU 1989). (Zusammenstellung aus Sauer 1995, verändert)

Auenlehm [ppm]	Pb	Cu	Zn	Cd	Ni	Co	Cr	Hg	As	Summe
I *)	14,5	18,5	60,0	0,3	41,5	10,5	40,0	0,1	5,5	190,9
II *)	17,5	29,0	92,5	0,3	48,5	11,5	62,5	0,1	7,0	268,9
III *)	20,5	32,5	97,5	0,4	51,0	12,5	59,0	0,1	6,5	280,0
Schwermetall-Hintergrund [ppm] (geogen)										
Bremer Wesermarsch 1)	17,5	26,0	72,5	0,3	44,5	11,0	56,5	0,1	7,0	235,4
Tonschiefer Westharz 2)	18	37	110	–	52	27	76	–	9	> 329,0
Tonsteine weltweit 3)	20	45	95	0,3	68	19	90	0,4	13	350,7
anthropogene Schwermetallgehalte [ppm]										
III (< 0,20 m) 4)	59	30	181	0,7	33	–	52	0,1	17	> 372,8
IV *)	117,5	31,5	168	0,3	36	12	28,5	0,2	8	402
Referenzwert [ppm] 5)										
	100	75	300	1	50	20 6)	100	1	20	-

Schwermetallgehalte im Grundwasser

Die Auswertung von – über mehrere Jahre durchgeführten – Grundwasseranalysen aus 48 Grundwassermeßstellen im Arbeitsgebiet (Hafenamt Bremen 1991) zeigten sehr niedrige Schwermetallgehalte (Sauer 1995). Bis auf einen einzigen Meßwert, der nur in einem Jahr an einer Meßstelle auftrat, lagen alle Schwermetallgehalte deutlich unter dem Grenzwert/Richtwert der Trinkwasserverordnung (BMJFFG 1990).

Bremer Baggergutentsorgung

Schon seit dem Mittelalter wurde die Weser zwecks Anlage von Hafenbecken und zur Schaffung schiffbarer Wassertiefen ständig weiter ausgebaut. Geringe Strömungsgeschwindigkeiten führen in Stillwasserbereichen von Flüssen und somit vor allem in Häfen zu einer Sedimentation von Flußtrübe. Da die Weser bis zum Hemelinger Wehr dem Tideeinfluß unterliegt, der bei auflaufender Tide zu einem

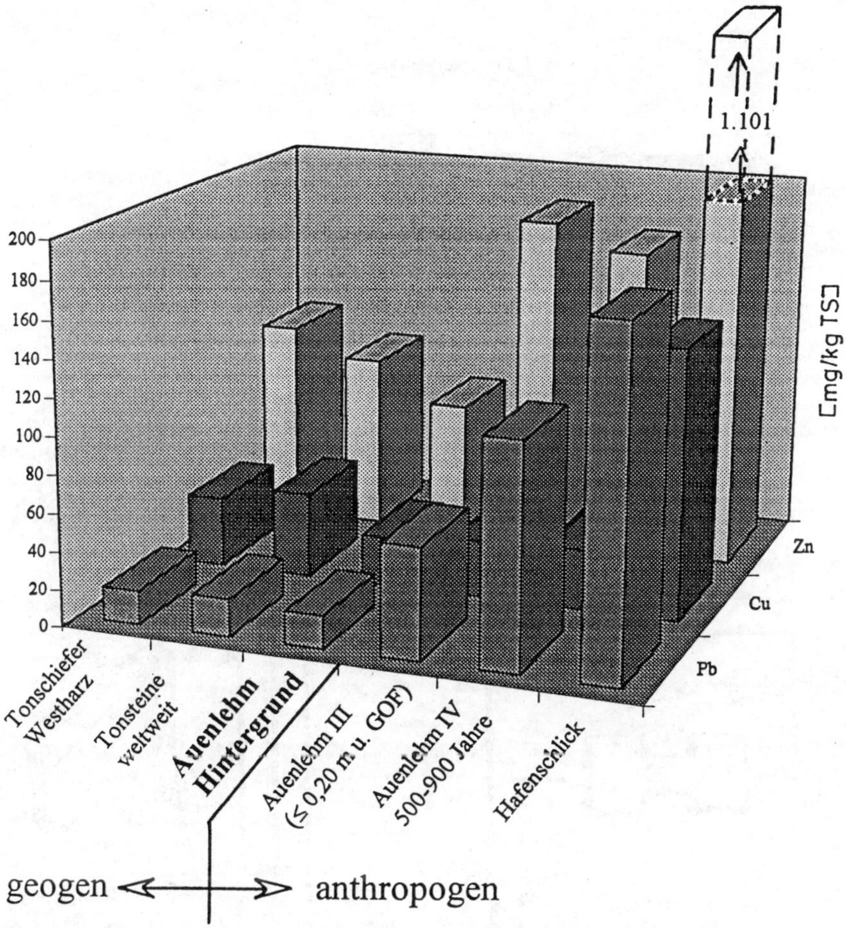

Abb. 5. Auenlehm-Schwermetall-Hintergrund, geogene und anthropogene Schwermetallgehalte. [1] Siewers und Roostai (1990), [2] Turekian und Wedepohl (1961), [3] Pluquet und Eberlein (1993), [4] Hafenbauamt Bremen (1987)

Stillstand des Weserabflusses führt, kommt es bereits in der Weser vermehrt zur Sedimentation. Ohne das ständige Ausräumen der Hafenbecken würden diese in kürzester Zeit zuschlicken und die Weser für die Schiffahrt nicht mehr passierbar sein. Daher müssen ständig große Mengen Sand und Schlick ausgeräumt werden. Seit 1970 werden jährlich ca. 1 Mio. m³ (Schutenaufmaß) Baggergut – wie im oberen Teil des Verfahrensschemas (Abb. 6, Hafenamt Bremen 1996) dargestellt – mit einem Eimer-Kettenbagger gefördert, in eine Schlickschute geleitet, von dort mittels Spüler auf Entwässerungsfelder gespült und dort belassen.

Die „Integrierte Baggergutentsorgung Bremen-Seehausen" (Hafenamt Bremen 1996) sieht nach der Dehydrierung des Baggerguts in Entwässerungsfeldern eine Konditionierung mit Ton, Kalk oder Zement vor. Anschließend soll das so entwäs-

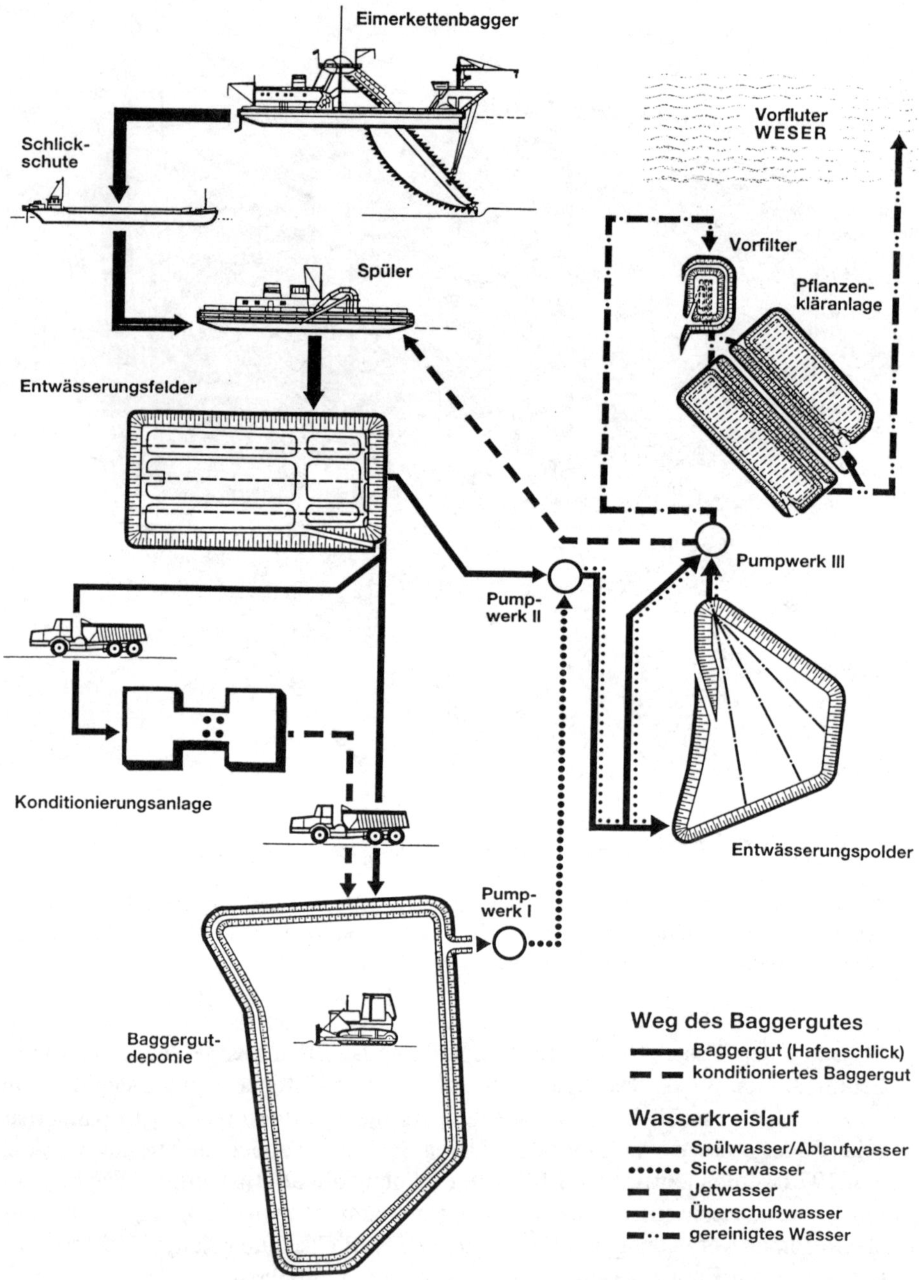

Abb. 6. Verfahrensschema „Integrierte Baggergutentsorgung Bremen-Seehausen" (aus Hafenamt Bremen 1996)

serte und verfestigte Material auf der Baggergutdeponie abgelagert werden. Das bei der Entwässerung des Spülguts anfallende Wasser sowie aus der Deponie abgezogenes Sickerwasser wird über einen Entwässerungspolder, einen Vorfilter und eine Pflanzenkläranlage letztlich wieder dem Vorfluter Weser zugeführt (Abb. 6, Hafenamt Bremen 1996).

Eignung des Auenlehms als Geologische Barriere

Für den Bau der Baggergutdeponie erfolgten über viele Jahre umfangreiche Untersuchungen der Untergrund- und Grundwasserverhältnisse (Hafenamt Bremen 1991). Die hier vorgestellten Untersuchungen sollten die Frage nach der Schutzwirkung der holozänen Weichschichten (Auenlehme) gegenüber potentiellen Schwermetall-Kontaminationen aus abgelagertem Hafenschlick klären. Neben den geschilderten geologischen Verhältnissen und der Bestimmung von Bodenparametern sowie geogenen Schwermetallgehalten waren dazu weitere Untersuchungen erforderlich. Erst die Ergebnisse von Korngrößenanalysen und die Bestimmungen der tonmineralogischen Zusammensetzung, die in einem unveröffentlichten Bericht dokumentiert sind (Sauer 1995), ermöglichten zusammen mit den bereits bekannten Durchlässigkeitsbeiwerten (Ortlam 1990, Hafenamt Bremen 1991) Aussagen zum Durchlässigkeitsverhalten der Auenlehme.

Die Kenntnisse und die Untersuchungen der regionalen geologischen und hydrogeologischen Verhältnisse (Ortlam 1980, 1989, Ortlam et al. 1981, Sauer 1995), insbesondere der Grundwasserstände und der Grundwasserfließrichtung (Ortlam et al. 1981) sowie über das Tidegeschehen (Ortlam 1983, Sauer 1995) ermöglichten eine Bewertung über die Eignung des Auenlehms als Geologische Barriere. Hierfür standen auch Untersuchungsergebnisse aus anderen Regionen für Vergleiche zur Verfügung. Zu nennen sind hierbei insbesondere die Arbeiten von Gröngröft und Miehlich (1990) und Gröngröft (1992), die Untersuchungen über die als Dichtungsschichten fungierenden natürlichen Marschsedimente und den Hafenschlick in Hamburg durchführten, sowie Wagner (1992), der für eine Vielzahl von Altablagerungen die lediglich sehr beschränkte Migration von Schwermetallen nachwies.

Anforderungen an eine Geologische Barriere

Bei der Errichtung von Deponien kommt der Geologischen Barriere eine besondere Bedeutung zu. In der TA Siedlungsabfall wird diese wie folgt definiert:

„Als geologische Barriere wird der bis zum Deponieplanum unter und im weiteren Umfeld einer Deponie anstehende natürliche Untergrund bezeichnet, der aufgrund seiner Eigenschaften und Abmessungen die Schadstoffausbreitung maßgeblich behindert". (BMU 1993) Die Geologische Barriere

- besteht grundsätzlich aus natürlich anstehenden, schwach durchlässigen Locker- bzw. Festgesteinen von mehreren Metern Mächtigkeit,

- weist ein hohes Schadstoffrückhaltepotential auf,
- weist eine über den Ablagerungsbereich hinausgehende flächige Verbreitung auf,
- und soll unter dem Ablagerungsbereich möglichst homogen ausgebildet sein.

Nachfolgend werden diese einzelnen Anforderungen der TA Siedlungsabfall den jeweiligen Gegebenheiten des Untersuchungsgebiets gegenübergestellt (Tabelle 4).

Eigenschaften des Auenlehms

Die Mächtigkeit der Auenlehme im Umfeld der Hafenschlickspülfelder in Bremen-Niedervieland wurde durch das Abteufen von 82 Bohrungen (449 Bohrmeter) unter Zuhilfenahme weiterer 703 Bohrungen (ca. 7500 Bohrmeter) aus dem Geo-Archiv der Freien Hansestadt Bremen erkundet. Die Auswertung von damit insgesamt ca. 8000 Bohrmetern ergab im Untersuchungsgebiet eine flächendeckende Auenlehmverteilung mit Auenlehmmächtigkeiten zwischen 1,10 bis 10,0 m. Im Bereich der Kläranlage Seehausen (außendeichseitig) sind stellenweise auch nur Mächtigkeiten von 0,30 m Auenlehm vorhanden, die jedoch auf eine andere Genese zurückzuführen sind (flußnahe Sedimentation). Es handelt sich hierbei um sehr junge Auenlehme, die an der Basis lediglich ein Alter von 500 bis 900 Jahren aufweisen. In der Regel variiert die Auenlehmmmächtigkeit zwischen 2 bis 6 m und weist im Mittel eine Mächtigkeit von ~ 4 m auf (Sauer 1995).

Mit der flächendeckenden Auenlehmverteilung und der überwiegend großen Auenlehmmächtigkeit von mehreren Metern im Untersuchungsgebiet sind bereits zwei wesentliche Anforderungen erfüllt, die an eine (wirksame) Geologische Barriere gestellt werden.

Das Auenlehm-Tiefenprofil binnendeichseitig (südlich des Seehauser Deichs) ist aus drei zeitlich nacheinander sedimentierten Auenlehmen aufgebaut, die sich in ihrer stofflichen Zusammensetzung und in ihren Eigenschaften nicht wesentlich unterscheiden und darüber hinaus in sich homogen ausgebildet sind (Auenlehme I bis III).

Die günstige Korngrößenzusammensetzung der Auenlehme mit bis zu ~ 95 % Ton- und Schluffanteilen (Hafenamt Bremen 1991, Sauer 1995) sind für sehr geringe Durchlässigkeiten von $k = 1 \cdot 10^{-9}$ bis $1 \cdot 10^{-10}$ m/s (Hafenamt Bremen 1991) bzw. $k_f < 1 \cdot 10^{-10}$ m/s (Ortlam 1990) verantwortlich. Eine durchgehende Schicht mit dieser geringen primären Permeabilität stellt eine gute hydraulische Barriere dar (Ortlam 1990, Hafenamt Bremen 1991). In einem Laborversuch konnte nach Zugabe von 20 g/l NaCl sogar noch eine Verringerung des k-Wertes um eine Zehnerpotenz erreicht werden (von $4{,}3 \cdot 10^{-10}$ m/s auf $2{,}8 \cdot 10^{-11}$ m/s, Hafenamt Bremen 1991). Für den Hamburger „Klei" sind vergleichbare Durchlässigkeitsbeiwerte bekannt. Während Gröngröft und Miehlich (1990) k_f-Werte von $2 \cdot 10^{-9}$ bis $2 \cdot 10^{-10}$ m/s angeben, ermittelten Döll et al. (1993) in-situ einen durchschnittlichen vertikalen Durchschnittsbeiwert von $1{,}2 \cdot 10^{-8}$ m/s. An Auenlehmen bei Freiburg/Breisgau und bei Karlsruhe wurden k-Werte von ~ $1 \cdot 10^{-9}$ m/s ermittelt (Wagner 1992).

Mit diesen sehr geringen Durchlässigkeitsbeiwerten sind die Auenlehme in Bremen-Niedervieland *wasser-schwerstdurchlässig* (Geologische Barriere nach Ortlam

1990). Sie verhindern eine Grundwasserneubildung und somit auch das potentielle Einsickern von Schadstoffen. Die gespannten Grundwasserverhältnisse in Bremen-Niedervieland stellen nach Ortlam (1990) zusätzlich eine hydraulische Barriere dar. Darüber hinaus sorgen sie an der Unterfläche der Auenlehme ständig für eine gewisse Durchfeuchtung und kapillaren Aufstieg des Grundwassers. Hierdurch wird eine Austrocknung und somit eine sekundäre Permeabilität und Kluftbildung durch Trockenrisse ausgeschlossen (Ortlam 1990).

Die Bedeutung der niedrigen k- bzw. k_f-Werte der Auenlehme wird bei einem Blick in die TA Siedlungsabfall (BMU 1993) deutlich. Darin wird ausgeführt, daß bei Nichterfüllung der Anforderungen an die Geologische Barriere unter dem Deponieplanum der Einbau einer homogenen Ausgleichsschicht mit einem Durchlässigkeitsbeiwert von k_f $1 \cdot 10^{-7}$ m/s zu erfolgen hat (BMU 1993). Somit weist der Auenlehm in Bremen-Niedervieland um den Faktor 100 bis 10 000 bessere Durchlässigkeitsbeiwerte auf, als diese nach der TA Siedlungsabfall vorgeschrieben sind (Sauer 1995).

Wichtig ist aber auch die Tonmineralzusammensetzung der Auenlehme. Während die quellfähigen Smektite (und Illite) aufgrund ihrer großen spezifischen Oberfläche relativ hohe Kationenaustauschkapazitäten (Schachtschabel et al. 1992) und damit ein hohes Sorptionspotential gegenüber Schadstoffen aufweisen (Bartl 1993), haben die nicht bzw. kaum quellfähigen Kaolinite eine hohe chemische Stabilität mit einem nur geringen Sorptionspotential (Bartl 1993).

Auch bei der Verwendung von künstlich erstellten Tonbarrieren als Deponiebasis sind hohe Gehalte an quellfähigen Tonmineralen wünschenswert, da hierdurch die Adsorptionsfähigkeit des Tones erhöht wird (Wagner 1992). Ein optimales Ergebnis kann nach Bartl (1993) jedoch nur durch die Kombination von Tonen mit einem hohen Anteil an quellfähigen Tonmineralen (z.B. Smektiten) einerseits und chemisch relativ stabilen Tonen mit einem hohen Kaolinitanteil (nicht oder kaum quellfähig) andererseits erzielt werden. Auf diese Weise bedient man sich gleichzeitig verschiedener günstiger Eigenschaften strukturell und chemisch sehr unterschiedlicher Tonminerale.

Die chemische Stabilität von Kaoliniten mit geringer Quellfähigkeit und einem geringen Sorptionspotential ergänzt sich optimal mit den chemisch sehr instabilen Smektiten, die eine hohe Quellfähigkeit und damit auch ein hohes Sorptionspotential gegenüber Schadstoffen aufweisen (Bartl 1993). Die Tonmineralzusammensetzung (Smektite, Illite, Muskovite, Kaolinite) der natürlich anstehenden Auenlehme in Bremen-Niedervieland weist diese günstige Kombination auf (Sauer 1995) und gewährleistet damit die Wirksamkeit des Auenlehms als geologisch-mineralogische Barriere.

Die Auenlehme ließen sich anhand ihrer stofflichen Eigenschaften charakterisieren (vgl. Tabelle 2). Hervorgehoben werden sollen die hohen Humusgehalte der Auenlehme von bis zu maximal 40 % (Medianwerte 3,2 bis 15,5 %), die auch für eine verstärkte potentielle Sorption von Schadstoffen hilfreich sind. Die hohen effektiven Kationenaustauschkapazitäten (KAK_{eff}) der Auenlehme von bis zu 65 mval/100 g Trockensubstanz (TS) Boden spiegeln insbesondere den hohen Tongehalt sowie den großen Anteil an quellfähigen Tonmineralen (Smektite, Illite)

Tabelle 4. Vergleich der Anforderungen der TA Siedlungsabfall mit den Gegebenheiten im Untersuchungsgebiet in Bremen-Niedervieland

Anforderungen der TA Siedlungsabfall	**Gegenheiten im Untersuchungsgebiet in Bremen-Niedervieland**
„Die geologische Barriere besteht grundsätzlich aus natürlich anstehenden schwach durchlässigen Locker- bzw. Festgesteinen (DIN 18130)...	• natürlich anstehender Auenlehm • die sehr geringen Durchlässigkeitsbeiwerte (k_f) $k_f = 10^{-9}$ bis 10^{-10} m/s (Hafenamt Bremen 1991) $k_f \leq 10^{-10}$ m/s (Ortlam 1990) belegen seine sehr geringe Durchlässigkeit
... von mehreren Metern Mächtigkeit ...	Auenlehm ist 1,1 – 10 m mächtig, meistens 2 – 6 m, im Mittel 4 m (Auswertung von 8000 Bohrmetern)
... und hohem Schadstoffrückhaltepotential, ...	ist gegeben durch: • Korngrößenzusammensetzung 60-80 % Ton, 18-38 % Schluff, 0,6-2,7 % Feinsand; bis 95 % Ton und Schluff (Hafenamt Bremen 1991) > Verhinderung der Grundwasserregeneration > gespannte Grundwasserverhältnisse • niedrige k_f-Werte $k_f = 10^{-9}$ bis 10^{-10} m/s (Hafenamt Bremen 1991) k_f £ 10^{-10} m/s (Ortlam 1990) *nach Zugabe von 20g NaCl* $k_f = 2{,}8 \cdot 10^{-11}$ m/s (Hafenamt Bremen 1991) > Auenlehm ist schwerst-wasserdurchlässig > verhindert die Grundwasser-Neubildung > verhindert das potentielle Einsickern von Schadstoffen • Tonmineralzusammensetzung *bei Tonbarrieren als Deponiebasis wünschenswert:* a) hohe Gehalte an quellfähigen Tonmineralen Smektite, Illite besitzen eine große spezifische Oberfläche mit relativ hoher KAK_{pot} = 70-130 mval/100gTS (Smektite) bzw. KAK_{pot} = 20-50 mval/100g TS (Illite) > chemisch sehr instabil (quellfähig) > hohes Sorptions-/Adsorptionspotential *optimal wirkt eine Tonbarriere jedoch erst, wenn die Bedingungen von a) und b) zusammentreffen* b) nicht/kaum quellfähige Tonminerale Kaolinite besitzen eine geringe spezifische Oberfläche mit niedriger KAK_{pot} = 3-15 mval/100g TS > geringes Sorptionspotential > hohe chemische Stabilität (nicht/kaum quellfähig) *Auenlehme in Bremen-Niedervieland:* Tonminerale: Smektite, Illite, Muskovite, Kaolinite > diese günstige Kombination gewährleistet die Wirksamkeit des Auenlehms als geologisch-mineralogische Barriere • KAK_{eff} bis 65 mval/100g TS Boden > hohe Tongehalte

	> hoher Anteil an quellfähigen Tonmineralen • hohe Humusgehalte 3,2-15,5 % (Medianwerte), max. 40 % (Auenlehm I) > verstärkte (potentielle) Sorption von Schadstoffen • erhöhte Gehalte an Eisen (Fe)- und Mangan(Mn)-Oxiden adsorbieren Schwermetalle (Koch 1993) Auenlehm Bremen: 14.000-68.000 mg Fe/kg TS Boden 140-1.560 mg Mn/kg TS Boden *zum Vergleich:* Marschen: 14.000-28.000 mg Fe/kg TS Boden 20-100 mg Mn/kg TS Boden (Mückenhausen 1985) > hohes Schwermetall-Sorptionspotential *außerdem:* • Auenlehme weisen sehr geringe Schwermetallgehalte auf • Hafenschlick hat demgegenüber hohe Schwermetallgehalte • Eluate des Hafenschlicks, ablaufendes Wasser und Sickerwasser weisen nur sehr geringe Schwermetallgehalte auf (Hafenamt Bremen 1991) • Grundwasser weist keine Schwermetallgehalte auf > beweist die hohe Rückhaltekapazität bereits vom Hafen schlick und Auenlehm (Schwermetalle nur an die Feinfraktion < 0,06 mm gebunden, Selbstabdichtungsfunktion des Hafenschlicks) *weitere Beispiele:* *in Hamburg:* natürliche Marschsedimente und Hafenschlick als Dichtungsschichten (Gröngröft & Miehlich 1990, Gröngröft 1992) *Freiburg, Karlsruhe:* Migration von Schwermetalle aus verschiedenen Altablagerungen nur wenige cm (Deponie von Erzflotationsschlämmen; Hausmülldeponie; Wagner 1992)
... die eine über den Ablagerungsbereich hinausgehende flächige Verbreitung aufweisen soll."	Der Auenlehm ist flächendeckend verbreitet, er weist keine Fehlstellen (Löcher) auf; aufgrund seiner Genese als Hochflutlehm sind solche auch nicht zu erwarten. Im gesamten Bereich des Niedervielandes stehen Auenlehme an (Baugrundkarte Bremen 1980/81, Teile A und B, Ortlam et al. 1981)
„Unter dem Ablagerungsbereich soll die geologische Barriere möglichst homogen ausgebildet sein."	binnendeichs (eigentlicher Untersuchungsbereich) sind drei Auenlehme zeitlich nacheinander sedimentiert, die sich in ihrer stofflichen Zusammensetzung und in ihren Eigenschaften nicht wesentlich unterscheiden und in sich homogen ausgebildet sind.
„Sofern die vorgenannten Anforderungen im Ablagerungs- und Nahbereich der Deponie nicht vollständig erfüllt werden, ..., sind die Anforderungen durch zusätzliche technische Maßnahmen sicherzustellen."	
Sollte die geologische Barriere bis zu einer Tiefe von 3 Metern unter dem Deponieplanum nicht homogen ausgebildet sein, ist eine homogene Ausgleichsschicht von $k_f < 10^{-7}$ m/s zu gewährleisten	Ausgleichsschicht ist nicht erforderlich, da k_f immer wesentlich besser als $k_f = 10^{-7}$ m/s ist. Die k_f-Werte des natürlich anstehenden Auenlehms sind um den Faktor 100 bis 10.000 besser als vorgeschrieben !

wider, die über hohe potentielle Kationenaustauschkapazitäten (KAK_{pot}) verfügen. Somit besteht ein hohes Austauschpotential für eventuell zu absorbierende Schwermetallkationen und damit von der mineralogischen Seite her ein weiterer Schutz gegen potentielle Kontaminationen (mineralogische Barriere nach Ortlam 1990).

Die Schwermetallgehalte der Auenlehme I bis III sind so gering, daß sie zur Aufstellung von geogenen Schwermetall-Hintergrundwerten verwendet werden können (Sauer 1995). Im Gegensatz dazu sind die Schwermetall-Gesamtgehalte des Bremer Hafenschlicks mit 1612 mg/kg TS sehr hoch (Hafenamt Bremen 1991). Diese summieren sich auf eine Gesamtmenge von 4030 t Schwermetallen, die rein rechnerisch während des 20-jährigen Spülfeldbetriebs auf den Spülfeldern in Bremen-Niedervieland zur Ablagerung gelangten (Sauer 1995). Trotzdem wurden in den Eluaten des Hafenschlicks und in dem von den Spülfeldern ablaufenden Wasser sowie in den Sickerwässern nur geringe Schwermetallmengen ermittelt (Hafenamt Bremen 1991). In den Grundwässern im Bereich der Hafenschlickspülfelder lagen die Schwermetallgehalte überwiegend im Bereich der Nachweisgrenze. Dies zeigt, daß nicht nur der Auenlehm, sondern bereits der Hafenschlick selbst eine hohe Rückhaltekapazität gegenüber Schwermetallen aufweist (Hafenamt Bremen 1991). In der Hamburger Elbmarsch wirken die natürlichen Marschsedimente und die darauf gespülten Hafenschlicke als Dichtungsschichten (Gröngröft und Miehlich 1990), wie dies Gröngröft (1992) auch anhand neuer Untersuchungen des Sickerwasser- und Stoffaustrages aus Hafenschlick-Spülfeldern der Hamburger Elbmarsch zeigen konnte.

Schwermetalle werden besonders von Eisen (Fe)- und Mangan (Mn)-Oxiden adsorbiert (Koch 1993). Daher weisen die Auenlehme allein schon durch die mit 14 000 bis 68 000 mg Fe/kg TS und 140 bis 1560 mg Mn/kg TS (Sauer 1995) hohen Eisen- und Mangan-Gehalten ein hohes Schwermetall-Sorptionspotential auf. Im Vergleich dazu sind für Marschböden durchschnittliche Eisen-Gehalte von 14 000 bis 28 000 mg/kg TS und Mangan-Gehalte von 20 bis 100 mg/kg TS bekannt (Mückenhausen 1985). Neben den Eisen- und Mangan-Oxiden sind vor allen Dingen die Menge und die Art der organischen Substanz sowie der Tonminerale, aber auch Salzgehalte die wesentlichen stofflichen Faktoren, die – zusammen mit den physikochemischen Parametern pH-Wert, Redoxpotential und Temperatur – für die Löslichkeit und die Mobilität von Schwermetallen verantwortlich sind (Khorasani et al. 1989, Koch 1993).

Die Auenlehme in Bremen-Niedervieland sind sowohl im Untergrund als auch im weiteren Bereich der bestehenden Hafenschlick-Spülfelder sowie der geplanten neuen Baggergutdeponie mit mehreren Metern Mächtigkeit flächenhaft ausgebildet (vgl. Abb. 4). Aufgrund ihrer Eigenschaften (niedrigste k- bzw. k_f-Werte, hohe Fe- und Mn-Gehalte, hohe Tongehalte von quellfähigen und nicht oder kaum quellfähigen Tonmineralen, hohe Humusgehalte und hohe Kationenaustauschkapazitäten) und ihrer Verbreitung (flächenhaft verbreitet, große Mächtigkeit) können sie eine mögliche Schadstoffausbreitung wahrscheinlich vollständig verhindern. Bei den Auenlehmen handelt es sich um natürlich anstehende, schwerstdurchlässige Lockergesteine von mehreren Metern Mächtigkeit (im Mittel ~ 4 m), die ein hohes Schadstoffrückhaltepotential aufweisen, über den Ablagerungsbereich hinausgehend flächig verbreitet sind (Niedervieland >> 10 km^2) und in bis zu drei Auenlehmlagen horizontal homogen aufgebaut sind. Dieser „Sandwich-Aufbau" der Auenlehme stellt eine Durchlässigkeitsanisotropie senkrecht zur Auenlehm-Schichtenfolge dar, wie sie auch bei den Lauenburger Schichten beobachtet werden konnte (frdl. Mitt. Dr. Ortlam). Zusätzlich wirken die günstigen hydraulischen Bedingungen (gespannte Grundwasserverhältnisse) einem Einsickern von Schadstoffen entgegen und verhindern durch die ständige Benetzung der Unterfläche des Auenlehms Kluftbildungen und damit sekundäre Permeabilitäten (hydraulische Barriere nach Ortlam 1990).

Die Auenlehme in Bremen-Niedervieland erfüllen somit *alle* Anforderungen, die nach der TA Siedlungsabfall (BMU 1993) an eine (wirksame) Geologische Barriere gestellt werden. Für die Anlage einer Deponie sind daher keine zusätzlichen technischen Maßnahmen zur Verbesserung der Geologischen Barriere erforderlich.

Verwendung von Auenlehm als Dichtungsmaterial

In Labor- und Geländestudien untersuchte Wagner (1992) die Migration von Schwermetallen aus verschiedenen Altablagerungen (Gichtstaub-, Erzflotationsschlamm-, Hausmüll- und Sondermülldeponien) in natürlichen Tonbarrieren und künstlichen mineralischen Dichtungen. Er konnte zeigen, daß die aus einer Deponie mit Erzflotationsrückständen austretenden Schwermetallgehalte in einer nur 0,5 bis 1,0 m mächtigen, tonigen Auenlehmschicht (60% Ton und Schluff, $k \sim 1 \cdot 10^{-9}$ m/s) sehr stark zurückgehalten wurden. Die Zink- und Cadmiumgehalte gingen innerhalb von 10 bis 15 cm im Auenlehm auf die natürlichen Untergrundkonzentrationen zurück. Blei erreichte bereits nach 4 cm im Auenlehm seine natürliche Untergrundkonzentration (Wagner 1992). In einer künstlich aufgebrachten Auenlehmschicht (95% Ton und Schluff, $k \sim 1 \cdot 10^{-9}$ m/s) unter einer Hausmülldeponie wurden lediglich in den obersten 5 bis 10 cm leicht erhöhte Schwermetallgehalte gefunden (Wagner1992).

Das Retentionsvermögen der Auenlehme in Bremen-Niedervieland gegenüber Schwermetallen kann zumindest indirekt aus einem Vergleich der oberflächennahen Schwermetallgehalte des Auenlehms III (Entnahmetiefe 0,20 m, Pluquet und Eberlein 1993) mit den Schwermetallgehalten aus > 0,60 m Tiefe des gleichen Auenlehms III abgeleitet werden. Während oberflächennah noch erhöhte Schwermetallgehalte von 58,5 mg Pb/kg TS, 180,5 mg Zn/kg TS und 0,66 mg Cd/kg TS (Medianwerte) vorhanden sind, gingen die Werte in > 0,60 m Tiefe bereits auf 20,5 mg Pb/kg TS, 97,5 mg Zn/kg TS und 0,4 mg Cd/kg TS und damit auf die natürlichen Schwermetall-Hintergrundwerte zurück.

Die minimalen Schwermetallgehalte des Sickerwassers und des Grundwassers (Hafenamt Bremen 1991), die meistens im Bereich der Nachweisgrenze liegen, spiegeln letztlich auch die geringen Schwermetallgehalte der Auenlehme wider. Im Bereich der Hafenschlickspülfelder können sie nicht nur als Beweis für die

Eigenabdichtung des Hafenschlicks (Immobilisierung der Schwermetalle), sondern auch für das Retentionsvermögen von Hafenschlick und Auenlehm gegenüber Schwermetallen angesehen werden.

Der Auenlehm in Bremen-Niedervieland hätte damit gute Chancen, auch alle Anforderungen als Dichtungsmaterial für Deponien zur Ablagerung schwermetallhaltiger Abfälle wie z.B. Baggergut zu erfüllen. Allein aufgrund seiner stofflichen Eigenschaften (hohe Fe- und Mn-Gehalte, hohe Tongehalte aus quellfähigen und nicht oder kaum quellfähigen Tonmineralen, hohe Humusgehalte, hohe Kationenaustauschkapazitäten) besitzt er ein hohes Adsorptions- und Retentionspotential gegenüber Schwermetallkontaminationen (mineralogische und chemische Barriere nach Ortlam 1990). Die günstigen hydraulischen Bedingungen am Standort in Bremen-Niedervieland bilden eine zusätzliche Sicherheit.

Die beiden oben angeführten Beispiele aus dem Deponiebereich (Wagner 1992) beweisen das gute Rückhaltevermögen von Schwermetallen durch Tone und Schluffe. Auch ohne eine zusätzliche technische Dichtung unterhalb von „Schwermetalldeponien" (Wagner 1992) gehen von diesen keine potentiellen Umweltgefährdungen aus. Demnach können für die Ablagerung schwermetallhaltiger Abfälle prinzipiell alle natürlichen, tonigen Untergründe ohne bevorzugte Wasserwegsamkeiten als geeignet gelten, die ein ausreichendes hohes Sorptionsvermögen aufweisen und in denen kein nennenswerter konvektiver Stofftransport stattfindet (Wagner 1992).

Diese Ergebnisse decken sich mit den Erkenntnissen über die schwermetallhaltigen Hafenschlickdeponien in Bremen-Niedervieland, die im über 20-jährigen Langzeitfeldversuch zeigten, daß die Immobilisierung der Schwermetalle im Hafenschlick und die Wirkung mehrfacher Barrieren im Untergrund einen wirkungsvollen Schutz für das Grund- und Oberflächenwasser darstellen. Bei dem Bau der Entwässerungsfelder und der Baggergutdeponie in Bremen-Niedervieland könnte daher auf kostenintensive zusätzliche technische Maßnahmen zur Verbesserung der Geologischen Barriere verzichtet werden.

Ausblick

Es konnte gezeigt werden, daß der Auenlehm eine wirksame Geologische Barriere darstellt (Sauer 1995) und auch als künstliche Dichtungsschicht für die Deponierung von schwermetallbelasteten Abfällen seit Jahren erfolgreich angewendet wird (Wagner 1992). Daraus ergeben sich eine Reihe von umweltgeologischen Perspektiven, die im folgenden skizziert werden.

Der Auenlehm in Bremen-Niedervieland kann für eine „Hafenschlickdeponie" als wirkungsvolle Geologische Barriere angesehen werden. Zudem verhindert bereits die Eigenabdichtung von Hafenschlick einen Austrag von Schwermetallen. Daher wäre denkbar, den auf dem Festland zu deponierenden Fluß-/Hafenschlick, der nach der „Integrierten Baggergutentsorgung" (Hafenamt Bremen 1996) vor seiner Deponierung entwässert und mit Zuschlagstoffen (Kalk, Ton, Zement) konditioniert werden soll, direkt auf dem Auenlehm abzulagern. Auenlehm ist nichts anderes als durch Überschwemmungen auf natürliche Weise abgelagerter Flußschlick. Warum sollte also nicht neuzeitlicher Fluß-/Hafenschlick auf Flußschlick abgelagert werden können? Da dieses am Standort Bremen-Niedervieland bereits seit Beginn der 70er Jahre – ohne erkennbare negative Auswirkungen auf Grund- und Oberflächenwasser – praktiziert wird, ist für dieses Verfahren damit bereits die Machbarkeit, Wirksamkeit und Finanzierbarkeit belegt.

Für den Bau einer Deponie, wie er nach der TA Abfall (BMU 1991) und der TA Siedlungsabfall (BMU 1993) z.B. für die Anlage einer Hausmülldeponie vorgeschrieben ist, werden umfangreiche Deponiebaumaterialien benötigt: Sand für Geländeaufhöhung bzw. Setzungsausgleich, die Überhöhung für die Grundwasserfreiheit und den Gefälleausgleich für das Entwässerungssystem, Ton/Lehm für die Errichtung einer Basis- und Oberflächenabdichtung, Geotextilien sowie Vorrichtungen für die Entwässerung des deponierten Abfalls und die Ableitung von Niederschlagswasser. Nur bis zur Schaffung des Deponieplanums, auf dem dann die erste Lage des Abfalls eingebaut werden kann, müßte im vorliegenden Fall bereits 2,50 m (an den Seiten) bis 6,20 m (im Zentrum) hoch Material aufgebracht werden (Hafenamt Bremen 1991, Freie Hansestadt Bremen 1994). Ein zumindest teilweiser Verzicht auf dieses Bauwerk würde nicht nur zu einer deutlichen Reduzierung der Ausgaben (Arbeitszeit, Material, Energie) beim Bau der Baggergutdeponie führen, sondern auch eine Vergrößerung des nutzbaren Deponievolumens und damit eine weitere Ausgabenreduzierung aufgrund einer längeren Nutzungsdauer der Deponie zur Folge haben. Natürliche Ressourcen (Sand,Ton) würden mit dieser Verfahrensweise genauso geschont wie die finanziellen. Sowohl am Ort der Gewinnung der Ressourcen als auch am Ort der Verwendung würde dies zu einem geringeren Landschaftsverbrauch führen.

Auch durch die Verwertung und den Verkauf von Hafenschlick ließen sich andernorts natürliche Ressourcen schonen und am Standort die Landschaftsflächen für die andernfalls notwendige Deponierung reduzieren. Für Hafenschlick gibt es eine ganze Reihe von ressourcenschonenden Verwertungsmöglichkeiten, die z.T. bereits angewendet werden bzw. sich in der Versuchsphase befinden.

Als erstes ist dabei die Verwendung von Fluß-/Hafenschlick als Basis- und Oberflächenabdichtung im Deponiebau zu nennen. Für die Errichtung und den Betrieb der Baggergutdeponie in Bremen-Niedervieland wurde die Eignung von Hafenschlick als Deponiedichtungsmaterial bereits nachgewiesen (Hafenamt Bremen 1991, Freie Hansestadt Bremen 1994, Hamer et al. 1997, Lührte et.al. in diesem Band). Eine allgemeine Eignung als Material wird seit der Einführung des Konditionierungsverfahrens mit dem Ziel geprüft, die Technologie und das Baggergut verkaufen zu können. In der Hansestadt Hamburg liegen bereits ähnliche Erfahrungen vor (Hensen 1988).

Eine weitere gute und vielfältige Verwertungsmöglichkeit von Fluß- und Hafenschlick ist die Herstellung von Blähton. Die Pellets werden als Leichtbetonzuschlagstoff (als Ersatz für Perlit, Bimsstein und Ton), Kiesersatz, Straßenbaumaterial (Frostschutz- und Tragschichten aller Bauklassen), den Bau von Dämmen und als Hinterfüllmaterial von Kaimauern verwendet (Hensen 1988, Rezaie Boroon 1993).

Auch für die Ziegelherstellung kann Fluß- und Hafenschlick verwendet werden (Müller 1988, Hamer et al. 1997, Hamer et al. in diesem Band).

Die Verwertung des Hafenschlicks anstelle seiner Deponierung könnte zu einem nicht unbedeutenden Wirtschaftsfaktor werden. Zusätzlich zum Erlös aus dem Verkauf des Hafenschlicks könnten auch die teuren Deponierungs-, Deponie- und Nachsorgekosten reduziert werden. Diese Vorgehensweise stünde auch im Einklang mit dem Kreislaufwirtschaftsgesetz (1994), das die Schonung natürlicher Ressourcen und die Sicherung der umweltverträglichen Beseitigung von Abfällen fördern soll.

Mit den geschilderten Verwertungsmöglichkeiten könnte somit ein nachhaltiger Beitrag zur Schonung natürlicher Ressourcen und zur Lösung der Baggergutproblematik geleistet werden.

Literatur

Bartl H (1993) Kolloidchemische Wechselwirkungen von Schwermetallfällungsprodukten mit Tonen. 123 S., 74 Abb., 7 Tab., Diss. Universität Darmstadt (Eigenverlag)

Bludau W, Feldhoff RA (1997) Holozäne Sedimente im mittleren Oberrheingraben als Zeugen einer zerstörten Auenlandschaft. Z.dt.geol.Ges., 148/2, S. 279-287, 3 Abb., 1 Tab., Stuttgart

BMJFFG Der Bundesminister für Jugend, Familie, Frauen und Gesundheit (1990) Verordnung über Trinkwasser und über Wasser für Lebensmittelbetriebe (Trinkwasserverordnung) BGBl. 1990, Teil 1, 66, S. 2612-2629, Bonn

BMU Der Bundesminister für Umwelt, Naturschutz und Reaktorsicherheit (1989) Leitfaden zur Bodensanierung in den Niederlanden, Teil II. Deutsche Übersetzung aus dem Holländischen, 53 S., 4 Tab, Bonn

BMU Der Bundesminister für Umwelt, Naturschutz und Reaktorsicherheit (1991) Zweite allgemeine Verwaltungsvorschrift zum Abfallgesetz (TA Abfall), Teil 1. GMBI 1991, 8, S. 137-214, Bonn

BMU Der Bundesminister für Umwelt, Naturschutz und Reaktorsicherheit (1992) Klärschlammverordnung (AbfKlärV) BGBl. 1992, Teil 1, 21, S. 912-934, Bonn

BMU Bundesministerium für Umwelt, Naturschutz und Reaktorsicherheit (1993) TA Siedlungsabfall. Textfassung mit ergänzenden Empfehlungen und Informationen. 75 S., Bonn

Caspers G (1991) Pollenanalytische und vegetationsgeschichtliche Untersuchungen zur Flußauenentwicklung an der Mittelweser im Spätglazial und Holozän 135 S., 38 Abb., 3 Tab., Hannover (Diss)

Caspers G (1994) Metallkonzentrationen in mittelalterlichen und neuzeitlichen Flußablagerungen im Mündungsbereich der Aller. Z. angew. Geol., 40, S. 31-37, Hannover

Döll P, Neumann-Peters W, Kröger J, Schneider W (1993) In-situ-Bestimmung des vertikalen Durchlässigkeitsbeiwertes von Klei durch Auswertung der Tidefortpflanzung. Z.angew. Geol., 39, S. 83-90, 5 Abb., 1 Tab., Stuttgart

Freie Hansestadt Bremen (1994) Planfeststellungsbeschluß für die Anlage zum Ablagern von Baggergut durch das Hafenamt Bremen. 46 S. Hrsg. Der Senator für Umweltschutz und Stadtentwicklung, Planfeststellungsbehörde gemäß § 16 (1) BremAGAbfG, Bremen

Gröngröft A (1992) Untersuchung des Sickerwasser- und Stoffeintrags aus Hafenschlick-Spülfeldern in den oberen Grundwasserleiter der Hamburger Elbmarsch. Hamburger Bodenkundliche Arbeiten, 17, 256 S., 101 Abb., 57 Tab., Hamburg

Gröngröft A, Miehlich G (1990) Abdichtungswirkung natürlicher Marschsedimente gegen Grundasserbelastungen durch Spülfelder. Z.dt.geol.Ges., 141, S. 427-434, 6 Abb., 2 Tab., Hannover

Hafenamt Bremen (1991) Gutachten zum Planfeststellungsverfahren Baggergutdeponie Seehausen. 14 Ordner, Planungsgemeinschaft Baggergutdeponie Seehausen, Dr. Pieles & Dr. Gronemeier Consulting GmbH, Ing.-Büro David & Partner GmbH, Bremen

Hafenamt Bremen (1996) Integrierte Baggergutentsorgung Bremen-Seehausen. Broschüre, 6 S., Bremen

Hafenbauamt Bremen (1987) Deponie für Hafenschlick, Seehausen-Süd 2, Gutachterliche Stellungnahme zum Planfeststellungsverfahren. Prof. Dr.-Ing. V. Rizkallah & Partner, 27 S., 15 Anl., Hannover

Hamer K, von Lührte R, Becker G, Felis T, Keffel S, Strotmann B, Waschkowitz C, Kölling M, Isenbeck-Schröter M, Schulz HD (1997) Endbericht zum Forschungsvorhaben 060 des Landes Bremen: Baggergut der Hafengruppe Bremen-Stadt: Modelluntersuchungen zur Schwermetallmobilität und Möglichkeiten der Verwertung von Hafenschlick aus bremischen Häfen. Ber. FB Geowissenschaften, 107, 98 S., Universität Bremen, Bremen

Hensen U (1988) Konzept der Baggergutunterbringung des Hamburger Hafens. In Wolf K, van den Brink WJ, Colan FJ Altlastensanierung '88, 2. Intern. TNO/BMFT-Kongress über Altlastensanierung, Bd. 2, S. 1411-1416, Kluwer Academic Publishers Dordrecht, Boston, London

Illies H (1952) Eisrandlagen und eiszeitliche Entwässerung in der Umgebung von Bremen. Abh. naturw. Verein Bremen, 1952, 33, S. 19-56, 14 Abb., Bremen

Kasten S (1993) Die Verteilung von Schwermetallen in den Sedimenten eines stadtbremischen Hafenbeckens. Ber. FB Geowissenschaften, 34, 103 S., 23 Abb., 19 Tab., 5 Anl., Dipl.-Arb. Universität Bremen, Bremen

Khorasani R, Förstner U, Calmano W, Gottschalk F (1989) Verfestigung von Baggergut sowie Untersuchungen von Verfestigungsprodukten mit mineralogischen, chemischen und bauphysikalischen Methoden. Ber. Arbeitsber.Umweltschutztechnik TU HH-Harburg, 4, 131 S., 24 Abb., 20 Tab., Hamburg-Harburg

Koch D (1993) Erfassung und Bewertung der Schwermetallmobilität über Sickerwässer aus Böden hoher geogener Anreicherung und zusätzlicher Belastung. 197 S., 30 Abb., 71 Tab., Diss. Universität Göttingen (Eigenverlag)

Kreislaufwirtschafts- und Abfallgesetz (1994) Gesetz zur Förderung der Kreislaufwirtschaft und Sicherung der umweltverträglichen Beseitigung von Abfällen. In Abfallgesetz, S. 23-63, München (C.H. Beck)

Leenaers H. (1990) Sequentielle Extraktion von Schwermetallen aus Sedimenten von Überschwemmungsgebieten. In: Arendt F., Hinsenveld M., van den Brink W.J. Altlastensanierung ´90, 3. Intern. KfK/TNO-Kongress über Altlastensanierung, Bd. I, S. 449-451, Kluwer Academic Publishers Dordrecht, Boston, London

Matschullat J, Niehoff N, Pörtge K-H (1991) Zur Element-Dispersion an Flußsedimenten der Oker (Niedersachsen); röntgenfluoreszenz-spektroskopische Untersuchungen. Z.dt. geol.Ges., 142, S. 339-349, 2 Abb., 5 Tab., Hannover

Matschullat J, Niehoff N, Pörtge K-H (1992) Bergbau- und Zivilisationsgeschichte des Harzes am Beisspiel eines Auenprofils der Oker, Niedersachsen. Nachr.dt.geol.Ges., 42 (1992), S. 80, Hannover

Mückenhausen E (1985) Die Bodenkunde und ihre geologischen, geomorphologischen, mineralogischen und petrologischen Grundlagen. 579 S., 185 Abb., 69 Tab., 24 Taf., Bonn

Müller G (1988) Chemische Dekontaminierung von schwermetallbelasteten Schlämmen (Baggerschlamm, Klärschlamm), Verbrennungsrückständen, Böden und anderen Feststoffen. In Wolf K, van den Brink WJ, Colan, FJ Altlastensanierung '88, 2. Intern. TNO/BMFT-Kongress über Altlastensanierung, Bd. 2, S. 1475-1477, Kluwer Academic Publishers Dordrecht, Boston, London

Müller W (1958) Grundsätzliche Betrachtungen zur systematischen Gliederung der Marschböden. Geol.Jb., 76, S. 11-24, Hannover

Natermann E (1939) Zeitbestimmung einer Flußverlegung auf Grund der Auelehmbildung. Abh. naturw. Verein Bremen, 31 (2), S. 326-334, 3 Abb., Bremen

Ortlam D (1980) Neue Erkenntnisse über den geologischen Untergrund Bremens in ihrer wirtschaftlichen Bedeutung. Jb. Wittheit Bremen, 24, S. 221-237, 12 Abb., Bremen

Ortlam D (1983) Einsatz und Möglichkeiten von Pollution-Tracer-Verfahren am Beispiel der Weser. N. Jb. Geol. Paläont. Abh., 165/2, S. 303-325, 12 Abb., Stuttgart

Ortlam D (1989) Geologie, Schwermetalle und Salzwasserfronten im Untergrund von Bremen und ihre Auswirkungen. N.Jb.Geol.Paläont.Mh., 8, S. 489-512, 11 Abb., 3 Tab., Stuttgart

Ortlam D (1990) Verwirklichung des geologischen Mehrbarrierensystems in bindigen Lockergesteinen der Küstenregion. In Arendt F, Hinsenveld M, van den Brink WJ Altlastensanierung '90, 3. Intern. KfK/TNO-Kongress über Altlastensanierung, Bd. II, S. 1465-1468, 2 Abb., Kluwer Academic Publishers Dordrecht

Ortlam D, Schnier H, Seyler E, Wempe H (1981) Baugrundkarte Bremen, Teile A-D (1:10000 und 1: 25000), Hrsg Senator für das Bauwesen, Bremen

Overbeck F (1975) Botanisch-geologische Moorkunde unter besonderer Berücksichtigung der Moore Nordwestdeutschlands als Quellen der Vegetation-, Klima- und Siedlungsgeschichte. 719 S., 263 Abb., Neumünster

Paluska A (1976) Unterlauf der Alster im Holozän und in historischer Zeit. Mitt.Geol.Paläont. Inst. Univ. Hamburg, Sonderband Alster, S. 15-42, 6 Abb., 1 Tab., Hamburg

Pluquet E, Eberlein K (1993) Bericht über das Bodenmeßprogramm des Landes Bremen, Teilbereich südlich der Weser und Hemelingen, Hannover/Bremen

Rezaie Boroon MH (1993) Die Verarbeitung von Hafenschlick und Industrieabfällen zu Leichtzuschlag. Heidelberger Geowiss. Abh., 67, S. 124-125, Heidelberg

Sauer M (1995) Umweltgeowissenschaftliche Untersuchungen der Wesermarsch im Bereich der Hafenschlickspülfelder in Bremen-Niedervieland. 111 S., 38 Abb., 27 Tab., 15 Anl., Diss. Universität Münster, Bremen (Eigenverlag)

Sauer M, Walter C (1998) Schwermetalle in Auenlehmen der Bremer Wesermarsch: Geogene und anthropogene Gehalte. Wasser und Boden, 01/1998, S. 35-37, 2 Abb., 2 Tab., Berlin (Parey)

Schachtschabel P, Blume HP, Brümmer G, Hartge KH, Schwertmann U (1992) Lehrbuch der Bodenkunde. 491 S., 220 Abb., 102 Tab., 1 Farbtaf., Enke-Verlag Stuttgart

Schöler S (1990) Sedimentologische Untersuchungen eines Bodenprofils des Pleistozäns und Holozäns in Köln-Blumenberg. Kölner Jb. für Vor- und Frühgeschichte, 23 (1990), S. 377-392, 16 Abb., Berlin

Siewers U, Roostai AH (1990) Schwermetallbilanz aus Immission und geogenem Anteil im Einzugsgebiet der Sösetalsperre/Harz. Ber. d. Forschungszentrums Waldökologie, B 19, S. 1-57, 1 Abb., 17 Tab., Göttingen

Strautz W (1963) Auelehmbildung und -gliederung im Weser- und Leinetal mit vergleichenden Zeitbestimmungen aus dem Flußgebiet der Elbe. Ein Beitrag zur Landschaftsgeschichte der nordwestdeutschen Flußauen. Beiträge zur Landespflege, 1, S. 273-314, 14 Abb.,2 Tab., Stuttgart

SUS Der Senator für Umweltschutz und Stadtentwicklung (1993) Prüfwertliste der Stadtgemeinde Bremen für Schadstoffgehalte im Boden, Teil 1: Schwermetalle und Arsen. 18 S., 5 Abb., Bremen

Turekian KK, Wedepohl KH (1961) Distribution of the elements in some major units of the earth's crust. Bull. Geol. Soc. Am., 72, S. 175-192, Boulder

Wagner JF (1992) Verlagerung und Festlegung von Schwermetallen in tonigen Deponieabdichtungen. Ein Vergleich von Labor- und Geländestudien. Schr. Angew. Geol. Karlsruhe, 22, 246 S., 80 Abb., 6 Tab., Karlsruhe

Wolff W, Görz G (1934) Erläuterungen zur Geologischen Karte von Preußen und benachbarten deutshen Ländern, Blatt 2918 Bremen. 42 S., 4 Tab., Berlin

Zumbroich T, Müller A (1993) Schwermetalle in Oberbergischen Auenböden. Umweltbericht 1992, 62 S., 10 Abb., 25 Tab.; Hrsg. Oberkreisdirektor des Oberbergischen Kreises, Umweltdezernat, Kausmann-Verlag Gummersbach

Geochemisches Langzeitverhalten und Schwermetallmobilität von Baggergut[1]

Rebecca von Lührte, Kay Hamer und Horst D. Schulz

Vorbemerkungen

Zur Erhaltung der Schiffahrtstiefen müssen in den Häfen der Stadt Bremen pro Jahr ca. 700 000 m^3 Sedimente (Schutenaufmaß) gebaggert werden. Dieses Baggergut ist mit Schwermetallen belastet und wird zur Zeit deponiert. Da Deponieflächen knapp und teuer sind, wird nach weiteren Möglichkeiten des Umgangs gesucht. Eine Alternative bzw. Ergänzung zur Deponierung von Baggergut stellt die Verwertung als mineralisches Dichtungmaterial für Oberflächenabdichtungen von Deponien dar.

Untersucht wurde die Frage der Schwermetallmobilität in Abhängigkeit von der langzeitlichen chemischen Milieuentwicklung. Anhand der Ergebnisse aus pH_{stat}-Versuchen, Versuchen zur Sauerstoff-Eindringtiefe und sogenannten Gerinne-Versuchen mit Baggergut, konditioniertem Baggergut (Zuschlag von Branntkalk und Tonmehl) und Lauenburger Ton als Vergleichsmaterial konnte die kurzfristige chemische Milieuentwicklung beobachtet und die langfristige abgeschätzt werden. Die Ausbildung eines anaeroben Milieus im Baggergut aufgrund des mikrobiellen Abbaus organischer Substanz führt zu einer verstärkten Schwermetallfestlegung und verhindert versauernd wirkende Oxidationsreaktionen. Es wird angenommen, daß diese Prozesse lange Zeiträume in Anspruch nehmen können, da die Oxidationskapazität im Baggergut insbesondere durch Fe(III) hoch ist. Sollte es dennoch zu einer Versauerung des Materials kommen, könnten die Konzentrationen von Cd und Zn eine Behandlung des Sickerwassers notwendig machen.

Die vorgestellten Untersuchungen sind im Rahmen eines Forschungsvorhabens an der Universität Bremen durchgeführt worden, das sich mit den Möglichkeiten des zukünftigen Umgangs mit Bremer Baggergut beschäftigt.

Problemstellung

In den Häfen der Stadt Bremen müssen pro Jahr ca. 700 000 m³ Sedimente (Schutenaufmaß) zur Erhaltung der Schiffahrtstiefen gebaggert werden. Dieses Baggergut weist Schwermetallgehalte auf, die zu einer Einschränkung der Verwendungs- bzw. Verwertungswege führen. Das Bremer Baggergut wird derzeit nach Trocknung in eine Monodeponie verbracht, deren Kapazität für ca. 20 Jahre ausreicht. Dieser Zeitraum soll für die Suche nach Alternativen für den Umgang mit Bremer Baggergut genutzt werden, da Deponieflächen knapp sind und die Deponierung kostenintensiv ist.

Bisher exisitiert keine bundeseinheitliche Richtlinie zur Bewertung der Schadstoffgehalte im Baggergut im Hinblick auf Verwendungs- oder Verwertungmöglichkeiten (vgl. auch Köthe in diesem Band). Herangezogen werden oft die technischen Regeln der Länderarbeitsgemeinschaft Abfall für mineralische Reststoffe (ATV-Arbeitsbericht 1995, LAGA 1996), wonach Bremer Baggergut in die Zuordnungsklasse 2 fällt (Tabelle 1). Für diese Klasse wird die Möglichkeit einer Verwertung unter definierten technischen Sicherungsmaßnahmen empfohlen, die den Transport von Inhaltstoffen in den Untergrund und das Grundwasser verhindern sollen. Solche Randbedingungen sind z.B. bei einer Verwertung als Bestandteil einer Deponie-Oberflächenabdichtung gegeben. Das Deponie-Sickerwasser wird gesammelt und gegebenenfalls vor einer Einleitung in Oberflächengewässer gereinigt.

Tabelle 1. Schwermetell-Gesamtgehalte der untersuchten Materialien Bremer Baggergut und Lauenburger Ton sowie Richtwerte der Länderarbeitsgemeinschaft Abfall zur Bewertung von Reststoffen (LAGA 1994) für die Zuordnungsklassen Z0 (uneingeschränkter Einbau) und Z2 (eigeschränkter Einbau mit definierten technischen Sicherungsmaßnahmen

	Ni [mg/kg]	Pb [mg/kg]	Zn [mg/kg]	Cu [mg/kg]	Cd [mg/kg]
Baggergut	46,6	112	528	46,7	4,43
Lauenburger Ton	36,1	28,1	84,2	24,8	n.n.
LAGA 1994 Z0	40	100	120	40	0,6
LAGA 1994 Z4	600	1000	1500	600	10

Verwertung als mineralisches Deponieoberflächenmaterial

Im Rahmen der vorgestellten Untersuchungen wurde vor allem der Möglichkeit einer Verwertung von Bremer Baggergut als Oberflächenabdichtungsmaterial nachgegangen, da die Nachfrage aufgrund der neueren Abfallgesetzgebung und-handhabung nach diesem Material größer ist als nach Basisabdichtungen. Ein wichtiger Aspekt bei einer Verwendung von Baggergut als mineralisches Abdichtungsmaterial wäre die Schonung natürlicher Tonressourcen, die zur Zeit meist zu diesem Zweck abgebaut werden.

Das Abdichtungssytem der Baggergut-Deponie in Bremen wird selbst zum Teil aus getrocknetem Baggergut bzw. getrocknetem, konditioniertem Baggergut hergestellt. Das konditionierte Material (Verfahren der Fa. Hegemann, Bremen) wird zur Stabilisierung mit Branntkalk (1-2%) und kaolinitischem Tonmehl (ca. 6%) vermischt. Untersuchungen verschiedener Gutachter zum Bau der Baggergut-Deponie in Bremen (zusammengefaßt in Pieles und Gronemeyer 1991) haben gezeigt, daß beide Materialien (konditioniertes und unkonditioniertes Baggergut) den Voraussetzungen für mineralisches Deponiebaumaterial nach TA Abfall (1994) genügen.

Die Prüfkriterien der TA Abfall (1994) betreffen in erster Linie physikalische Stabilitätsvoraussetzungen, während Kriterien bezüglich der geochemischen Milieuentwicklung und Schadstoffmobilität nicht enthalten sind. Die Richtwerte der technischen Regeln der LAGA (1996) erlauben zwar Vergleiche der Gesamtbelastungen verschiedener mineralischer Reststoffe und ermöglichen Aussagen über die momentane Schadstoffmobilität (Eluatwerte DEV S4). Es ergeben sich aber keine Informationen bezüglich längerfristiger Milieuveränderungen und möglicher resultierender Veränderungen der Schadstoffmobilität. Auf dieser Problematik lag daher der Schwerpunkt der hier vorgestellten Untersuchungen.

Geochemisches Langzeitverhalten

Bei der Betrachtung der Schwermetallmobilität in natürlichen Sedimenten besitzen die pH- und Redoxbedingungen vorrangige Bedeutung. Diese können sich in Abhängigkeit von der Art der Vorbehandlung und Verwertung über die Zeit verändern. Das chemische Milieu des untersuchten konditionierten und unkonditionierten Baggerguts ist nach der Baggerung, Trocknung und Homogenisierung oxisch (E_H-Wert ca. 300 mV) und mit pH-Werten von 6,7 bis 7,7 im neutralen Bereich. Nach dem Einbau von Baggergut in eine Oberflächenabdichtung sind folgende Prozesse, die eine Veränderung der chemischen Milieubedingungen hervorrufen können, denkbar: Einfluß saurer Sickerwässer, mikrobieller Abbau organischer Substanz und andere Oxidationsprozesse (Sulfid, Eisen(II)).

Art und Umfang der Prozesse, die einen direkten oder indirekten Einfluß auf die Schwermetallmobilität haben, werden durch kapazitätskontrollierende Parameter gesteuert (Salomons 1995). Dies sind z.B. der Gehalt an organischer Substanz, an Tonmineralen, an Fe/Mn-Oxiden/Hydroxiden, an Sulfiden und die Pufferkapazität. Die Abb. 1 zeigt schematisch die Prozesse, die Art und Umfang des Schadstoffaustrags aus einer Deponie-Oberflächendichtungsschicht steuern. Der Stofftransport in einer verdichteten mineralischen Abdichtungsschicht wird aufgrund der niedrigen Durchlässigkeiten (kf $< 5 \cdot 10^{-9}$ m/s bei einem Gefälle von i = 30) überwiegend diffusiv gesteuert (Schneider und Göttner 1991), so daß ein Stoffaustausch mit dem Porenwasser der überliegenden Dränageschicht möglich ist. Der nach unten gerichtete advektive Stofftransport in der mineralischen Dichtungschicht ist dabei vernachlässigbar. Die resultierende Stoffkonzentration im Sickerwasser der Oberflächenabdichtung wird beeinflußt von den geochemischen Prozessen, dem diffusiven Stofftransport und der Wasserbilanz in den überliegenden Schichten.

Die vorgenommenen Untersuchungen hatten zum Ziel, die möglichen Milieuveränderungen und ihre Auswirkung auf die Schwermetallmobilität bei der Verwertung von Bremer Baggergut als Oberflächenabdichtungsmaterial zu erfassen. Dazu wurden Methoden zur Charakterisierung des Materials angewendet sowie Laborversuche zur Beobachtung der Milieuentwicklung unter Einbaubedingungen (Gerinne-Versuche, Sauerstoff-Eindringtiefe) und zur Ermittlung der Schwermetallmobilität unter extremen Milieubedingungen (pH_{stat}-Versuche) durchgeführt. Aufbauend auf diesen Ergebnissen wird die längerfristige Milieuentwicklung, insbesondere das Versauerungspotential und dessen Auswirkung auf die Schwermetallfreisetzung, abgeschätzt.

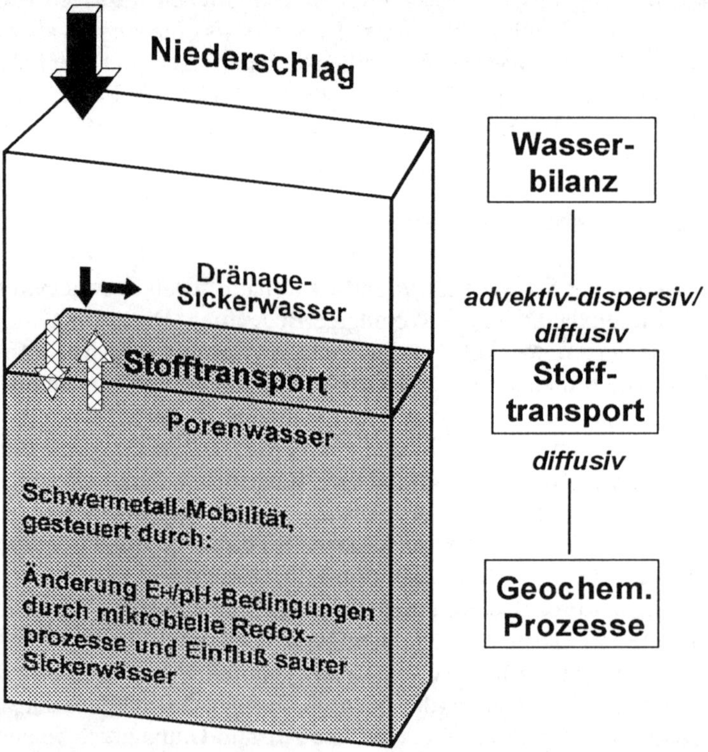

Abb. 1. Schematische Zusammenstellung der Prozesse bzw. Vorgänge, die den Schwermetallaustrag aus einer Oberflächenabdichtung mit Baggergut als mineralische Dichtungskomponente steuern (oberer Kasten Rekultivierungs- und Dränageschicht, unterer Kasten mineralische Dichtungsschicht aus Baggergut)

Material und Methoden

Untersucht wurden unkonditioniertes und konditioniertes Bremer Baggergut, das zum Zeitpunkt der Entnahme und vor der Konditionierung ca. vier Jahre auf einem ehemaligen Spülfeld gelagert war. Als in Norddeutschland handelsübliches Vergleichsmaterial wurde Lauenburger Ton aus einer Tongrube der Fa. Matthäi in Scharrel (Niedersachsen) herangezogen. Dieses Material erfüllt die Voraussetzungen des Niedersächsischen Dichtungserlasses (1988) für mineralische Abdichtungen und wird als solches genutzt (Deponie Sedelsberg, Niedersachsen).

In den Materialien wurden die Schwermetall-Gesamtgehalte (HNO_3-HF-$HClO_4$-Aufschluß), die Gesamtsulfidgehalte (Cr(II)-reduzierbarer Schwefel, Canfield et al. 1986) und die C_{org}- sowie C_{anorg}-Gehalte (Coulomat-Methode) bestimmt. Die Analytik der Feststoff- und Wasserproben wurde mit folgenden Meßgeräten bzw. Methoden durchgeführt: ICP-MS (Schwermetallgehalte der Gesamtaufschlüsse), ICP-AES (Ca, S, Fe, Mn, Zn), Graphitrohr-AAS (Cd, Cu, Ni, Pb, Zn), ionenselektive Sonden (NH_4^+), Ionenchromatographie (Cl^-, NO_3^-), Photometrie (PO_4^{3-}), Polarographie (S_2^-).

Die Laborversuche lassen sich in drei Versuchstypen gliedern:

1. Gerinne-Versuche (Ausschnitt einer Oberflächenabdichtung im Labormaßstab).
2. pHstat-Versuche (Porenwasserkonzentration in Abhängigkeit von extremen geochemischen Randbedingungen).
3. Sauerstoffeindringtiefe (Ermittlung der O_2-Eindringtiefe und der O_2-Umsatzraten).

Die *Gerinne-Versuche* wurden vergleichend mit konditioniertem Baggergut und Lauenburger Ton durchgeführt. In Abb. 2 ist ihr Aufbau vereinfacht dargestellt. Als Versuchswasser diente ein künstlich angesetztes niedrig-ionares Wasser (Leitfähigkeit 0,28 mS/cm) mit einem pH-Wert von 4. Über das verdichtet eingebaute Material wurde eine Dränageschicht aus Mittelsand geschüttet. Dieser Aufbau wurde regelmäßig mit dem sauren Versuchswasser beregnet. Das an der Grenzschicht mineralische Abdichtung/Dränage ablaufende Sickerwasser wurde aufgefangen und analysiert; es wird im weiteren Dränage-Sickerwasser genannt. Die Versuche liefen insgesamt über 450 Tage. Die Wasserbilanz wurde folgendermaßen variiert: 1.bis 303. Tag: 1,5-2 l Versuchswasser wöchentlich (Phase 1), 303. bis 379. Tag: 0,5 l wöchentlich (Phase 2), 379. bis 450. Tag: 0,5 l monatlich (Phase 3). Die Gesamt-Beregnungsmenge von ca. 300 mm enspricht etwa dem Eineinhalbfachen der Menge, die im ungünstigsten Fall unter norddeutschen Klimaverhältnissen auf eine mineralische Dichtschicht treffen kann (AG Feldhofe 1991).

Vor und nach den Gerinne-Versuchen wurden die operationellen Bindungsformen der Schwermetalle im Baggergut und im Lauenburger Ton mit Hilfe einer sequentiellen Extraktion ermittelt (verändert nach Förstner und Kersten 1988). Die Festphasen-Proben aus den Gerinne-Versuchen wurden in vier Tiefenstufen (je ca. 7 mm) entnommen und deren Bindungsformen bestimmt. Eine über dem Baggergut in dem Dränagesand der Gerinne-Versuche entstandene Fe(III)-reiche Schicht wurde nach Ablauf der Versuchszeit beprobt, mit Hilfe eines HNO_3-Druckaufschlusses aufgeschlossen und die Schwermetallgehalte analysiert.

Die *pH_{stat}-Versuche* wurden bei pH-Werten von 4 (z.B. Obermann und Cremer 1992) bzw. als schrittweise pH-Stufen-Titration von pH 8 bis pH 3 durchgeführt. Geschüttelt wurde mit deionisiertem Wasser bei einem Fest/Flüssig-Verhältnis von 1:10. Der pH-Wert wurde durch die Zudotierung von 1,5 M HNO_3 s.p. 24 Stunden konstant gehalten. Aus dem Säureverbrauch errechnet sich die Säureneutralisierungskapazität der Materialien. Das Eluat wurde abschließend hinsichtlich der Schwermetallgehalte analysiert.

Für die Messung der *Sauerstoffeindringtiefe* wurden konditioniertes Baggergut und Lauenburger Ton in PE-Bechergläsern verdichtet eingebaut und mit einem flachen Überstand aus Versuchswasser versehen. Nach ca. einem Monat wurde mit Sauerstoffmikrosonden (Durchmesser der Spitze 7 µm) der Sauerstoffgehalt über die Tiefe gemessen. Näheres zum Aufbau und zur Handhabung von Sauerstoffmikrosonden ist z.B. Revsbech (1989) und Glud et al. (1994) zu entnehmen. Die Umsatzraten für Sauerstoff in den Materialien wurden anhand des Kurvenverlaufs mit Hilfe des Modellprogramms CoTReM (Landenberger et al. 1997) berechnet. Die dafür notwendigen Diffusionskoeffizienten wurden in speziellen Diffusionsversuchen ermittelt (von Lührte et al. 1996)

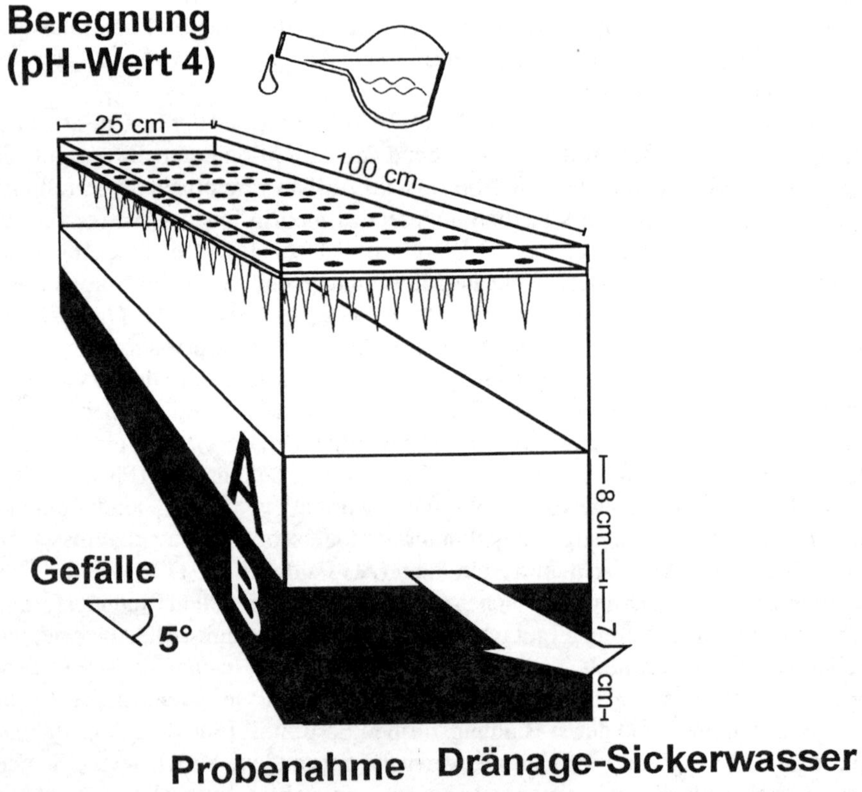

Abb. 2. Schematische Darstellung des Aufbaus der Gerinne-Versuch (A Mittelsand, B konditioniertes Baggergut bzw. Lauenburger Ton)

Ergebnisse

In Tabelle 2 sind einige kapazitätsbestimmende Parameter der untersuchten Materialien zusammengefaßt. Die Säureneutralisierungkapazität errechnete sich aus dem Säureverbrauch in den pH_{stat}-Versuchen bis pH 4 über 24 Stunden. Die vermeintliche Diskrepanz zwischen den Werten für C_{org} und für den Glühverlust erklärt sich aus den unterschiedlichen Bestimmungsmethoden. Bei der Glühverlust-Methode wird neben organischer Substanz auch Zwischenschichtwasser aus Tonmineralen miterfaßt, was zu einer Überschätzung der Gehalte führt (Ernst und Meyer 1994, Margane 1992). Die Schwermetall-Gesamtgehalte der Materialien sind in Tabelle 1 aufgeführt.

Tabelle 2. Sulfid- und C_{org}-Gehalte, Glühverlust und Säureneutralisierungskapazität (SNK_{24} für 24 Stunden bei pH 4) der untersuchten Materialien Baggergut, konditioniertes Baggergut und Lauenburger Ton

	Sulfidgehalt [mg/kg]	Corg-Gehalt [%]	Glühverlust [%]	SNK24 [meq/kg TS]
Baggergut	406	2,7	7,4	490
konditioniertes Baggergut	249	2,8	6,9	750
Lauenburger Ton	4180	1,5	6,4	1170

In Abb. 3 und 4 sind ausgewählte Ergebnisse der Gerinne-Versuche dargestellt. Der pH-Wert der Versuchswässer wird bei beiden Materialien über die gesamte Versuchszeit auf neutrale bis basische Bereiche gepuffert. Unterschiede zwischen den Materialien sind vor allem bei der Konzentrationsentwicklung der Alkalität und des Sulfates zu erkennen. Während die Sulfatkonzentration im Laufe der Versuchszeit beim Baggergut unter die Ausgangskonzentration des Versuchswassers fällt, ist beim Lauenburger Ton nach ca. 300 Tagen ein Anstieg zu erkennen. Eine Freisetzung von NH_4^+ konnte nur beim Baggergut beobachtet werden. PO_4^{3-} konnte im Versuch mit Lauenburger Ton vereinzelt mit < 50 µg/l gemessen werden (nicht dargestellt). Von den untersuchten Schwermetallen Cd, Cu, Ni, Pb und Zn konnten nur Zn, Cu und Ni in den Proben nachgewiesen werden, wobei die Zn-Werte stark streuen (Abb. 4). Der Mittelsand, der als Dränagesand eingesetzt wurde, war vorher mit Säure gereinigt worden und daher schwermetallfrei (keine Coatings). Nach Abschluß der Versuche, bei der Feststoffprobenahme in den Gerinnen, wurde eine dünne Fe(III)-reiche Schicht als Coating um die Sandkörner der Dränageschicht über dem Baggergut beobachtet. Tabelle 3 zeigt die in dieser Schicht analsyierten Schwermetallgehalte.

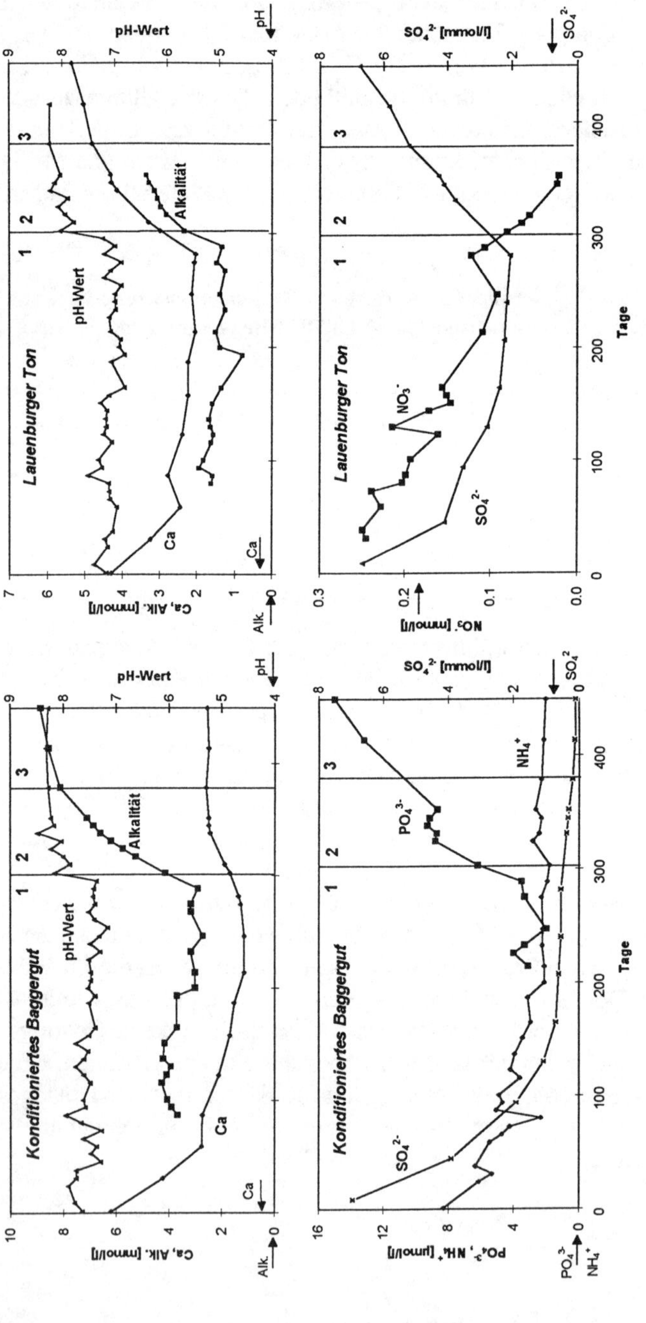

Abb. 3. Entwicklung der pH-Werte und der Konzentrationen von Ca, Alkalität, NH_4^+, NO_3^-, PO_4^{3-}, SO_4^{2-} in den aufgefangenen Dränage-Sickerwässern der Gerinne-Versuche mit konditioniertem Baggergut und Lauenburger Ton. Die Pfeile zeigen die Ausgangskonzentrationen des Versuchswassers, mit dem beregnet wurde

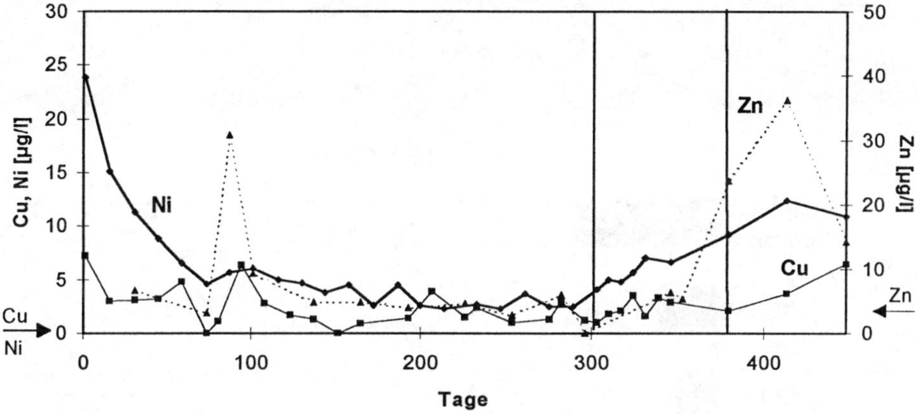

Abb. 4. Konzentrationsentwicklung der Schwermetalle Ni, Cu und Zn im Dränage-Sickerwasser des Gerinne-Versuchs mit konditioniertem Baggergut. Pb und Cd blieben über die Versuchszeit nicht nachweisbar. Die Pfeile zeigen die Ausgangskonzentrationen des Versuchswassers, mit dem beregnet wurde

Tabelle 3. Schwermetallgehalte (Fe, Mn, Ni, Cu, Cd, Zn) in der Dränageschicht über dem konditionierten Baggergut aus dem Gerinne-Versuch, in der die Fällung von Fe(III) beobachtet wurde

	Fe [mg/kg]	Mn [mg/kg]	Ni [mg/kg]	Cu [mg/kg]	Cd [mg/kg]	Zn [mg/kg]
Fe/III)-Hydroxid-schicht	830	67,7	0,47	2,19	n.n.	3,39

Die Änderung der operationellen Bindungsformen im konditionierten Baggergut vor und nach den Gerinne-Versuchen am Beispiel von Cadmium und Zink sind in Abb. 5 dargestellt. Zu erkennen ist eine Verschiebung der Bindungsfestigkeit zu weniger mobilen Bindungsformen über die Tiefe nach Ende der Versuchszeit von 450 Tagen.

Abbildung 6 zeigt zusammenfassend die Freisetzung der Schwermetalle Cd, Cu, Zn, Pb und Ni aus den pH_{stat}-Versuchen bei pH 4. In Abb. 7 sind die Ergebnisse des pH_{stat}-Titrationsversuchs mit konditioniertem Baggergut dargestellt.

Die gemessenen Sauerstoffgehalte der Parallelmessungen für Baggergut und Lauenburger Ton zeigt Abb. 8 Die Umsatzraten für Sauerstoff wurden für eine effektive Porosität von 0,5 berechnet. Die Berechnung erfolgte unter der Annahme eines stationären Zustands. Für konditioniertes Baggergut ergab sich ein Umsatz von bis zu 1,4 mol $O_2/m^{2}*a$, für Lauenburger Ton wurde ein Umsatz von 0,9 mol O_2 $/m^{2}*a$ ermittelt.

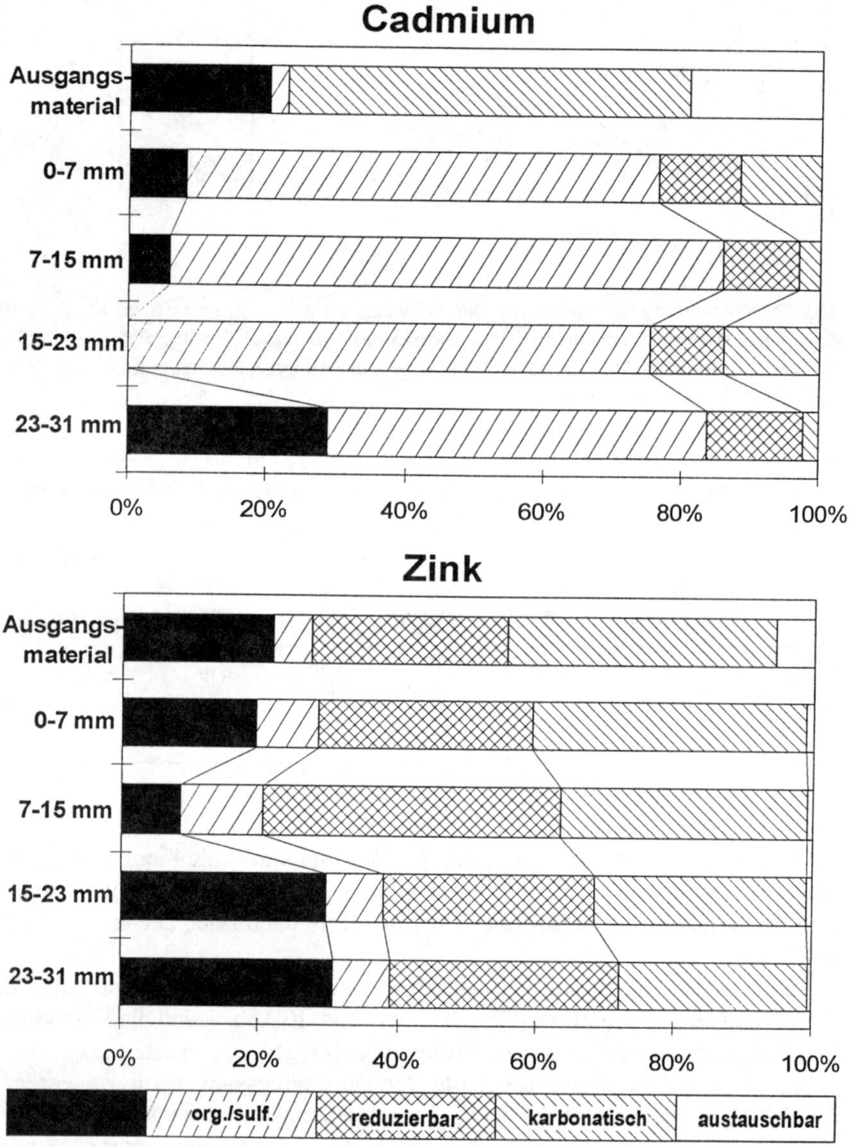

Abb. 5. Ergebnisse der sequentiellen Extraktionen zur Ermittlung der Bindungsformen für Cd und Zn im konditionierten Baggergut: Im Ausgangsmaterial und nach 450 Versuchstagen aus dem Gerinne-Versuch für 4 Tiefenstufen

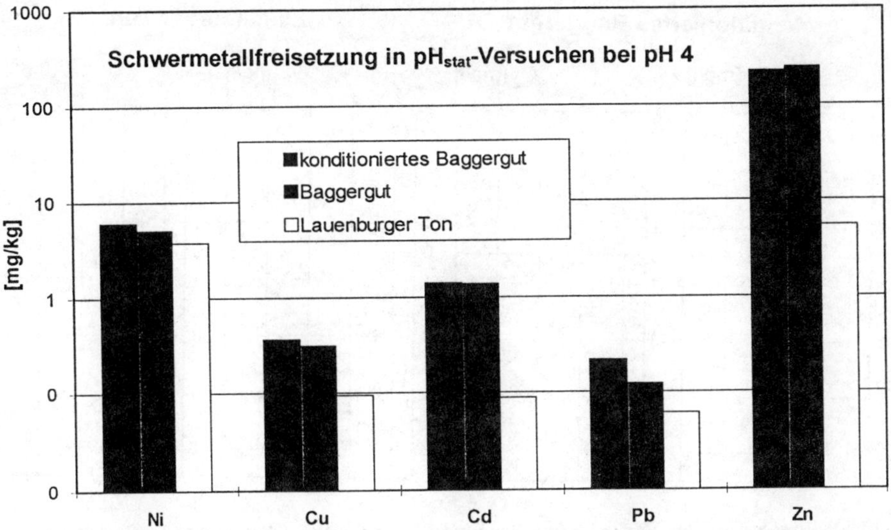

Abb. 6. Freisetzung der Schwermetalle Ni, Cu, Cd, Pb und Zn aus den Materialien Baggergut, konditioniertem Baggergut und Lauenburger Ton bei pH 4, ermittelt in pH$_{stat}$-Versuchen (konstanter pH-Wert für 24 h)

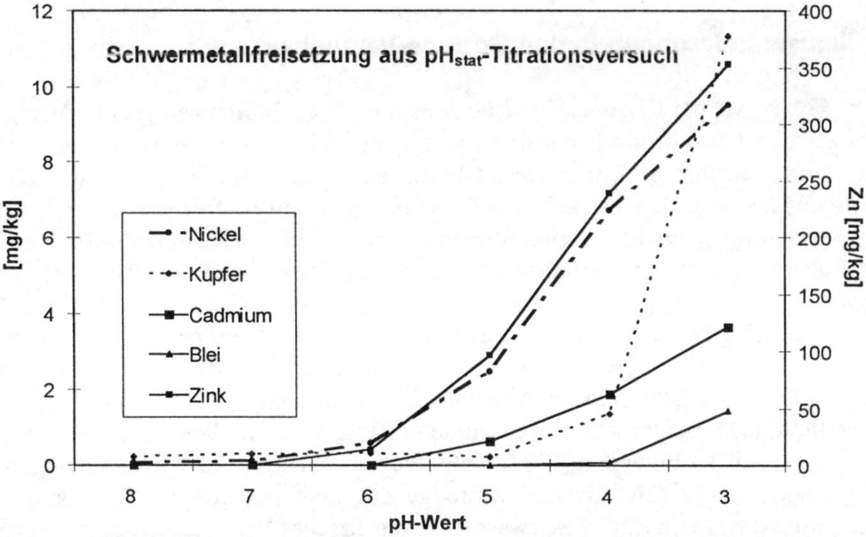

Abb. 7. Freisetzung der Schwermetalle Ni, Cu, Cd, Pb und Zn aus konditioniertem Baggergut bei verschiedenen pH-Werten, ermittelt im pH$_{stat}$-Titrationsversuch (konstanter pH-Wert für 24 h)

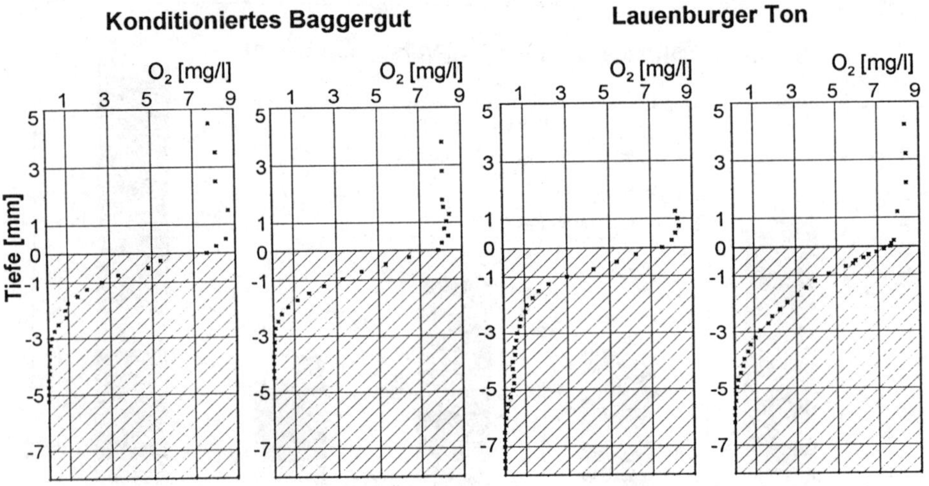

Abb. 8. Ergebnisse der Versuche zur Sauerstoff-Eindringtiefe. Sauerstoff-Konzentrationen im überstehenden Wasser und im Porenwasser über die Tiefe der Materialien konditioniertes Baggergut und Lauenburger Ton (je zwei Profile)

Interpretation und Diskussion

Milieuveränderungen in den Gerinne-Versuchen

Die Ergebnisse der Gerinne-Versuche zeigen die fortschreitenden geochemischen Prozesse und die chemischen Milieuveränderungen bei einem Einbau von Baggergut oder Lauenburger Ton in einer Oberflächenabdichtung. Die Konzentrationsentwicklung im Dränagesickerwasser resultiert aus dem Einfluß der zugegebenen Mengen an Versuchswasser, seiner Verweilzeiten sowie des diffusiven Stofftransports und der Prozesse in den Gerinne-Versuchen. Dies soll im folgenden diskutiert werden.

Der Gesamt-Porenwassergehalt im Dränagesand der Gerinne-Versuche betrug ca. 4 l. Bei der Beregnung mit den unterschiedlichen Versuchswassermengen (2 bzw. 0,5 l) wurde jeweils ein Anteil des über dem Baggergut stehenden Wassers abgeführt und ausgetauscht. Dabei wurde in Phase 1 ein Großteil der Gesamtmenge sofort nach der Beregnung (80%) aufgefangen. Die ab ca. 300 Tagen verringerte Beregnungsmenge zeigt, daß die vorherige Zugabemenge von 2 l einen Verdünnungseffekt des Dränage-Sickerwassers durch frisches Versuchswasser zur Folge hatte, denn die Konzentrationen der ersten Probe der Phase 2 sind zum Teil erhöht (vgl. Abb. 3). Der weitere Anstieg der Konzentrationen von z.B. Ca, Alkalität oder PO_4^{3-} wird auf die längeren Verweilzeiten des Dränage-Sickerwassers über den Dichtungsmaterialien in den Gerinnen zurückgeführt und zeigt den Einfluß der Kinetik der stattfindenden Prozesse. Dieses läßt sich auch in der Phase 3 (monatliche Beregnung) weiterverfolgen (vgl. Abb. 3).

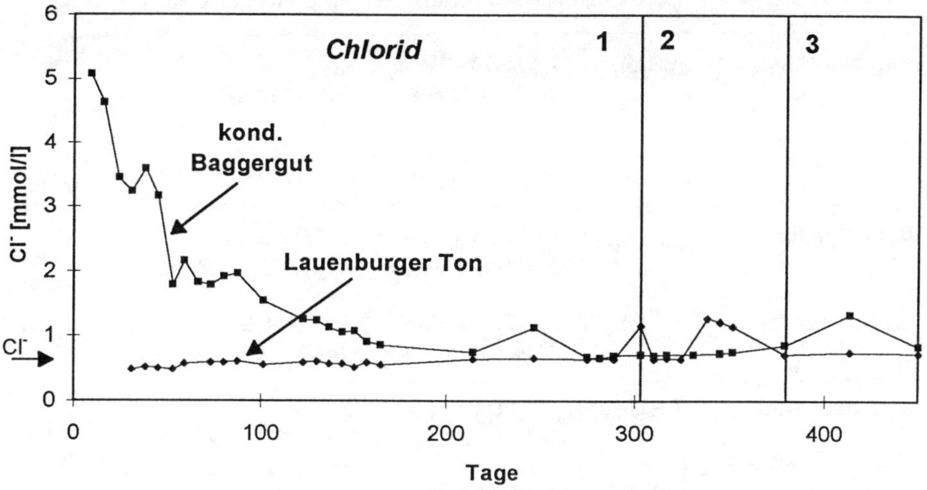

Abb. 9. Chlorid-Konzentration über die Versuchszeit in den Dränage-Sickerwässern der Gerinne-Versuche mit konditioniertem Baggergut und Lauenburger Ton. Der Pfeil der y-Achse zeigt die Konzentration im Versuchswasser an, mit dem beregnet wurde

In den ersten Versuchstagen ist der Austrag vor allem durch den diffusiven Stoffaustausch zwischen dem Porenwasser des Baggergutes und dem des Dränagesands sowie durch Austauschprozesse dominiert. Aufgrund des höheren Salzgehalts im Porenwasser des Baggerguts und die dadurch entstehenden Konzentrationsgradienten werden die Stoffe in das überstehende Wasser transportiert und abgeführt. Dies ist insbesondere am Kurvenverlauf des konservativen Tracers Chlorid erkennbar (Abb. 9). Nach ca. 150 Versuchstagen ist in den Dränage-Sickerwässern die Cl^--Konzentration des Versuchswassers erreicht, das heißt, der Konzentrationsgradient zwischen dem Porenwasser des Baggergutes und dem des Versuchswassers ist ausgeglichen.

In den Versuchen mit beiden Versuchsmaterialien ist ein Austrag von Calcium und Hydrogenkarbonat (vgl. Abb. 3) über die Versuchszeit zu beobachten, der durch Karbonatpufferung und Austauschprozesse verursacht wird. In dem Gerinne mit Baggergut ist ein erhöhter Austrag von HCO_3^- gegenüber Ca zu beobachten, der Unterschied verstärkt sich in den Phasen 2 und 3. Zudem ist ein Austrag von NH_4^+, PO_4^{3-}, NO_3^- und Mn (nicht abgebildet) zu beobachten. Die SO_4^{2-}-Konzentration fällt nach ca. 200 Versuchstagen unter die Ausgangskonzentration des Versuchswassers, d. h. es findet ein Stofftransport in das Porenwasser des Baggerguts statt. Die Diffusion von SO_4^{2-} in die Baggergutschicht zeigt, daß es in den Materialien Zonen des Verbrauchs geben muß, die die SO_4^{2-}-Konzentration im Porenwasser des Baggergutes verringern. Diese Beobachtungen lassen sich mit mikrobiellen Redoxprozessen beim Abbau organischer Substanz (Froelich et al. 1979, DVWK 1988) im Baggergut erklären (vgl. Tab. 4). Bei der mikrobiellen Oxidation organischer Substanz mit Hilfe unterschiedlicher Elektronenakzeptoren werden CO_2, N-Spezi-

Tabelle 4. Mikrobielle Redoxreaktionen in Sedimenten (nach Froelich et al. 1997)

Aerober Abbau	$(CH_2O)_{106}(NH_3)_{16}(H_3PO_4) + 138\ \mathbf{O_2} =$ $106\ CO_2 + 16\ HNO_3 + H_3PO_4 + 122\ H_2O$
Denitrifikation	$(CH_2O)_{106}(NH_3)_{16}(H_3PO_4) + 94{,}4\ \mathbf{HNO_3} =$ $106\ CO_2 + 55{,}2\ N_2 + H_3PO_4 + 177{,}2\ H_2O$
Manganreduktion	$(CH_2O)_{106}(NH_3)_{16}(H_3PO_4) + 236\ \mathbf{MnO_2} + 472\ H^+ =$ $236\ Mn^{2+} + 106\ CO_2 + 8\ N_2 + H_3PO_4 + 366\ H_2O$
Eisenreduktion	$(CH_2O)_{106}(NH_3)_{16}(H_3PO_4) + 424\ \mathbf{FeOOH} + 838\ H^+ =$ $424\ Fe^{2+} + 106\ CO_2 + 16\ NH_3 + H_3PO4 + 742\ H_2O$
Sulfatreduktion	$(CH_2O)_{106}(NH_3)_{16}(H_3PO_4) + 54\ \mathbf{SO_4^{2-}} =$ $106\ CO_2 + 16\ NH_3 + 54\ S^{2-} + H_3PO_4 + 106\ H_2O$
Fermentation (Methanbildung)	$\mathbf{(CH_2O)_{106}(NH_3)_{16}(H_3PO_4)} =$ $53\ CH_4 + 53\ CO_2 + 16\ NH_3 + H_3PO_4$

es und PO_4^{3-} neben den reduzierten Reaktionspartnern Mn(II), Fe(II) und S(-II) freigesetzt (vgl. Tabelle 4).

Ein Beleg für die im Baggergut stattfindende mikrobielle Eisenreduktion zu Fe(II) ist die Fe(III)-Hydroxidschicht an der Grenzfläche Baggergut/Dränagesand. Die in das Porenwasser des Baggergutes freigesetzten mobilen Fe(II)-Ionen diffundieren nach oben und werden bei Kontakt mit Sauerstoff als schwerlösliche Fe(III)-Verbindungen gefällt. Die Messung der E_H-Werte im Baggergut über die Tiefe nach Ablauf der Gerinne-Versuche ergab Werte zwischen 230 und -180 mV, also anaerobes Milieu, wie es sich bei den oben geschilderten Prozessen einstellt.

Beim Gerinne-Versuch mit Lauenburger Ton ist im Gegensatz zu dem Versuch mit Baggergut ein starker Anstieg der SO_4^{2-}-Konzentration ab Phase 2 zu beobachten. Zudem ist kein Austrag von NH_4^+ und nur ein geringer Austrag von PO_4^{3-} (nicht dargestellt) zu beobachten. Dies weist auf einen fehlenden bzw. um Größenordnungen geringeren Abbau organischer Substanz im Lauenburger Ton hin. Der hohe Austrag von SO_4^{2-} ist auf die Verwitterung/Oxidation von Pyrit zurückzuführen. Neben Sauerstoff als Oxidationsmittel für Pyrit ist auch die Nutzung von NO_3^- möglich (Postma et al. 1991), hierfür spricht die Abnahme der Konzentration des NO_3^- nach ca. 100 Tagen auf Werte unterhalb der Ausgangskonzentration der Versuchswässer (vgl. Abb. 3). Der hohe Gesamt-Sulfidgehalt in der Festphase spricht für den Prozeß der Pyritverwitterung. Außerdem ist es sehr wahrscheinlich, daß es sich beim C_{org}-Gehalt in diesem sehr alten Sediment und unter den gegebenen Lebensbedingungen für Organismen (z.B. hohe Verdichtung), um schwer bzw. nicht abbaubare organische Fraktionen handelt (Scheffer und Schachtschabel 1992).

Schwermetallmobilität

Die niedrigen Konzentrationen der Schwermetalle Ni, Cu und Zn in den Dränage-Sickerwässern der Gerinne-Versuche und die Tatsache, daß Pb und Cd nicht nachweisbar blieben, belegen die geringe Schwermetallmobilität im Bremer Baggergut unter neutralen bis basischen pH-Werten. Das veränderte chemische Milieu im Versuchszeitraum führt nicht zu einer erhöhten Schwermetallmobilität. Die Entwicklung eines anaeroben, insbesondere sulfidischen Milieus führt zu einer geringeren Mobilität der meisten Schwermetalle (Wallmann 1990, Calmano et al. 1992, Morse 1994). Ein Teil der potentiell bei der Fe/Mn-Reduktion freigesetzten Schwermetalle (insb. für Ni vgl. Shaw et al. 1990, Wallmann 1990) wird unter den gegebenen Bedingungen durch Sorptions- und Fällungsprozesse wieder gebunden (Stumm und Morgan 1996). Die oxidative Fällung der freigesetzten Fe(II)-Ionen in der beobachteten Fe-Hydroxidschicht wirkt als zusätzliche Kapazität für die Schwermetallfestlegung. Tabelle 3 zeigt die während des Versuchzeitraums festgelegten Schwermetallgehalte in dieser Schicht.

Ein weiteres Indiz für die geringere Mobilität der Schwermetalle nach Ausbildung der anaeroben Redoxprozesse stellen die Ergebnisse der Bindungsformanalysen am Ende der Gerinne-Versuche dar (vgl. Abb. 5). Nach Ende der Versuche ist eine deutliche Verschiebung der Bindungfestigkeiten von Cd und Zn in Richtung einer stärkeren Festlegung erkennbar. Die reduzierbaren, organisch-sulfidischen und residualen Fraktionen nahmen auf Kosten der austauschbar und karbonatisch gebundenen Anteile zu. Diese Verschiebung in weniger mobile Bindungsformen ist beim Cd wesentlich ausgeprägter als bei Zn.

Einschränkend muß hinzugefügt werden, daß die Ergebnisse von sequentiellen Extraktionen aufgrund methodischer Probleme mit Vorsicht zu interpretieren sind (Pickering 1986, Zeien und Brümmer 1991). Dies gilt insbesondere bei anaeroben Bedingungen in den Untersuchungsmaterialien (Wallmann 1990, Zaggia 1995). Zum Beispiel konnte Wallmann (1990) zeigen, daß ein Teil der Schwermetalle (insb. Cu, Cd, Pb) erst bei der Extraktion als Sulfide gefällt werden können und es daher zu einer Verfälschung der tatsächlichen Anteile der Bindungsformen kommen kann. Diese Einschränkung wird jedoch in Bezug auf Verwertungsmöglichkeiten durch die Überlegung relativiert, daß auch während einer natürlichen Entwicklung freigesetzte Schwermetalle als schwerlösliche Sulfide gefällt werden, solange gelöstes Sulfid verfügbar ist. Es bleibt die Aussage, daß die anaeroben Prozesse im Baggergut zu einer verstärkten Festlegung der meisten Schwermetalle führen.

Zu einer verstärkten Schwermetallfreisetzung aus Baggergut kann es bei der Entwicklung niedriger pH-Werte kommen (Calmano et al. 1992, Förstner 1995). Zur Abschätzung der Höchstkonzentration, die in den Dränagewässern zu erreichen ist, können die Ergebnisse aus den pH_{stat}-Versuchen herangezogen werden (vgl. Abb. 6 und 7). Der Stofftransport zwischen dem Porenwasser des Dichtungsmaterials und dem Porenwasser der Dränageschicht ist diffusiv und es findet kein Stoffaustausch mehr statt, wenn die Konzentrationsgradienten ausgeglichen sind.

Daher entspricht die Konzentration der Schwermetalle im Porenwasser des Dränagesandes im vereinfachten Fall der Konzentration im Porenwasser des Baggerguts. Unter der weiteren vereinfachenden Annahme, daß es sich bei den untersuchten Eluaten der pH_{stat}-Versuche um eine Gleichgewichtsporenlösung (zwischen Festphase und Lösung unter entsprechenden Milieubedingungen, Obermann und Cremer 1992) handelt, entspricht die Schwermetallkonzentration in den Eluaten der beim jeweiligen pH-Wert erreichbaren Höchstkonzentration im Porenwasser des Dränagesands.

Für die Bewertung der Belastung anfallender Sickerwässer einer Deponie lassen sich die Grenzwerte der „Mindestanforderungen an das Einleiten von Abwasser in Gewässer" (Rahmen-AbwasserVwV 1996) heranziehen. Die dortigen Angaben können mit den Schwermetall-Konzentrationen aus den pH_{stat}-Versuchen verglichen werden, die nach den oben genannten Erläuterungen mit den Höchstkonzentrationen in dem Porenwasser des Dränagesandes über dem Baggergut gleichgesetzt wurden. Danach kann der Austrag folgender Schwermetalle bei entsprechenden pH-Werten für eine Entsorgung der anfallenden Sickerwässer problematisch werden, da die Werte für Zn (ab pH 5), Cd (ab pH 4) und Cu (ab pH 3) überschritten werden (Tabelle 5). Wichtig ist es nun abzuschätzen, ob und in welchen Zeiträumen es bei der Verwertung von Baggergut als mineralisches Deponieoberflächenmaterial zu einer Versauerung kommen kann und wie hoch der Verdünnungseffekt durch die Sickerwasserführung eines Oberflächenabdichtungssystems sein könnte.

Tabelle 5. Die Mindestanforderungen für Zn, Cd, und Cu bei der Einleitung von Abwasser in Gewässer für den Anwendungsbereich oberirdischer Ablagerung von Abfällen (Rahmen-Abwasser VwV 1996) im Vergleich mit den Porenwasserkonzentrationen aus dem pH_{stat}-Titrationsversuch mit konditioniertem Baggergut für verschiedene pH-Werte

	Grenzwerte der Rahmen-Abwasser-VwV [mg/l]	pHstat-Titrations versuch [mg/l]	pHstat-Titrations versuch pH6 [mg/l]	pHstat-Titrations versuch pH5 [mg/l]	pHstat-Titrations-versuch pH4 pH3 [mg/l]
Zn	2,0	1,43	9,85	23,8	34,1
Cd	0,1	< 0,001	0,07	0,19	0,35
Cu	0,5	0,03	0,02	0,14	1,09

Versauerungspotential und Schwermetallfreisetzung

Für eine Bewertung der potentiellen Schwermetallfreisetzung stellt sich die Frage nach der Eintrittswahrscheinlichkeit der entsprechend niedrigen pH-Werte im Material bei der Verwertung. Aus der Bodenkunde sind pH-Wert-Entwicklungen in natürlichen Böden in den sauren Bereich im Extrem bis zu pH 3 bekannt (Scheffer und Schachtschabel 1992). Eine Versauerung kann einerseits durch den Einfluß saurer Sickerwässer oder durch milieuverändernde Prozesse, wie dem mikrobiellen Abbau organischer Substanz, in den Materialien gefördert werden. Welcher der versauernd wirkenden Vorgänge den größeren Einfluß hat, ist abhängig von einer Reihe von Faktoren, z.B. Exponiertheit gegenüber sauren Niederschlägen, Lagerungsart und -dichte, Wassergehalt, Belüftung, Nährstoffgehalt, Art und Gehalt organischer Substanz (z.B. Kazemi und Roth-Kleyer 1986, Conyers et al. 1995, Kersten 1996). Im folgenden wird der Einfluß der unterschiedlichen Prozesse auf einen potentiellen Versauerungsvorgang für eine mineralische Dichtungsschicht aus Baggergut abgeschätzt.

Die Menge sauren Sickerwassers mit einem pH-Wert von 4, die nötig wäre um die Pufferkapazität einer 1 cm dicken Schicht einer mineralischen Abdichtung aus Baggergut aufzubrauchen, entspricht bei einer durchschnittlichen Niederschlagsmenge von 700 mm/Jahr einem Zeitraum von ca. 130 Jahren. Dieser Zeitraum erhöht sich entsprechend, wenn man in Betracht zieht, daß nur ein geringer Anteil des Niederschlagswassers nach Verdunstung und Ablauf auf die mineralische Abdichtung trifft, daß die überliegenden Schichten (Rekultivierungsschicht) ebenfalls puffernd gegenüber sauren Niederschlägen wirken und daß die Nachlieferung von Protonen aus dem Sickerwasser durch den diffusiven Stofftransport in der Dichtung begrenzt wird.

Bei der potentiellen Versauerung durch weitere Prozesse ist vor allem der Umsatz von Sauerstoff zu betrachten. Während bei den meisten anaeroben Abbauprozessen Protonen verbraucht werden (vgl. Tabelle 4), werden bei aeroben Umsätzen Protonen freigesetzt. In Tabelle 6 sind die wichtigen Oxidationsreaktionen aufgeführt, die neben dem mikrobiellen Abbau organischer Substanz mit Hilfe von Sauerstoff (Tabelle 4) zu einer Freisetzung von Protonen in den Materialien führen können (DVWK 1996, Calmano et al. 1992, Stumm und Morgan 1996).

Der Gesamtumsatz von Sauerstoff in den Sedimenten wurde mit Hilfe der Versuche zur Sauerstoff-Eindringtiefe ermittelt. Dieser Umsatz entspricht der Summe der stattfindenden Prozesse mit Beteiligung von Sauerstoff unter Annahme eines stationären Zustands. Laut Summenformeln der Oxidationsreaktionen werden pro Mol Sauerstoff 0,5-2 Mol Protonen freigesetzt, hierbei sind jedoch die unterschiedlichen Säurekonstanten der freigesetzten Stoffe nicht berücksichtigt. Bei dem modellierten Umsatz von bis zu 1,4 mol O_2/m^2*a entspricht das einer potentiellen Säurebildung von 0,7-2,8 eq/m^2*a bei einer Sauerstoff-Eindringtiefe von ca. 3 mm und sauerstoffgesättigtem Wasserüberstand. Dies würde bedeuten, daß spätestens nach 5 Jahren die Säureneutralisierungskapazität in den obersten 3 mm Baggergut (ca. 3 eq pro 0,003 m^3 kond. Baggergut) aufgebraucht wäre und der pH-Wert 4 erreicht werden könnte.

Tabelle 6. Wichtige säurebildende Oxidationsreaktionen mit Sauerstoff

Nitrifikation	$NH_4+ + 2\ O_2 \Rightarrow NO_3^- + H_2O + 2\ H^+$
Pyrit/FeS-Verwitterung	$FeS + 2{,}25\ O_2 + 1{,}5\ H_2O \Rightarrow FeOOH + SO_4^{2-} + 2\ H^+$ $FeS2 + 3{,}75\ O_2 + 2{,}5\ H_2O \Rightarrow FeOOH + 2\ SO_4^{2-} + 4\ H^+$
Sulfurikation	$H_2S + O_2 \Rightarrow SO_4^{2-} + 2\ H^+$ $HS^- + 2\ O_2 \Rightarrow SO_4^{2-} + H^+$ $S^{\circ} + 1{,}5\ O_2 + H_2O + H_2O \Rightarrow SO_4^{2-} + 2H^+$
Eisen(II)-Oxidation	$Fe_2+ + 2\ H_2O + 0{,}5\ O_2 \Rightarrow Fe(OH)_3 + H^+$

Der oben genannte Zeitraum stellt, unter Nichtbeachtung einer Reihe von beteiligten Mechanismen, die zu einer Verlängerung dieses Zeitraumes führen, eine *worst-case*-Betrachtung dar. Für eine Einschätzung des Versauerungszeitraumes müssen folgende Prozesse bzw. begrenzende Eigenschaften berücksichtigt werden:

- die Oxidations-/Reduktionskapazität,
- die Verfügbarkeit der Reaktionspartner,
- die begrenzte Protonen-Freisetzung durch Protolyse (Säurekonstanten) und
- die Kinetik der Redoxprozesse und Abbauraten organischer Substanz.

Vergleicht man die Reduktions- und Oxidationskapazität des Bremer Baggerguts (berechnet nach Bourg und Loch 1995, siehe Tabelle 7), so zeigt sich, daß der oxidierbare Anteil an Sulfid im Ausgangsmaterial gering ist. Zudem ist die Pyritoxidation unter neutralen pH-Bedingungen ein sehr langsamer Prozeß (Nordstrom 1982). Die Redoxpartner NH_4^+ und Fe(II) sind nur in geringen Ausgangskonzentrationen enthalten, sie können erst durch den mikrobiellen Abbau organischer Substanz zur Verfügung gestellt werden (vgl. Tabelle 4). Daraus ist abzuleiten, daß ein Großteil des ermittelten Sauerstoffumsatzes in den Versuchen zur Sauerstoffeindringtiefe mit konditioniertem Baggergut durch den Abbau organischer Substanz bestimmt wurde. Es ist jedoch nicht auszuschließen, daß auch in dem kürzeren Versuchszeitraum (ca. ein Monat) eine Freisetzung von Fe(II)-Ionen stattgefunden hat, deren Oxidation im Material einen Anteil des eindringenden Sauerstoffs verbraucht.

Die Reduktionskapazität durch den Abbau organischer Substanz ist sehr hoch (vgl. Tabelle 7). Allerdings ist für das Versauerungspotential neben der Kapazität auch die Abbaurate organischer Substanz und ihre Veränderung über die Zeit wichtig. Die Abbaugeschwindigkeit und der Grad der Mineralisierung organischer Substanz ist von einer Vielzahl von Faktoren abhängig (z.B. Scheffer und Schachtschabel 1992, Schulin et al. 1995), meist ist er unter aeroben Bedingungen schneller und kann zur vollständigen Mineralisierung führen, während unter anaeroben Bedingungen langsamer und unvollständiger abgebaut wird (Doelman 1995).

Die Gerinne-Versuche haben gezeigt, daß die Ausbildung anaerober Prozesse im Baggergut unter Einbaubedingungen über den Versuchszeitraum zu einer Verände-

	OXK [equiv/m³]	REK [equiv/m³]
O_2	0,5	–
NO_3	0,05	–
NH_4	–	12,9
Mn_{solid}	47,3	–
Mn_{aq}	–	0,22
Fe_{solid}	598	–
Fe_{aq}	–	0,03
$S(-II)_{solid}$	–	73,6
SO_4	33,5	–
$Corg_{solid}$	–	11 100
$Corg_{aq}$	–	8,7
Summe	680	11 200

Tabelle 7. Nach Bourg und Loch (1995) abgeschätzte Oxidations- (OXK) und Reduktionskapazität (REK) des konditionierten Baggergutes. Annahme einer Einbaudichte von 1,18 t/m³ und einer Porosität von 0,5. Berechnet auf Grundlage der möglichen Elektronenübergänge: OXK = 4[O2] + 5[NO3] + 2[Mn(IV)] + [Fe(III)] + 8[SO4]; REK = 8[NH4] + [Fe(II)] + 2[Mn(II)] + 8[S(-II)] + 4[Corg].

rung der Oxidationsprozesse und damit des Sauerstoffumsatzes geführt hat. Die Fällung von Fe(III) an der Oberfläche des Baggergutes zeigt einen Verbrauch von Sauerstoff zur Fe(II)-Oxidation und die Verlagerung der O_2-Eindringtiefe an die Oberfläche der Sedimente an.

Da die NH_4^+-Konzentration ab ca. 200 Versuchstagen nahezu konstant bleibt (vgl. Abb. 3), wird angenommen, daß weiterer Sauerstoff durch den Prozeß der Nitrifikation im Bereich des Dränagesands verbraucht wird (Zone der Sauerstoff-Verfügbarkeit). Die Zone der säurebildenden Oxidationsprozesse ist somit in den Bereich oberhalb des Baggerguts verschoben, was die potentielle Versauerung des Materials zu diesem Zeitpunkt verhindert. Die hohe Oxidationskapazität durch Fe(III) legt nahe, daß dieser Vorgang lange Zeiträume in Anspruch nehmen kann. Eine Abschätzung der Dauer dieser Prozesse ist jedoch zum jetzigen Zeitpunkt nicht möglich.

Schlußfolgerungen und Ausblick

Die Laborversuche und die Diskussion zeigen, daß für eine erhöhte Freisetzung von Schwermetallen aus Baggergut bei der Verwertung als Oberflächenabdichtungskomponente insbesondere das Versauerungspotential durch Oxidationsprozesse betrachtet werden muß. Mit einem Zeitraum von mind. 130 Jahren für die pH-Wert-Absenkung auf pH 4 in der obersten 1 cm dicken Schicht ist die Beeinflussung durch saures Sickerwasser dabei im Vergleich gering. Dieser Zeitraum verlängert sich entsprechend durch die Pufferwirkung der überliegenden Schichten und den verzögernd wirkenden diffusiven Stofftransport. Vor diesem Hintergrund wird das Versauerungspotential durch saures Sickerwasser als gering bewertet.

Die Ausbildung eines anaeroben Milieus im Baggergut, vor allem die Reduktion von Fe(III)-Verbindungen beim mikrobiellen Abbau organischer Substanz, verhindert die Ausbildung säurebildender Oxidationsprozesse und verzögert eine Versauerung der obersten Schichten des Baggergutes bei der Verwertung als mineralisches Oberflächenabdichtungsmaterial. Erst wenn Sauerstoff in der Dichtschicht umgesetzt wird, kann es zu einer Versauerung kommen. Es ist davon auszugehen, daß der aus den Versuchen zur Sauerstoffeindringtiefe abgeleitete Zeitraum von wenigen Jahren bis zum Verbrauch der Säureneutralisierungskapazität in den obersten Millimetern Baggergut durch eine Reihe von Vorgängen erheblich verlängert wird (z.B. abnehmende Abbauraten über die Zeit, geringere Protonenfreisetzung durch geringere Dissoziation).

Zur genaueren Abschätzung der potentiellen Freisetzung von Schwermetallen ist vorgesehen, in vereinfachenden Modellbetrachtungen die diffusive Freisetzung in das Dränage-Sickerwasser in Abhängigkeit vom pH-Wert, vom Wasserhaushalt und bei einer potentiellen Rißbildung (Vergrößerung der Oberfläche) zu betrachten. Darüber hinaus sollte die Übertragbarkeit der im Labor beobachteten Prozesse in einem Feldversuch, wie er für einen Test der Abdichtungswirkung vorgeschrieben wird, begleitend untersucht werden. Ein ähnlicher Feldversuch wird z.B. in Hamburg mit dortigem Baggergut durchgeführt, insbesondere um die Austrockungsgefährdung des Oberflächenabdichtungssystems zu untersuchen (Tresselt et al. 1996).

Die Auswirkungen der geochemischen Langzeitentwicklung von Bremer Baggergut bei der Verwertung als mineralisches Oberflächenabdichtungsmaterial von Deponien und Altlasten sprechen auf der Grundlage der durchgeführten Untersuchungen nicht gegen eine solche Verwertung. Die Zusammensetzung des Materials führt zu einer Entwicklung von Milieubedingungen, unter denen über längere Zeiträume kein erhöhter Austrag von Cu, Ni, Cd, Pb und Zn zu erwarten ist. Sollte es nach einer langen Zeit doch zu einer Versauerung kommen, könnte die Freisetzung von Zn und Cd bei den entsprechenden pH-Werten im schlimmsten Fall dazu führen, daß das Sickerwasser vor der Einleitung gereinigt werden müßte. Bei einem Verbau in einer Deponie-Oberflächenabdichtung ist das Schutzgut Grundwasser nicht gefährdet. Im Deponiebetrieb ist eine regelmäßige Überwachung des Deponie-Sickerwassers vorgeschrieben, so daß es nicht zu einer unkontrollierten Einleitung bei erhöhter Schadstofffracht kommen sollte.

Die Konditionierung des Materials (mit Branntkalk und Tonmehl) ist auch aus geochemischer Sicht positiv zu bewerten, da sie zu einer erhöhten Pufferkapazität des Materials und zu einer erhöhten Sorptionskapazität gegenüber Schadstoffen führt. Die Pufferkapazität des konditionierten Bremer Baggergutes ist im Vergleich mit Lauenburger Ton geringer. Gleichzeitig ist jedoch auch das Versauerungspotential geringer. Zur weiteren Erhöhung der Pufferkapazität im Baggergut als zusätzliche Sicherheit für potentielle Versauerungsvorgänge wäre die Zugabe von Kalk ($CaCO_3$) denkbar.

Danksagung

Für die Finanzierung danken wir dem Senator für Bildung, Wissenschaft, Kunst und Sport sowie dem Senator für Häfen, überregionalen Verkehr und Außenhandel der freien Hansestadt Bremen. Für die Unterstützung bei Laborarbeiten sei Sigrid Hinrichs, Susanne Siemer und Karsten Enneking gedankt.

Anmerkung

1 Geänderte Version eines Vortrages auf der Tagung der Deutschen Geologischen Gesellschaft 1996 in Bonn zum Thema „Geologische Stoffkreisläufe und ihre Veränderung durch den Menschen".

Literatur

AG Feldhofe (1991) Wasserhaushalt der Schlicklagerstätte, Prognose der Grund- und Oberflächenwasserkontamination. Schlickablagerung in Feldhofe, Untersuchung im Auftrag der Freien und Hansestadt Hamburg, Band 6, 52 S. Hamburg

ATV Arbeitsbericht (1995) Behandlung von Baggergut und Restschlämmen. Korrespondenz Abwasser, 9, 1575-1596, Bonn

Bourg ACM, Loch JPG (1995) Mobilization of Heavy Metals as Affected by pH and Redox Conditions. In Salomons W, Stigliani WM (Eds.): Biogeodynamics of Pollutants in Soils and Sediments, 87-102, Berlin (Springer)

Calmano W, Hong J, Förstner U (1992) Einfluß von pH-Wert und Redoxpotential auf die Bindung und Mobilisierung von Schwermetallen in kontaminierten Sedimenten. Vom Wasser, 78: 245-257, Weinheim

Canfield D E, Raiswell R, Westrich JT, Reaves CM, Berner RA (1986) The use of chromium reduction in the analysis of reduced inorganic sulfur in sediments and shales. Chem. Geol. 54, 149-155 Amsterdam

Conyers MK, Uren NC, Helyar KR (1995) Causes of changes in pH in acidic mineral soils. Soil Biol. Biochem., Vol. 27, 11, 1383-1392, Oxford

DVWK Deutscher Verband für Wasserwirtschaft und Kulturbau (1988) Bedeutung biologischer Vorgänge für die Beschaffenheit des Grundwassers. DVWK-Schriften, Heft 80, 322 S. Bonn

DVWK Deutscher Verband für Wasserwirtschaft und Kulturbau (1996) Hydrogeochemische Stoffsysteme, Teil I. DVWK-Schriften, Heft 110, 288 S. Bonn

Doelman P (1995) Microbiology of Soil and Sediments. In: Salomons W, Stigliani WM (Eds.) Biogeodynamics of Pollutants in Soils and Sediments, 31-52, Springer Verlag,Berlin

Ernst A, Meyer H (1994) Glühverlust – Maß für den Gehalt an organischer Substanz?. In: Guhr H et al. (Hrsg.) Die Elbe im Spannungsfeld zwischen Ökologie und Ökonomie. 6. Magdeburger Gewässerschutzseminar, 8.-12.11.1994, 405-406 Stuttgart

Förstner U (1995) Non-linear Release of Metals from Aquatic Sediments. In: Salomons W, Stigliani W M (Eds.) Biogeodynamics of Pollutants in Soils and Sediments, 247-307, Springer Verlag, Berlin

Förstner U, Kersten M (1988) Assessment of Metal Mobility in Dredged Material and Mine Waste by Pore Water Chemistry and Solid Speciation. In Salomons W, Förstner U (Eds.) Chemistry and Biology of Solid Waste, 214-237, Springer Verlag, Berlin

Froelich PNK, Klinkhammer GP, Bender ML, Luedtke NA, Cullen D, Heath G R, Hammond D, Hartman B, Maynard V (1979) Early oxidation of organic matter in pelagic sediments of the eastern equatorial Atlantic: suboxic diagenesis. Geochim. Cosmochim. Acta, 43, 1075-1090, London

Glud RN, Gundersen JK, Jörgensen BB, Revsbech NP, Schulz HD (1994) Diffusive and total uptake of deep-sea sediments in the eastern South Atlantic Ocean, in situ and laboratory measurements. Deep Sea Research, Vol. 41, 11-12, 1767-1788, Oxford

Kazemi A, Roth-Kleyer S (1986) Wirkung von simulierten „saueren" Niederschlägen auf die Mobilität von Blei, Cadmium und Zink in einem mit Müllklärschlammkompost versetzten Boden. Wasser und Boden, 5 238-242, Hamburg

Kersten M (1996) Emissionspotential einer Schlackenmonodeponie. Geowissenschaften, 14, Heft 5, S.180-185

LAGA Länderarbeitsgemeinschaft Abfall (1996) Anforderungen an die stoffliche Verwertung von mineralischen Reststoffen/Abfällen-Technische Regeln. Stand: 5. September 1995, Mittlg. LAGA 20, Erich Schmidt Verlag, Berlin

Landenberger H, Hensen C, Zabel M, Schulz HD (1997) Softwareentwicklung zur Computer unterstützenden Simulation frühdiagenetischer Prozesse in marinen Sedimenten. Z. Dt. geol. Ges., in Vorbereitung, Hannover

Lührte R von, Hamer K, Schröter J, Schulz HD (1996) Verwendung von Reststoffen als Deponieabdichtungsmaterial – geochemische Langzeitstabilität am Beispiel der Verwertung von Bremer Baggergut. In: Merkel B, Dietrich PG, Struckmeier W, Löhnert EP Grundwasser und Rohstoffgewinnung. GeoCongress, 2, 308-313, Köln

Margane J (1992) Änderung der Schwermetall-Bindungsformen in thermisch behandeltem Bodenmaterial. Sonderveröffentlichungen des Geologischen Institut der Universität zu Köln, 87, 192 S. Köln

Morse JW (1994) Interactions Of Trace Metals With Authigenic Sulfide Minerals: Implications for their Biovailability. Marine Chemistry, 46, 1-6, Amsterdam

Niedersächsischer Dichtungserlaß (1988) Durchführung des Abfallgesetztes; Abdichtung von Deponien für Siedlungsabfälle, Runderlaß des Ministeriums für Umwelt vom 24.6.1988. Nieders. Min. Bl. Nr.3/1992, Hannover

Nordstrom DK (1982) Aqueous Pyrite Oxidation and the Consequent Formation of Secodary Iron Minerals. In: Hossner LR, Kittrick JA, Fanning DF (Eds.): Acid Sulfate Weathering: Pedogeochemistry and Relationship to Manipulation of Soil Materials. 37-56; Madison (Soil Science Soc. Amer. Press)

Obermann P, Cremer S (1992) Mobilisierung von Schwermetallen in Porenwässern von belasteten Böden und Deponien: Entwicklung eines aussagekräftigen Elutionsverfahrens.- Materialien zur Ermittlung und Sanierung von Altlasten, Landesamt für Wasser und Abfall, Band 6, 127 S. Düsseldorf

Pickering WF (1986) Metal Ion Speciation – Soils And Sediments (A Review). Ore Geological Reviews, 1, 83-146, Amsterdam

Pieles und Gronemeyer (1991) Durchführbarkeitsstudie zur geplanten Konditionierung von Bremer Baggergut im Hinblick auf die Deponierung unter Berücksichtigung technischer und ökologischer Aspekte.- Abschlußgutachten, 52.S. Kiel [unveröffentlicht]

Postma D, Boesen C, Krisitansen H, Larsen F (1991) Nitrate reduction in an unconfined sandy aqifer: Water chemistry, reduction processes, and geochemical modeling. Water Resources Research, 27, Nr. 8, 2027-2045

Rahmen-Abwasser VwV (1996) Mindestanforderungen an das Einleiten von Abwasser in Gewässer – § 7a Wasserhaushaltsgesetz. Bundesministerium für Umwelt, Naturschutz und Reaktorsicherheit und Länderarbeitsgemeinschaft Wasser, 56 S, Köln (Bundesanzeiger)

Revsbech NP (1989) An oxygen microsensor with guard cathode. Limnol. Oceanogr., 34, 74-478

Salomons W (1995) Long-term Strategies for Handling Contaminated Sites and Large scale Areas. In Salomons W und Stigliani W M (Eds.) Biogeodynamics of Pollutants in Soils and Sediments, 1-30, Springer Verlag, Berlin

Scheffer F, Schachtschabel P (1992) Lehrbuch der Bodenkunde. 491 S. Enke Verlag, Stuttgart

Schneider W, Göttner J-J (1991) Schadstofftransport in mineralischen Deponieabdichtungen und natürlichen Tonschichten. Geologisches Jahrbuch, Reihe C, Heft 58, 132 S, Hannover

Schulin R, Geiger G, Furrer G (1995) Heavy Metal Retention by Soil Organic Matter under Changing Environmental Conditions. In: Salomons W und Stigliani WM (Eds.): Biogeodynamics of Pollutants in Soils and Sediments, 53-85, Springer Verlag, Berlin

Shaw TJ, Gieskes JM, Jahnke RA (1990) Early diagenesis in differing depositional environments: The response of transition metals in pore water. Geochim. Cosmochim. Acta, 54, 1233-1246, London

Stumm W, Morgan JJ (1996) Aquatic Chemistry. 1022 S. New York (Wiley)

TA Abfall (1994) Zweite Allgemeine Verwaltungsvorschrift zum Abfallgesetz . In: Abfallgesetz, Sonderausgabe unter redaktioneller Verantwortung des Verlages C.H. Beck, 123-246, München

Tresselt K, Gröngröft A, Melchior S, Türk M, Berger K, Miehlich G (1996) Feldversuche zur Funktionskontrolle von Oberflächendichtungen aus Hafenschlick. 2. Tätigkeitsbericht, Universität Hamburg, Institut für Bodenkunde, 100 S. Hamburg [unveroffentlicht]

Wallmann K (1990) Die Frühdiagenese und ihr Einfluß auf die Mobilität der Spurenelemente As, Cd, Co, Cu, Ni, Pb und Zn in Sediment- und Schwebstoff-Suspensionen. Dissertation, Technische Universität Hamburg, 237 S. Hamburg

Zaggia L, Collavini F, Ghermandi G, Zonta R (1995) Selective dissolution of oxides and sulphides in sediment samples: a control of the NH_2OH-HCl extraction. In: Wilkens RD, Förstner U, Knöchel A, Heavy Metals in the Environment, Conference Proceedings, Vol. 2, 399-402, Hamburg

Zeien H, Brümmer GH (1991) Ermittlung der Mobilität und Bindungsformen von Schwermetallen in Böden mittels sequentieller Extraktion. Mitt. Dtsch. Bodenkundl. Gesellsch., 66, 1, 439-442, Hannover

Verwertung von Baggergut zur Ziegelherstellung[1]

Kay Hamer, Christina Waschkowitz, Margot Isenbeck-Schröter und Horst D. Schulz

Vorbemerkungen

Jährlich fallen in Deutschland 10 bis 15 Mio m^3 Baggergut zur Erhaltung der Schiffbarkeit von Wasserstraßen und Häfen an. Vor dem Hintergrund von 700 000 m^3 schadstoffbelastetem Hafenschlick aus seinen Hafenbecken sucht das Bundesland Bremen nach Verwertungswegen für das Baggergut, die Alternativen zur bereits praktizierten Deponierung des Materials darstellen. Aufgrund seiner Korngrößenverteilung und seiner mineralogischen Zusammensetzung eignet sich Baggergut zur Ziegelherstellung.

An Ziegeln aus Bremer Baggergut und staubfein gemahlenen herkömmlichen Ziegeln wurde die Eluierbarkeit von As und weiteren Schwermetallen untersucht. Zusätzlich zu den üblicherweise durchgeführten Schüttelversuchen mit deionisiertem Wasser wurden Lösungen bei verschiedenen pH-Werten eingesetzt (pH 11, 6, 5, 4 und 3), um so eine Mobilisierung durch saure Niederschläge oder Sickerwasserlösungen in Bauschuttgemischen nach der Standzeit eines Gebäudes aus Ziegeln zu simulieren. Die Ergebnisse wurden denen anderer Ziegel gegenübergestellt und bewertet.

Für Arsen wurde zusätzlich eine Stoffflußanalyse durchgeführt, um mögliche As-Transfers aus dem Baggergut während der Verziegelung und aus den Ziegeln während verschiedener Nutzungsphasen aufzuzeigen.

Baggergut als Rohstoff

Es gehört zu den Aufgaben des Bundes und der Länder, die Schiffahrtstiefen in den Wasserstraßen und Hafenbecken zu überwachen und zu gewährleisten (vgl. Köthe und Bertsch in diesem Band). Sedimentation von Schwebstoffen macht umfangreiche Unterhaltungsbaggerarbeiten auf den Schiffahrtswegen notwendig. Bundesweit fallen dabei jährlich zwischen 10 und 15 Mio m^3 Baggergut an (ATV 1995). Vor diesem Hintergrund wird deutlich, daß es sich bei der Behandlung von Baggergut nicht nur um ein Schadstoff-, sondern auch um ein Massenproblem handelt.

In den Hafenbecken der Hafengruppe Bremen-Stadt sind jährlich 700 000 m^3 Hafenschlick zu baggern und nach Entwässerung abzulagern. Schwebstofffracht vom Oberstrom, tideoffene Lage der Hafenbecken und eine sich gegenüber dem Oberstrom verlangsamende Strömung der Weser im Bereich der Hafenbecken sorgen für stete Sedimentation in den stadtbremischen Häfen (z.B. Nasner 1992).

Die Gehalte der potentiellen Schadstoffe des Bremer Baggerguts (von Lührte et al. 1996, von Lührte et al. in diesem Band) erlauben nur eine sehr eingeschränkte Verwertung des Materials (Tabelle 1). Bei Anwendung der Richtlinien der Länderarbeitsgemeinschaft zur Verwertung mineralischer Reststoffe (LAGA 1996) ist ausschließlich Verwertung möglich, bei der durch technische Sicherungsmaßnahmen der Transport von potentiellen Schadstoffen in den Untergrund und das Grundwasser verhindert wird. Unter diesen Einschränkungen sind Verwendungen im Straßen- und Wegebau unter wasserundurchlässigen Schichten und Erdbaumaßnahmen in hydrogeologisch günstigen Gebieten möglich. Die Anwendung dieser Richtlinie wird von den Bundesbehörden empfohlen (z.B. Köthe 1995). Im Rahmen eines vom Land Bremen finanzierten Forschungsvorhabens wird nach Alternativen zur bisher praktizierten Ablagerung des Baggerguts gesucht. Gegenstand der Untersuchungen sind dabei im wesentlichen die Verwertungen des Materials als mineralisches Dichtungselement in Oberflächenabdichtungen von Deponien (von Lührte et al. 1996, von Lührte et al. in diesem Band) und die Eignung des Baggerguts als Rohstoff in der Ziegelherstellung. Aufgabe des Fachgebiets Geochemie und Hydrogeologie war in diesem Zusammenhang, die Mobilität von Schwermetallen in Ziegeln aus Baggergut zu erfassen und bewerten.

Tabelle 1. Richtwerte der Zuordnungsklasse Z2 der LAGA (1996) für Feststoff-Gesamtgehalte und Eluate nach DEV S4 sowie gemessene Werte am Bremer Baggergut

	LAGA Z2 Feststoff [mg/kg]	**LAGA Z2** Eluat [mg/kg]	**Meßwerte** (versch. Bearb.) Feststoff [mg/kg]	**Meßwerte** (versch. Bearb.) Eluat [mg/kg]
pH-Wert	nicht genannt	5-12	–	8,0
Arsen	150	1	22	0,01
Blei	1000	2	122	<0,01
Cadmium	10	1	4,6	0,01
Chrom (ges.)	600	1,5	75	0,02
Kupfer	600	4	62	0,017
Nickel	600	2	43	0,14
Quecksilber	10	0,02	0,4	<0,001
Thallium	10	0,05	1	nicht gemessen
Zink	1500	6	637	0,6

Baggergut in der Ziegelherstellung: Verhalten von Schadstoffen

Baggergut ist für eine Verwertung in thermischen Verfahren prinzipiell geeignet. So läßt sich Hafenschlick z.B. als Material für die Herstellung von thermisch hergestelltem Kiesersatz (Goecke und Hankel 1989), als Sinterprodukt (Stokman 1995) oder Ziegelstein (Bäätjer 1986) nutzen.

Ein Vorteil der thermischen Behandlung schadstoffhaltiger Materialien besteht in der Verbrennung organischer Schadstoffe sowie in einer gewissen Inertisierung von Schwermetallen (vgl. Wiebe 1998). Auf dem Weg vom schadstoff-haltigen Baggergut über den Herstellungsprozeß bis zum Endprodukt Ziegel sind – sowohl hinsichtlich der organischen als auch der anorganischen Schadstoffe – insbesondere drei Schadstoffpfade zu betrachten.

- *Schadstoffaustrag bei der Trocknung*

Baggergut aus Häfen hat schwankende, hohe Wassergehalte, so daß das Material getrocknet werden muß. Im Ablauf der Fa. Hanseatenstein Ziegel GmbH wird das Baggergut bei 70-100° C im Rahmen einer Brüdenkondensation auf einen Wassergehalt von unter 2 Gew.% getrocknet. Bei diesen erhöhten Temperaturen können leichtflüchtige Stoffe entweichen. Es handelt sich bei der Brüdenkondensation um ein geschlossenes System, bei dem das Wasser und darin gelöste Stoffe als Brüdenkondensat aufgefangen und das Kondensat auf gelöste Schadstoffe hin untersucht wird.

- *Schadstoffaustrag bei der Verziegelung*

Während der Verziegelung werden die Temperaturen von 70-100° C bei der Trocknung auf 1000° C erhöht. Bei diesen Temperaturen wird organische Substanz zwar verbrannt, allerdings können in bestimmten Temperaturbereichen im Abgasstrom Dioxine und Furane neu gebildet werden. Von den anorganischen Schadstoffen gelten besonders Hg, As (Brunner und Zobrist 1983) und Cd (Brunner und Zobrist 1983, Margane 1992) als flüchtig, da sie an Staubpartikel sorbiert mit der Abluft ausgetragen werden können. Beim Brennvorgang austretende Schadstoffe müssen daher in einer Abgasfilteranlage aufgefangen werden (Bäätjer 1986).

Aufbauend auf den Untersuchungen des Battelle-Instituts (1985, Gidirakos et al. 1986) zur Verziegelung von Baggergut hat die Fa. Hanseatenstein Ziegel GmbH in Hamburg die Trocknung des Baggerguts und Nachverbrennung von Gasen, die beim Brennprozeß der Ziegel entstehen, so optimiert, daß sich neubildende organische Schadstoffe wie Dioxine und Furane (z.B. Bilitewski et al. 1994) in einer Abgasnachverbrennung bei Temperaturen über 1200° C bei einer Verweilzeit des Gases von ca. 30 Sekunden gecrackt werden. Um eine Dioxinrückbildung, wie sie bei langsamer Abkühlung des Gases möglich ist (z.B. Bilitewski et al. 1994), zu vermeiden, wird dieses Gas durch eine plötzliche Kühlung, eine sog. Sturzkühlung, der nächsten Abgasreinigungsstufe zugeführt.

Diese Reinigungsstufen im Abgas sind notwendig, um die Abgasnormen der Bundesimmissionsschutzverordnung (Anonym 1986) sicher einzuhalten, die beim Betrieb einer Ziegelei, die schadstoffbelastetes Material einsetzt, zu erfüllen sind (z.B. Förstner 1995).

- *Schadstoffaustrag nach der Brennung*

Neben Aspekten des Immissionsschutzes während des Herstellungsprozesses sind auch für das Produkt „Ziegel aus Baggergut" Kriterien zu berücksichtigen. Als bauphysikalische Kriterien müssen die Testwerte nach DIN 105 (1989) erreicht werden. Die Ziegel müssen entsprechend der DIN auf Maße und Form, Dichte, Druckfestigkeit, Frostbeständigkeit sowie treibende Einschlüsse und wasserlösliche Salze hin untersucht werden. Allerdings gibt es bisher keine Regelungen für die Bewertung der Schadstoffgehalte in Ziegeln aus Baggergut.

Trotz der Flüchtigkeit einiger Schadstoffe verbleiben die meisten Schwermetalle im Material. Margane (1992) untersuchte die Festigkeit der Schwermetallbindung von Zn, Pb, Cd, Ni, Cu nach thermischer Behandlung verschiedener Substrate. Ab Temperaturen über 600° C zeigten sich mit Ausnahme von Cd alle Metalle immobil. Margane führt das auf den Einbau der Metalle in aus Tonmineralen neugebildete Minerale zurück. Über 800° C entstehen aus den Tonmineralen Mullite, Wollastonit und Gehlenit, in deren Gitterstruktur Schwermetalle eingebaut werden könnten.

Für dieselben Schwermetalle kommen Untersuchungen von Götz et al. (1995) hinsichtlich ihrer Mobilisierbarkeit zu den gleichen Ergebnissen. Allerdings beobachteten Claussen (1994) und Götz et al. (1995) eine gegenüber den Ausgangsmaterialien erhöhte Freisetzung der Schwermetalle Cr und V sowie von As. Die Autoren führen das auf die Bildung mobiler Oxoanionen dieser Elemente zurück. Ziel der im folgenden vorgestellten Untersuchungen war es daher, den dritten Schadstoffpfad des Austrags von potentiellen Schadstoffen aus Ziegeln nach der Herstellung zu verfolgen. Hierzu sollte die Mobilität anorganischer Schadstoffe, besonders die von As, an Ziegeln aus Bremer Baggergut untersucht werden. Unter Berücksichtigung des geochemischen Milieus soll dabei anhand einer Stoffstromanalyse die Mobilität potentieller Schadstoffe über die Nutzung der Ziegel hinaus erfaßt werden.

Geochemische Rekonstruktion der Emissionspfade: Material und Methoden

Der Weg eines Ziegels vom Baggergut bis in ein Bauschuttendlager weist eine Vielzahl von Emissionsmöglichkeiten auf (Abb. 1), die durch den Versuchsaufbau erfaßt werden müssen. Die hier verwendete Kombination von Versuchen ergänzt den Standardelutionsversuch nach DEV S4, wie er in der LAGA-Richtlinie (1996) vorgeschlagen wird, in folgender Weise: Die Ziegel werden in zerkleinerter Form untersucht, um so die Effekte sich vergrößernder Oberflächen auf die Löslichkeit potentieller Schadstoffe zu erfassen. Diese Ergebnisse werden der Mobilisierbarkeit

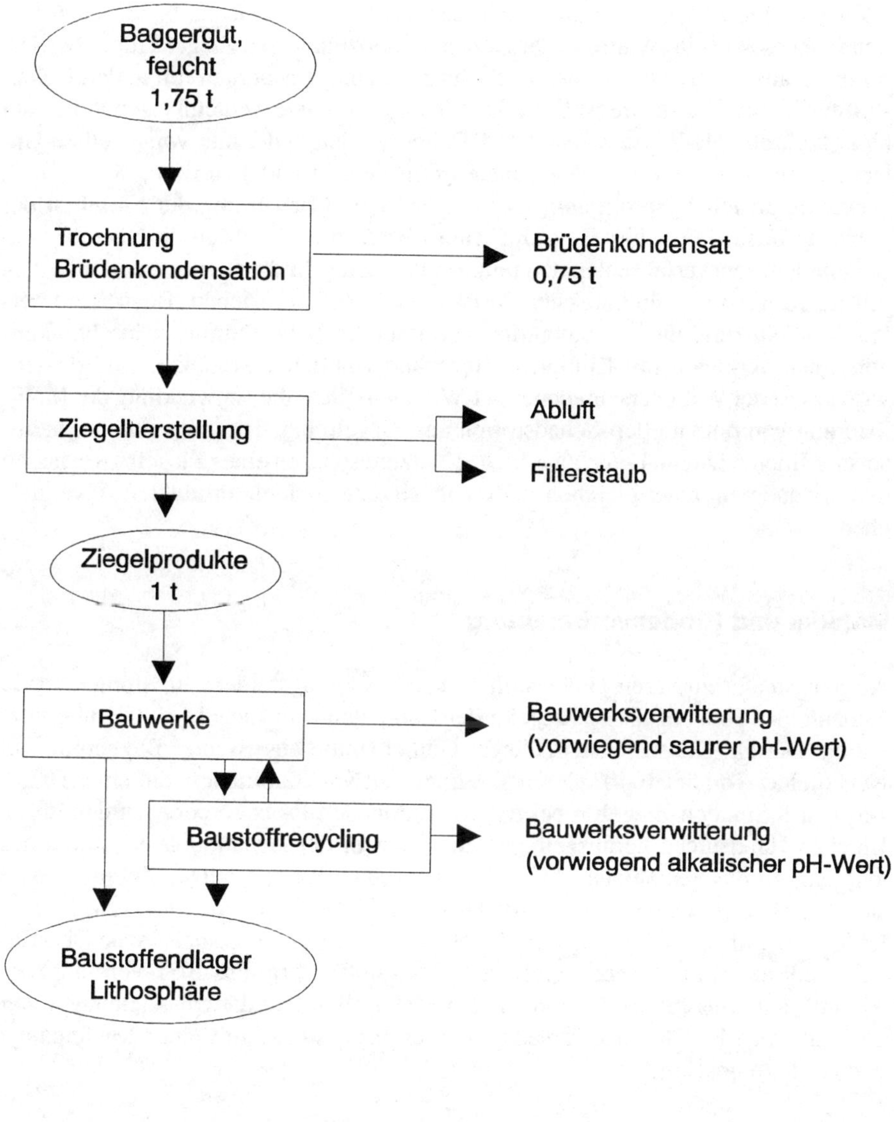

Abb. 1. Emissionspfade von Ziegeln vom Baggergut als Rohstoff bis zur Ablagerung im Bauschuttendlager

der untersuchten Schadstoffe gegenübergestellt, die an unzermahlenen Probekörpern ermittelt wurde. Dieser Versuchsaufbau wird als Trogversuch bezeichnet und von der Forschungsgesellschaft für Straßen- und Verkehrswesen (1994) zur Untersuchung des wasserwirtschaftlichen Einflusses von Recyclingbaustoffen im Straßenbau vorgeschlagen.

Ziegelsteine können im Laufe ihrer Lebenszeit verschiedenen chemischen Milieus ausgesetzt sein. Während der Gebäudestandzeiten sind Ziegel sauren Niederschlägen ausgesetzt und werden nach ihrer Nutzung zusammen mit anderen Baustoffen Teil des Baustoffrecyclings. Durch die Beton- und Zementbestandteile sind hier alkalische pH-Werte zu erwarten. Daher wurden in der hier vorgestellten Untersuchung die pH-Werte in den Eluaten zwischen 11 und 3 variiert.

Das Untersuchungsprogramm ermöglicht so eine Bewertung der Mobilität der Schadstoffe in dreifacher Hinsicht: Zum ersten lassen sich durch Nutzung von Standardelutionsverfahren an den untersuchten Ziegeln die Richtwerte der LAGA für die Verwertung mineralischer Reststoffe (1996) heranziehen. Desweiteren erlaubt die Nutzung dieser Standardtestverfahren unter bestimmten Einschränkungen einen Vergleich mit Elutionswerten handelsüblicher Produkte. Und drittens wird es mit der Wahl verschiedener pH-Werte möglich, die Entwicklung der Mobilisierung von potentiellen Schadstoffen aus Ziegeln bei sich änderendem chemischen Milieu während unterschiedlicher Nutzungsphasen eines Ziegels zu erfassen und mit anderen, unter gleichen Bedingungen untersuchten Produkten zu vergleichen.

Material und Probenvorbereitung

Ausgangsmaterial waren Hafenschlick aus Trocknungsfeldern in Bremen sowie Neuenfelder Ton, der in der Ziegelei der Hanseatenstein Ziegel GmbH eingesetzt wurde. Die Fa. Hanseatenstein Ziegel GmbH stellte aus Bremer Baggergut und Neuenfelder Ton bei 1040° C, einer Aufheizzeit von 32 Stunden und einer Haltezeit von 8 Stunden Ziegelprobekörper her. Aus den Probekörpern wurden durch Brechen Handstücke herausgetrennt und dann in der Achatmühle staubfein gemahlen. Für das gemahlene Material, einen schwach feinsandigen Schluff, ergab sich dabei dann eine spezifische Oberfläche von 270 m^2/kg für die Ziegel aus Neuenfelder Ton und von 390 m^2/kg bei Ziegeln aus Baggergut. Die spezifische Oberfläche wurde an jeweils 5 Parallelproben im Stickstoffadsorptions-BET-Verfahren bestimmt, und wies für beide gemahlenen Materialien Standardabweichungen von unter 3% auf. Für die Trogversuche wurden Probestücke mit einer Kantenlänge von ca. 4 cm geschnitten.

Aufschlüsse und Eluate am gemahlenen Material

Die gemahlenen Materialien wurden mit Flußsäure (40%), Perchlorsäure (70%) und konzentrierter Salpetersäure (65%) aufgeschlossen. Nach den Aufschlüssen lag in keinem Versuch ein unlöslicher Rückstand vor. Zur Kontrolle der Aufschlußverfahren wurde das Referenzmaterial MAG-I bekannter Zusammensetzung (Gladney und Rolands 1988) mitaufgeschlossen.

Als Eluierlösungen für pH 3 und pH 11 wurde deionisiertes Wasser jeweils mit einer Lösung aus HNO_3 und H_2SO_4, die im molaren Verhältnis 1:2 gemischt waren, auf einen pH-Wert von 3 bzw. mit NaOH (0,1m) auf einen pH von 11 eingestellt. Auswertung und pH-Wertkontrolle im Rahmen dieser Versuche erfolgte nach den Anleitungen zum pH_{stat}-Versuch von Obermann und Cremer (1992). Zusätzlich wurde eine Elution mit deionisiertem Wasser durchgeführt; dieses Verfahren entspricht dem Standardverfahren nach Deutschen Einheitsverfahren (DEV S4). Das Feststoff/Lösungverhältnis lag beim DEV S4-Versuch bei 5g staubfeinem Pulver auf 50 ml, bei der Elution im alkalischen Bereich bei 0,5 g pro 50 ml und beim Eluieren bei pH 3 bei 100g pro 1 l. Die Gefäße mit dem Ziegelpulver und der Eluierlösung wurden 24 Stunden lang geschüttelt und jeweils an 3 Parallelproben durchgeführt.

Alle mobilisierbaren Anteile sind in mg/kg Trockensubstanz (TS) angegeben, um eine Vergleichbarkeit zu anderen Verfahren zu ermöglichen, die andere Feststoff/Lösung-Verhältnisse einsetzen wie z.B. dem Trogversuch (siehe unten) oder Mehr-fachelutionen (Götz et al. 1995). Die sogenannten Trogversuche wurden als Einzelversuche durchgeführt.

Trogversuche bei sauren pH-Werten zwischen 6 und 3

Als Ergänzung zu den Untersuchungen an den pulverisierten Ziegeln wurden Elutionen an Ziegelkörpern durchgeführt. Diese Probekörper stammen aus Ziegeln aus Neuenfelder Ton, aus Bremer Baggergut und aus einem Gemisch von Neuenfelder Ton und Baggergut in einem Mischungsverhältnis von 2:8.

Ein an Nylonfäden aufgehängter Probekörper (Kantenlängen 4 cm) wurde in ein Becherglas mit deionisiertem Wasser gehängt und 24 Stunden in durch einen Magnetrührer bewegtem Wasser eluiert. In weiteren Versuchsschritten wurde das Eluat gewechselt und Eluate mit pH-Werten von 6, 5, 4 und 3 eingesetzt. Jede pH-Wertstufe wurde 24 Stunden gehalten. Aus dem Verbrauch der Säure, die zum Halten des pH-Wertes während der 24 Stunden des pH_{stat}-Versuchs zutitriert wurde, konnte die Säureneutralisierungskapazität der Ziegelprobekörper abgeleitet werden. Dieses Vorgehen entspricht dem pH_{stat}-Versuch von Obermann und Cremer (1992).

Analytik

Alle Aufschlußlösungen und Eluate wurden gefiltert (0,2 µm) und mit HNO_3 s.p. angesäuert. Die Konzentrationsmessungen wurden für die Elemente As, Cd, Cu, Pb, Zn, V, Cr, Co, Ni und Mo mit der ICP-MS-Technik (Modell SOLA, Fa. Finnigan) durchgeführt. Die Messungen wurden ausschließlich in Meßwertbereichen durchgeführt, in denen der mathematische Zusammenhang zwischen Soll- und gemessener Konzentration mit einer linearen Beziehung beschrieben werden konnte. Konzentrationen wurden über Standardreihen in diesen linearen Konzentrationsbereichen ermittelt und eine mögliche Gerätedrift durch die Zudotierung von Indium als internem Standard (10 µg/l) zu jeder gemessenen Lösung berücksichtigt. Die Nachweisgrenzen für alle gemessenen Elemente lagen unter 1 µg/l.

Charakteristische Ergebnisse

Schüttelversuche

Für die Ziegel aus Baggergut zeigen die Eluatwerte aus diesen Versuchen Mobilisierungen unter dem Niveau, das nach LAGA (1996) als geogener Hintergrund angesehen werden kann (Tabelle 2). Eine Ausnahme bildet hier das As, das mit 0,2 mg/kg bei der Elution nach DEV S4 über dem Wert von 0,1 mg/kg liegt, den die LAGA-Richtlinie als geogenen Hintergrund angibt. Ebenfalls auffällig sind die jeweils nahezu 10-fach erhöhten As-, Mo- und V-Frachten, die im DEV S4-Aufbau gegenüber der Elution bei pH-Wert 11 beobachtet wurden. Für die Elution im sauren Bereich erhöht sich die Mobilität aller gemessenen Ionen, wobei für As und Cd die Werte, die in der LAGA-Richtlinie für die Verwertung mineralischer Reststoffe (1996) als Niveau des geogenen Hintergrunds angegeben werden, überschritten werden (Tabelle 3).

Die gleichen Trends werden beim untersuchten Vergleichsziegel beobachtet. Bemerkenswert ist hier allerdings, daß teilweise Mobilisierungen beobachtet werden, die die des Ziegels aus Baggergut überschreiten. Bei den Versuchen bei pH-Wert 3 liegen die Werte für As doppelt so hoch, die für Pb 4-fach und die für Cd nahezu 10-fach über denen des Baggergutziegels.

Trogversuche

Bei den Untersuchungen am ganzen Probekörper wurde bei Einsatz des Standardelutionsmittels (deionisiertes Wasser) für As kein Grenzwert überschritten, der eine Verwertung einschränkt (Abb. 2). Erst im sauren pH-Wert-Bereich treten erhöhte As-Frachten auf. Darüber hinaus sind die Eluatwerte um den Faktor 2-4 niedriger als die des gemahlenen Materials (Tabellen 3 und 4). Diese Ergebnisse decken sich im wesentlichen mit den Erfahrungen von Schießl et al. (1995), die im Auftrag des Bundesministeriums für Raumordnung und Städtebau eine Umweltverträglichkeitsuntersuchung für verschiedene Fassadenbaustoffe durchgeführt hatten.

Aus dem Säureverbrauch bei den pH_{stat}-Versuchen ließen sich für die einzelnen Ziegel die Säureneutralisierungskapazitäten ermitteln, die die Abpufferung des pH-Wertes auf einen bestimmten Wert verursacht hat (Tabelle 5).

Tabelle 2. Richtwerte (Eluate) zur Beurteilung der Verwertung mineralischer Reststoffe (LAGA 1996) und zur Umweltverträglichkeit von Recyclingmaterialien im Straßenbau (FGSV 1994) [mg/kg TS]

Element	FGSV-Richtwerte: Mineralstoffe im Straßenbau	LAGA Z0 geogener Hintergrund	LAGA Z 1.2 Verwertung mit geringen Einschränkungen	LAGA Z2 Verwertung mit hohen Einschränkungen
Cr	0,5	0,15	0,75	1,5
Ni	0,2	0,4	1,5	2
Cu	1	0,5	2	4
Zn	2	1	3	6
As	1	0,1	0,5	1
Cd	0,3	0,02	0,05	0,1
Pb	0,4	0,2	1	2

Tabelle 3. Eluatkonzentrationen aus Schüttelversuchen an gemahlenem Ziegelpulver (Mittelwerte aus 3 Parallelversuchen) [mg/kg TS]

		Hafenschlickziegel			Ziegel aus Neuenfelder Ton		
Element	Hintergrund LAGA Z0	DEV S4 bei pH 8,1	pH 11	pH 3	DEV S4 bei pH 7,6	pH 11	pH 3
V	–	0,7	0,11	1,70	0,6	0,10	1,20
Cr	0,15	nn	nn	0,03	nn	nn	0,02
Co	–	nn	nn	0,05	0,01	nn	0,02
Ni	0,4	0,04	0,01	0,15	0,03	0,01	0,07
Cu	0,5	0,07	0,02	0,45	0,03	0,03	0,26
Zn	1,0	0,06	0,04	0,75	0,06	0,04	0,24
As	0,1	0,20	0,03	2,00	0,65	0,03	3,80
Mo	–	0,20	0,02	0,11	0,1	0,01	0,04
Cd	0,02	0,03	nn	0,09	0,03	nn	0,01
Pb	0,2	nn	nn	0,02	0,01	nn	0,08
maximale Standardabweichung [%]*		25	11,5	18	10	20	9,5

* Die Standardabweichungen schwankten je nach Element und Konzentration zwischen 3 % und dem angegebenen Wert für die maximale Standardabweichung.

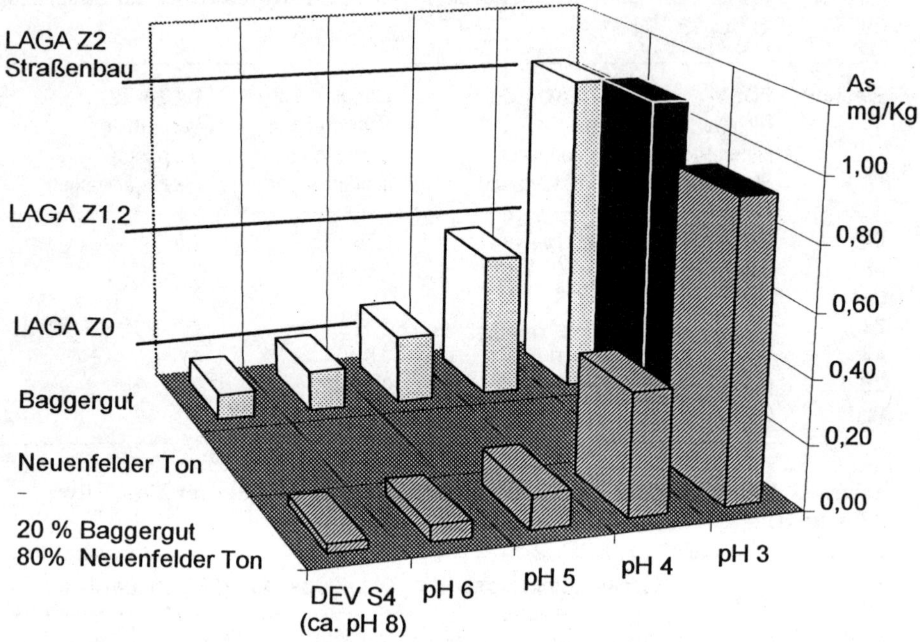

Abb. 2. Eluierte Anteile As [mg/kg TS] aus Trogversuchen in Abhängigkeit von pH-Werten. Im Versuch wurde der pH-Wert in Stufen abgesenkt. Die dabei gemessenen As-Konzentrationen sind aufsummiert dargestellt. Richtwerte nach LAGA (1996) und zur Verwertung im Straßenbau (FGSV 1994) sind zur Orientierung angegeben

Tabelle 4. As-Gesamtgehalte und Eluatwerte an zermahlenen Ziegeln und Probekörpern [mg/kg TS]

	Ziegel aus Baggergut	Neuenfelder Ziegel	Ziegel „MZ 2" RWTH Aachen *	Mittelwerte für 16 Probeziegel RWTH Aachen *
Gesamtgehalt	22	27	17	16
Ziegelpulver eluiert mit de-ionis. Wasser	0,20	0,65	2,8	0,1
Probekörper mit demin. Wasser	<0,1	<0,05	nicht bestimmt	< 0,01
Ziegelpulver eluiert pH 3-4	1,99	3,81	2,8	0,77
Probekörper eluiert; pH 3	1,0	1,08	nicht bestimmt	nicht bestimmt

* Daten aus Schießl et al. (1995)

Tabelle 5. Säureneutralisierungskapazitäten der untersuchten Ziegel [meq/kg]

pH-Wert	Baggergutziegel	Neuenfelder Ziegel	Ziegel aus 80% Baggergut und 20 % Neuenfelder Ton
pH 6	0,6	n.b.*	1,4
pH 5	1,5	n.b.	2,8
pH 4	4,1	n.b.	6,1
pH 3	5,0	12,3	15,9

n.b.* nicht bestimmt

Diskussion der Ergebnisse: Ansatz einer Stoffstromanalyse

Gesetzliche Rahmenbedingungen

Der juristische Rahmen für die Beurteilung der Verwertbarkeit von Baggergut als Ziegelrohstoff wird durch das Abfallgesetz, das Bundesimmissionsschutzgesetz sowie das Wasserhaushaltsgesetz festgelegt. Das Abfallgesetz setzt unter anderem Maßstäbe zur Verwertung von Abfällen, während das Bundesimmissionsschutzgesetz Angaben über Grenzen der Immissionen bei Verwertungsverfahren macht.

Durch das Wasserhaushaltsgesetz soll eine mögliche nachteilige Veränderung des Schutzgutes Grundwasser, zum Beispiel durch den Einsatz von Recyclingbaustoffen, verhindert werden. Während es Richtwerte zur Einschätzung der Gefährdung durch den Einsatz von schadstoffhaltigen Recyclingmaterialien im Straßenbau gibt (FGSV 1994), existieren für Hochbaustoffe wie Ziegel derartige Schemata nicht.

Quantifizierung des As-Austrags bei der Ziegelherstellung

Bei der Herstellung der Ziegel fallen Abwässer aus dem Trocknungsverfahren für das Baggergut, der sogenannten Brüdenkondensation, sowie Abluft und Filterreste aus der Abluftreinigung an (vgl. Abb. 1).

Da keine eigenen Meßwerte für den Abluftbereich aus einem Pilotversuch vorlagen, wurde auf Literaturdaten zurückgegriffen. In der hier vorliegenden Arbeit wurde As betrachtet. Analog zu den Untersuchungen von Battelle (1985) und Brunner und Zobrist (1983) wurde davon ausgegangen, daß As bei der Verziegelung von Baggergut zu einem Drittel flüchtig ist. Von 22 mg/kg As aus 1 Tonne Trockensubstanz Baggergut könnten sich so ca. 7 mg/kg As auf die Pfade Abluft und Filter verteilen. In der Abluft der Ziegelherstellung wird As sorbiert an Staubpartikel ausgetragen. In der Staubabscheidung der Abluftreinigung filtern Elektrofilter und Naßabscheider 90-99% des Staubs (Förstner 1995) und damit auch das As aus, das an den Staub sorbiert ist. In der Betrachtung der As-Frachten wird hier davon ausgegangen, daß nur 90% im Filter zurückgehalten werden und die restlichen 10% über die Abluft in die Atmosphäre entweichen (Abb. 3).

Unter der Voraussetzung, daß 10% des Staubs in der Abluft und damit auch des As den Abluftfilter passieren, entspricht dies 700 mg As pro eingesetzter Tonne Trockensubstanz an Baggergut. Die übrigen 6300 mg As pro Tonne Trockensubstanz Baggergut werden in den Abluftfiltern aufkonzentriert. Bei einem Verbrauch von 0,02 t Aktivkohle pro eingesetzter Tonne Trockensubstanz Baggergut reichert sich As im Aktivkohlefilter bis zu einer Konzentration von 315 mg/kg an. Die 700 mg As, die den Abluftfilter passieren können, wären bei einem Abluftstrom von 31000 m^3 Luft pro t hergestellter Ziegel als eine Abgaskonzentration von 0,02 mg/m^3 As meßbar. Dieser Wert liegt damit unter dem Grenzwert für die Summe der Elemente As, Cd, Pb, Cr, Co und Ni, den die Bundesimmisionsschutzverordnung für den

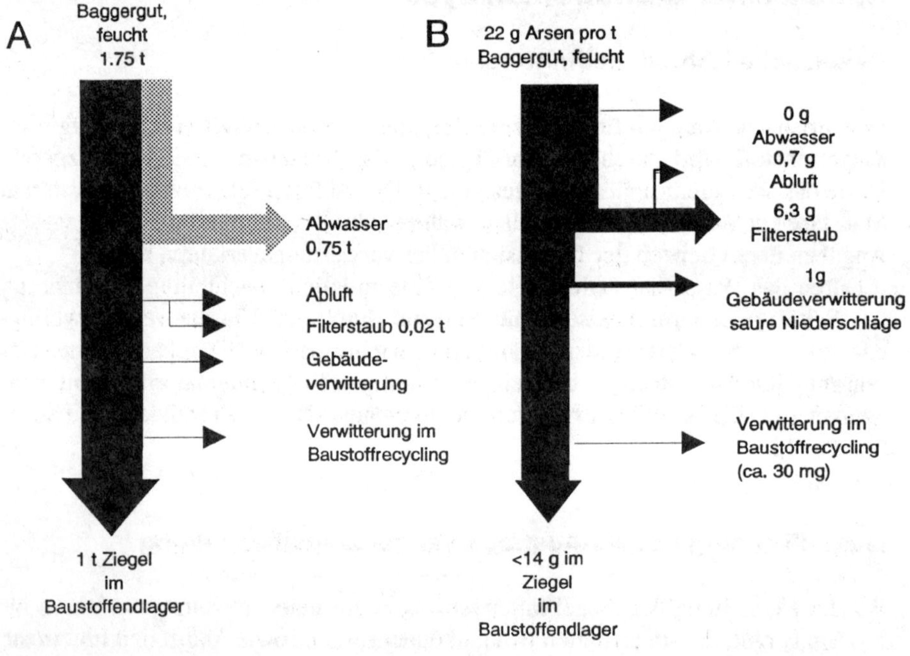

Abb. 3. Massen- (A) und As-Flüsse (B) bei Einsatz von wasserhaltigem Baggergut in der Ziegelherstellung und während der Nutzung eines Ziegels
A Massenfluß für 1,75 t wasserhaltiges Baggergut. Die größten Stoffflüsse münden in den Abwasserstrom (Trocknung des Baggerguts) und in die Ziegel selbst, wobei während der Herstellung noch der Abluftbereich (Abluft und Filterstaub) und bei der Nutzung der Massenstrom durch Gebäudeverwitterung zu betrachten ist. **B** As-Flüsse bei der Verwertung von 1,75 t Baggergut in der Verziegelung. Der größte As- Anteil wird im Baustoff gebunden. Ein Teil wird im Filterstaub angereichert, und 1 g/t As kann durch die Lösung durch sauren Regen (Gebäudeverwitterung) mobilisiert werden

Betrieb von Großfeuerungsanlagen mit 0,5 mg/m^3 angibt (Anonym 1986). Die getroffenen Annahmen entsprechen Erfahrungswerten für den Betrieb eines Tunnelofens (Battelle-Institut 1985). Im tatsächlichen Betrieb oder im Zuge eines Genehmigungsverfahrens werden diese Werte überprüft.

Bewertung der Mobilisierbarkeit von As

Alle hier vorgestellten Labor-Untersuchungen haben das Ziel, eine Bewertung der Mobilität von potentiellen Schadstoffen aus Ziegeln zu erreichen. Eine Möglichkeit der Bewertung derartiger Untersuchungen liegt im Vergleich von Untersuchungen an handelsüblichen und mutmaßlich belasteten Ziegeln. Dies zeigt, daß Schadstoffe aus Baggergutziegeln keine erhöhte Mobilität gegenüber den untersuchten Vergleichsziegeln zeigen (vgl. Tabellen 3 und 4). Allerdings sind die Angaben der Hersteller über die chemische Zusammensetzung der Vergleichsziegel nicht umfangreich genug, um diese Ziegel als zuverlässige Referenz zu akzeptieren. Hier sind in Zukunft weitere Daten zur Mobilität von Schadstoffen aus handelsüblichen Ziegeln zusammenzustellen.

Der zweite mögliche Bewertungsansatz besteht darin, die Versuchsbedingungen in den Eluattests so zu wählen, daß eine Schadstoffmobilisierung unter chemischen Bedingungen ermittelt wird, die auch in natürlicher Exposition von Ziegeln im Mauerwerksverbund vorliegen.

Generell wird eine Übertragbarkeit von Laborversuchen auf natürliche Exposition eingeschränkt sein, da die Elutionszeit, Mehrfachelutionen, Feststoff/Lösungs-Verhältnis, Ionenstärke des Eluats und die Körnung des Feststoffs Einfluß auf die eluierte Fracht haben und die Frachten damit sehr stark von den Versuchsbedingungen abhängen (Obermann und Cremer 1992). Allerdings zeigt die pH-Wert-Abhängigkeit der Schadstoffmobilisierung am Beispiel der hier untersuchten Ziegel, wie sinnvoll eine Verbesserung des Standardelutionsverfahren DEV S4 ist, das allein deionisiertes Wasser als Eluat einsetzt.

Da die Mobilität der untersuchten Schadstoffe im sauren pH-Wert-Bereich erheblich ansteigt, ist es sinnvoll zu klären, inwieweit saure pH-Werte von Niederschlagswässern durch die Säureneutralisierungskapazität der Ziegel und des Mörtels im Mauerwerksverbund abgepuffert werden können und welcher pH-Wert bei der Einschätzung der Schadstoffmobilisierung betrachtet werden muß. Beispielsweise liegen die pH-Werte der Niederschläge im Raum Hamburg zwischen 4,2 und 5 (Claussen 1994). Bei Niederschlagsbeginn können sie auch niedriger sein, so daß mit pH 3 eine Extrembedingung gewählt ist. Es stellt sich die Frage nach der Eintrittswahrscheinlichkeit einer solchen Randbedingung. Die Eintrittswahrschein-lichkeit eines sauren pH-Werts am Ziegelstein ist abhängig von der Dauer der Einwirkung des Niederschlags in bezug auf die vorhandene Säureneutralisierungskapazität eines Mauerwerks. In den Trogversuchen wurde eine Pufferkapazität bestimmt, die allerdings den Puffer eines Fugenmörtels nicht berücksichtigt. Bei den geringen gemessenen Pufferkapazitäten der Ziegel (vgl. Tabelle 5) von 5 meq/kg bei Baggergutziegeln bzw. 16 meq/kg bei Ziegeln aus einer

Mischung von Baggergut und Neuenfelder Ton wird die Pufferkapazität des Mörtels der entscheidende Puffer sein. Hat man die Pufferkapazität des Mörtels, den durchschnittlichen pH-Wert des Niederschlags und die Niederschlagsmenge pro Zeit, so läßt sich zukünftig abschätzen, in welcher Zeit ein bestimmter pH-Wert am Ziegel erreicht werden könnte.

Um diese Abschätzungen durchführen zu können und tatsächlich sinnvolle pH-Werte für Elutionsuntersuchungen an schadstoffhaltigen Ziegeln zu ermitteln, werden im Rahmen eines im März 1997 genehmigten Forschungsprojekts des Landes Bremen pH-Werte von Ablaufwässern an Bauwerken aus Ziegeln gesammelt und die Säureneutralisierungskapazitäten entsprechender Bauwerksteile bestimmt.

Zusammenfassung: Aspekte der Nachhaltigkeit bei der Verwertung von Baggergut in der Verziegelung

Hier wurden Untersuchungen zur Eignung von Baggergut in der Ziegelherstellung vorgestellt. Sie sind Teil eines Forschungsvorhabens des Landes Bremen mit dem Ziel, Alternativen für den bisherigen Umgang mit Baggergut in Bremen zu finden. In Bremen wird Baggergut in einer Monodeponie abgelagert. Bei einer Verwertung von mehreren 100 000 m^3 Baggergut in der Bauwirtschaft greift man erheblich in bestehende wirtschaftliche und ökologische Strukturen ein. Soll eine derartige Strukturänderung nachhaltig tragbar sein, so sind folgende Kriterien zu erfüllen:

- Es muß für das herzustellende Produkt neben dem Bedarf auch eine Akzeptanz für Recyclingprodukte bei Herstellern sowie öffentlichen und privaten Bauträgern vorhanden sein.
- Die Alternative zur Baggergutdeponie darf keine höheren Kosten als die bisherige Ablagerung auf der Deponie verursachen.
- Die technische Umsetzbarkeit des Verfahrens muß nachgewiesen sein.

Voraussetzung für die Nachhaltigkeit der Möglichkeiten der Verwertung von Baggergut ist zusätzlich zu den genannten wirtschaftlichen Faktoren nicht zuletzt die Umweltverträglichkeit dieses Weges. Unter anderem bedeutet Nachhaltigkeit beim Einsatz sich nicht regenerierender Ressourcen, diese möglichst zu schonen (Mohr 1996). Generell lassen sich durch diese Verwertung des Baggergutes Rohstoff- und Flächenressourcen schonen. Das Ersetzen von Ziegelton durch Baggergut reduziert die Nutzung natürlicher Tonlagerstätten. Außerdem können durch eine Verwertung von Baggergut Flächen anderweitig genutzt werden, die sonst zur Deponierung des Materials beansprucht werden müssen. Bei dieser Betrachtung werden also ökologische Vorteile der Baggergutnutzung im Bauwesen deutlich. Allerdings beinhaltet das Baggergut eine Vielzahl von Schadstoffen, deren mögliche Auswirkungen auf Schutzgüter bestimmt werden müssen.

Die Umweltverträglichkeit bestimmter Maßnahmen oder Produkte läßt sich anhand mehrerer Maßstäbe bewerten. Hier wurden Stoffstromanalysen, Grenzwerte und der Vergleich mit handelsüblichen Produkten als Kriterien herangezogen.

Im Laufe aller Lebensphasen eines Recyclingziegels aus Baggergut gibt es Freisetzungen potentieller Schadstoffe. Zu berücksichtigen sind dabei die Herstellung des Produkts, die Nutzung des Ziegels im Bauwerk, Auswirkungen als Teil des Bauschuttrecyclings und die Phase der Endlagerung. Einen Überblick über die Stoffströme der Produktnutzungsphasen liefert eine Stoffstromanalyse (vgl. Abb. 3A). Die größten Stoffströme gehen dabei in das Abwasser, welches bei dem hier vorgestellten Verziegelungsverfahren als Brüdenkondensat aufgefangen und auf Schadstoffe kontrolliert wird, und in die Nutzung der Ziegel. Andere Stoffströme während der Herstellung und auch der Nutzung erscheinen gering. Nach einer Gebäudenutzung werden Ziegel Teil des Baustoffrecyclings und werden abschließend in der Lithosphäre abgelagert.

Für As wurde eine Stoffflußanalyse für den Prozeß der Ziegelherstellung durchgeführt (vgl. Abb. 3B). As wurde als Indikator ausgewählt, da es in thermisch behandelten Produkten als potentiell sehr mobil gilt (Götz et al. 1995). Festzustellen ist, daß der As-Transfer bei den getroffenen Annahmen in die Medien Abluft und Verwitterungslösungen keinen Grenz- oder Richtwert überschreitet. Der weitaus größte Anteil der Baggergutmassen wird aber nach ihrer Nutzung als Ziegel und später als Bestandteil des Bauschuttrecyclings wieder zu einem Teil der Lithosphäre.

Grenz- oder Richtwerte zur Beurteilung der Freisetzung von Schadstoffen aus Hochbaustoffen, speziell Ziegeln, gibt es nicht, so daß hier Richtwerte zur Beurteilung von Straßenbaustoffen herangezogen werden und mit handelsüblichen Ziegeln verglichen werden. Die festgestellten Emissionen liegen nicht über denen, die eine Verwertung im Straßenbau zuließen. Es wurden für die untersuchten Parameter Emissionen festgestellt, die auch bei anderen Ziegeln auftreten können. Allerdings wurde deutlich, daß die Methodik zur Untersuchung der Schadstoffmobilität verbesserungswürdig ist.

Die bisher einfachen Testverfahren sind der Schlüssel für die Zulassung weiterer Abfallstoffe bei der Herstellung diverser Produkte im Hochbau, die nach Verwendung im Bauwerk und später im Baustoffrecycling nicht auf Schadstoffgehalte kontrolliert werden müssen. Vor dem Hintergrund der hohen anthropogenen Sedimentationsraten ist eine Überprüfung der derzeit gebräuchlichen Labortests notwendig. So hat die Ablagerung anthropogener Sedimente weltweit die der natürlichen Sedimentation erreicht und in einigen Ländern, wie der Schweiz, die Sedimentationsraten natürlicher Ablagerungsprozesse bereits um Größenordnungen überschritten (Baccini und Gamper 1993) (Abb. 4).

Zusammenfassend kann man feststellen, daß nach Abwägung der technischen Machbarkeit und der gesamtwirtschaflichen Vorteile die Bewertung ökologischer Folgen einer Verwertung von Baggergut durchaus nicht widerspruchsfrei ist. Unbestreitbarer Vorteil der Verziegelung von Baggergut ist die Schonung von Tonressourcen und Deponieflächen sowie die Verbrennnung organischer Schadstoffe und eine weitestgehende Einbindung vieler anorganischer Schadstoffe. Die Stabilität potentieller anorganischer Schadstoffe war Gegenstand der hier vorgestellten Ergebnisse. Sie ist weitestgehend abhängig vom chemischen Milieu, in dem sich Ziegel oder Ziegelreste befinden.

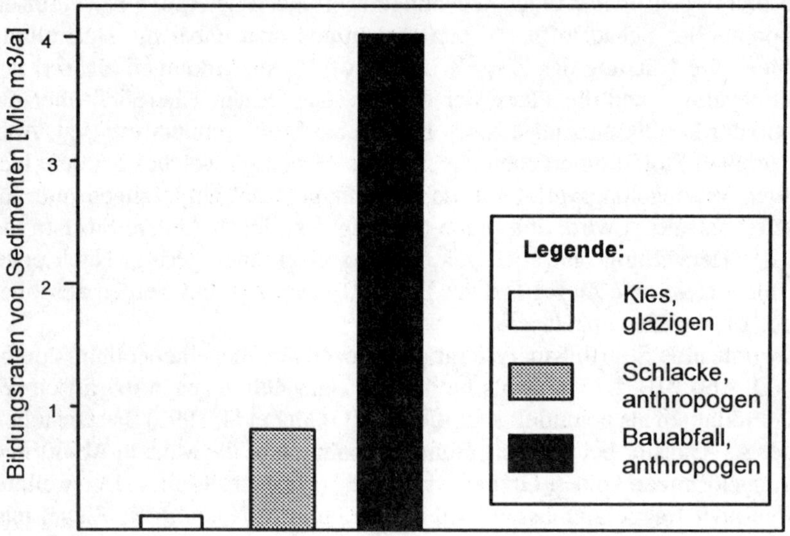

Abb. 4. Bildungsraten anthropogener Ablagerungen im Vergleich zur Kiesbildung in der Eiszeit. (Daten aus Schweizer Bauwirtschaft, 1992) (verändert nach Baccini und Gamper, 1993)

Strebt man zukünftig eine möglichst nachhaltige Verwertung von Baggergut an, ist neben der Verbesserung der Untersuchungsmethodik zur Beurteilung der Schadstoffmobilität aus Baggergutprodukten zu prüfen, ob nicht Schwermetalleinträge in die Weser und ihre Nebenflüsse reduziert werden können. Quellen für Schwermetallgehalte in Sedimenten der Weser sind Abwassereinleitungen aus dem Bereich der Oker (z.B. Hadeler 1994, Matschullat et al. 1991) und Einträge aus ehemals bergbaulich genutzten Gebieten des Harzes und besonders deren Halden (Ortlam 1989, Merkel und Köster 1985). Mit abnehmenden Schwermetallgehalten am Schwebstoff, der in den Häfen Bremens sedimentiert wird, wäre die höchstmögliche Nachhaltigkeit einer Baggergutverwertung zu erzielen.

Danksagung

Das Untersuchungsprogramm wurde als Teil des Forschungsvorhabens 60 des Landes Bremen durch die Senatoren für Häfen, Schiffahrt und Außenwirtschaft sowie für Bildung, Wissenschaft, Kunst und Sport finanziert. Teile der Untersuchungen wurden durch Frau S. Siemer und Herrn K. Enneking durchgeführt. Allen Beteiligten soll an dieser Stelle herzlich gedankt sein.

Anmerkung

1 Geänderte Version eines Vortrages auf der Tagung der Deutschen Geologischen Gesellschaft 1996 in Bonn zum Thema „Geologische Stoffkreisläufe und ihre Veränderung durch den Menschen".

Literatur

Anonym (1986) Dreizehnte Verordnung zur Durchführung des Bundesimmissionsschutzgesetzes – Verordnung über Großfeuerungsanlagen (13. BimschV). Stand 22.6.1983; BGBI, S. 719, Bonn

ATV (1995) Arbeitsbericht des ATV/BDE/VKS-Fachausschuß 3.7 „Baggergut aus der Gewässerbehandlung und Schlämme aus Bodenwaschanlagen". Korrespondenz Abwasser, 5: 1575-1596

Bäätjer K (1986) Verfestigung von Baggergut und oder Verwertung von Baggergut zum Ziegel. in: Umweltbehörde Hamburg (Hrsg.): Der Hafen – internationaler Unweltkongreß, S. 12-15, Hamburg

Baccini P, Gamper B (1993) Deponierung fester Rückstände aus der Abfallwirtschaft. 100 S., Hochschulverlag AG Zürich, Schweiz

Battelle-Institut (1985) Neue Technologien zur Behandlung von Baggerschlick. Endbericht, 2: Schlick als Zusatz bei der Ziegelherstellung. 44. S., Frankfurt (unveröffentlicht)

Bilitewski B, Härdtle G, Marek K (1994) Abfallwirtschaft. 635 S., Springer Verlag, Berlin

Brunner PH, Zobrist J (1983) Die Müllverbrennung als Quelle von Metallen in der Umwelt. Müll und Abfall, 9

Bundesimmissionschutz-Verordnung (1990) in der Fassung der Bekanntmachung vom 12.3.1990, BGBI III 791-1

Claussen A (1994) Bodenkundliche Untersuchungen an thermisch und naßmechanisch gereinigten Bodenmaterialien. Hamburger Bodenkundliche Arbeiten 26: 191. S., Hamburg

DIN 105 (1989) Mauerziegel-Teile 1-5; Teil 1 (1989): Vollziegel, Hochlochziegel; Teil 2 (1989) Leichthochlochziegel; Teil 3 (1984) hochfeste Ziegel und hochfeste Klinker; Teil 4 (1984) Keramikklinker; Teil 5 (1984) Leichtlanglochziegel und Langleichtlochziegelplatten. Normenausschuß Bauwesen am Deutschen Institut für Normung e.V.

FGSV Forschungsgesellschaft für Straßen- und Verkehrswesen FGSV (1994) Umweltverträglichkeit von Mineralstoffen. Teil1 Wasserwirtschaftliche Verträglichkeit. FGSV-Papier 28/1, Köln (unveröffentlicht)

Förstner U (1995) Umweltschutztechnik. 594 S. Springer Verlag, Berlin

Gidirakos E, Hampel HJ, Rettberg M (1986) Neue Technologien zur Behandlung von Baggergut – Systemanalyse, Entwicklung, Bewertung. In Umweltbehörde Hamburg (Hrsg.) Der Hafen – internationaler Unweltkongreß. S. 99, Hamburg

Goecke A, Hankel D (1989) Converting contaminated dredged mud into artificial gravel. In Proceedings of 5th International Symposium on Agglomeration: 339-354, Brighton, UK

Götz D, Holz C, Meyenburg G (1995) Influence of thermal treatment on the mobility of As, Cr, and V in Soils. In Van den Brink WJ, Bosman R, Arendt F (Eds.) (1995) Contaminated Soil ´95, Volume II, 1215-1216, Kluwer Academic Publishers, Dordrecht/Boston/London

Hadeler A (1994) Schwermetalle in den Sedimenten der Aller und deren Nebenflüssen. Bindung-Mobilität-Toxizität. 111 S., Diplomarbeit Universität Bremen

Köthe H, Bertsch W (1998) Der Umgang mit Baggergut in Deutschland. In diesem Band, S. 155-171

LAGA Länderarbeitsgemeinschaft Abfall (1996): Anforderungen an die stoffliche Verwertung von mineralischen Reststoffen/Abfällen; Stand 5.9.1995; erschienen als Mitteilungen der Länderarbeitsgemeinschaft Abfall 20; Erich Schmidt-Verlag, Berlin

Lührte v. R, Hamer K, Schulz HD (1998) Verwertung von Baggergut als Deponieoberflächenmaterial – zur Problematik des geochemischen Langzeitverhaltens und der Schwermetallmobilität, in diesem Band, S. 299-221

Lührte von R, Hamer K, Schröter J, Schulz HD (1996) Verwendung von Reststoffen als Deponeiabdichtungsmaterial – Geochemische Langzeitstabilität am Beispiel der Verwertung von Bremer Baggergut. In Merkel B, Dietrich PG, Struckmeier W, Lohner EP (Hrsg.) Grundwasser und Rohstoffgewinnung. S. 308-313, Sven von Loga Verlag; Köln

Margane J (1992) Änderung der Schwermetallbindungsformen in thermisch behandelten Bodenmaterialien. Dissertationsschrift, Sonderveröffentlichungen des Geologischen Instituts der Universität zu Köln, 87, 192 S., Köln

Matschullat J, Nienhoff N, Pörtge KH (1991) Zur Elementdispersion an Flußsedimenten der Oder. Z.d.GG. 142: 339-349. Hannover

Merkel D, Köster W (1985) Schwermetalluntersuchungen landwirtschaftlich genutzter Böden und Pflanzen in Niedersachsen. Im Auftrage des Niedersächsichen Ministers für Ernährung, Landwirtschaft und Forsten. 113 S. Hameln

Mohr H (1996) Wieviel Erde braucht der Mensch? Untersuchungen zur globalen und regionalen Tragekapazität. In Kastenholz HG, Erdmann HH, Wolff M (Hrsg.) Nachhaltige Entwicklung – Zukunftschancen für Mensch und Umwelt. S. 45-60, Springer Verlag, Berlin

Müller G, Riethmeyer S (1982) Chemische Entgiftung: das alternative Konzept zur problemlosen und endgültigen Entsorgung schwermetallbelasteter Baggerschlämme. Chemikerzeitung, 106: 282-292

Nasner H (1992) Sedimentation in Tidehäfen. Die Küste, 53, 169 S. Westholsteinische verlagsanstalt Boyens & Co. Heide i.H.

Obermann P, Cremer S (1992) Mobilisierung von Schwermetallen in Porenwässern belasteter Böden und Deponien: Entwicklung eines aussagekräftigen Elutionsverfahrens. Landesamt für Wasser und Abfall Nordrhein-Westfalen (Hrsg.) Materialien zur Ermittlung und Sanierung von Altlasten, 6, 127 S., Düsseldorf

Ortlam D (1989) Geologie, Schwermetalle und Salzwasserfronten im Untergrund von Bremen. N. Jb. Geol. Pal. Mh., 8, 489-512

Schießl P, Hohberg I, Rankers R (1995) Umweltverträglichkeit von Baustoffen für Außenfassaden Abschlußbericht F 415 für Bundesmin. Raumordn. Städtebau, 70 S., Institut für Bauforschung RWTH Aachen, Aachen

Stokman GNM (1995) The Netherlands Development Programme for treatment processes for polluted Sediments. In Roeters PB, Stokman GNM (Hrsg.) Remediation of contaminated Sediments. 5th Intern. FNK/TNO Conference on Contaminated Soil. Maastricht. S. 43-50, Maastricht

Wiebe A (1998) Thermische Behandlung schwermetallkontaminierter Böden. Z. angew. Geol. 44/1, S. 15-21

Stichwortverzeichnis

Gesellschaft für UmweltGeowissenschaften

in der
Deutschen
Geologischen
Gesellschaft
(DGG)

GUG

Die GUG
ist eine gemeinnützige wissenschaftliche Gesellschaft. Sie sieht ihre Hauptaufgabe darin, eine fachübergreifende Plattform zur Bündelung umwelt-relevanten Fachwissens im geowissenschaftlichen Bereich zu schaffen.

Die Mitglieder der GUG
kommen aus allen Bereichen der umwelt-relevanten Geowissenschaften, z.B. aus der Geochemie, der Hydrogeologie, der Bodenkunde, aber natürlich auch aus den „klassischen" Geowissenschaften.

Die GUG
ist eine deutschsprachige Gründung. Da Umweltprobleme aber nicht an Sprachgrenzen aufhören, ist sie offen für internationale Kooperationen und für Mitglieder aus allen Teilen der Welt.

Die GUG
ist eine der ersten geowissenschaftlichen Gesellschaften in Deutschland, die das Internet als wichtigen Informationsträger erkannt und genutzt hat. Bereits im November 1995 war die GUG mit einer eigenen Homepage im Internet vertreten.

GUG im Internet:
http://www.gug.org

Zur Verbesserung des Informationsflusses innerhalb der Umwelt-Geowissenschaften hat die GUG einen **multimedialen Informationsservice** eingerichtet:

- das GUG-Online-Info
- das GUG-Info als Informationsforum der GUG-Mitglieder
- die GUG-Schriftenreihe „Geowissenschaften + Umwelt"

Weiterhin bietet die GUG ihren Mitgliedern

- die Mitgliederliste als Basis des GUG-Netzwerks
- den Bezug von Zeitschriften zu Sonderkonditionen
- den Besuch von Tagungen und Workshops zu ermäßigten Gebühren

Fordern Sie detaillierte Informationen an:

- allgemein zur GUG
- zum GUG-Informationsservice
- zur GUG-Schriftenreihe „Geowissenschaften + Umwelt"
- zu GUG + Environmental Geology
- zu Wissenschaftlichem Arbeiten in der GUG

GUG-Referentin für Öffentlichkeitsarbeit:
Claudia Helling
TU Bergakademie Freiberg
G.-Zeuner-Str. 12
09596 Freiberg/Sachsen
03731 – 39 26 42 (T)
03731 – 39 27 20 (F)
e-mail: helling@geo.uni-freiberg.de

Druck: Strauss Offsetdruck, Mörlenbach
Verarbeitung: Schäffer, Grünstadt